普通高等教育"十二五"部委级规划教材（高职高专）

普通高等教育"十一五"国家级规划教材（高职高专）

染整技术（染色分册）

沈志平　主　编

季　媛　副主编

U0279780

中国纺织出版社

内 容 提 要

本书详细地阐述了染料的识别与选用,各类纤维制品染色用染料及设备的选用,染色过程控制,常用染料染色的特点、原理、方法及工艺,并对目前应用较为成熟的新材料、新设备、新工艺、新助剂作了适当的介绍,具有较强的实用性和参考性。

该书可作为高职高专院校及中等职业学校染整技术专业的教科书,也可供染整行业的技术人员参考学习。

图书在版编目(CIP)数据

染整技术. 染色分册/沈志平主编. —北京:中国纺织出版社,2014. 12(2024.1重印)
普通高等教育"十二五"部委级规划教材. 高职高专 普通高等教育"十一五"国家级规划教材. 高职高专
ISBN 978-7-5180-1111-7

Ⅰ.①染… Ⅱ.①沈… Ⅲ.①染整—高等职业教育—教材②染色(纺织品)—高等职业教育—教材 Ⅳ.①TS19

中国版本图书馆 CIP 数据核字(2014)第 237522 号

责任编辑:范雨昕 责任校对:楼旭红 责任设计:何 建
责任印制:何 建

中国纺织出版社出版发行
地址:北京市朝阳区百子湾东里 A407 号楼 邮政编码:100124
销售电话:010—67004422 传真:010—87155801
http://www.c-textilep.com
中国纺织出版社天猫旗舰店
官方微博 http://weibo.com/2119887771
三河市宏盛印务有限公司印刷 各地新华书店经销
2024 年 1 月第 6 次印刷
开本:787×1092 1/16 印张:13.25
字数:256 千字 定价:36.00 元

前言

　　《染整技术》(染色分册)是全国高职高专染整技术专业指导委员会所确定的染整技术专业全国统编教材之一,本教材是以 2009 年出版的国家"十一五"规划教材《染整技术》(第二册)为基础改编而成,旨在适应课程项目化教学的需要,推动染整技术专业课程的教学改革。本教材以纺织品染色加工过程为主线,以不同类型纤维的染色工艺为主体,设置了染料的识别与选用、染色设备分类及染色方法选用、染色过程控制、纤维素纤维及其制品染色、蛋白质纤维及其制品染色、合成纤维及其制品染色、混纺及交织物染色七个学习情境,并在每个学习情境中设置了一个或多个学习任务及相应的工作项目。建议在教学实施过程中,采用"任务引领,项目驱动"的行动导向法教学,即以实现学习任务为教学目标,以实施工作项目为教学手段,以工作项目含带学习内容,将职业行动领域的工作能力融合在工作项目训练中,通过任务引领,项目化工作的实施完成学习目标,实现工作即学习的理念。

　　本教材由江苏工程职业技术学院沈志平、季媛两位老师编写,全国多所知名高职高专院校染整技术专业的资深教师曾共同参与编写。本教材在编写过程中参考了与染整相关的一些教材和其他技术资料,在编写过程中还得到了各兄弟学校、企业专家和领导的关心和支持,在此一并表示衷心的感谢。

　　由于编者水平有限,且编写时间仓促,难免有疏漏或不妥之处,敬请各位读者批评指正。

编　者

2013 年 10 月

☞ 课程设置指导

课程名称：纺织品染色

适用专业：染整技术

建议课时：80 学时

1. 课程性质与目标

本课程是"染整技术"专业课程体系中的核心课程，需要研修《染整应用化学》《纺织品染整前处理》等课程后学习。通过本课程的学习，学生能够掌握各类纤维制品染色的基本方法和原理，具有分析、确认、实施并调整染色工艺的专业实践能力，可以培养学生解决纺织品染色生产实际问题的职业能力，为学生毕业后从事纺织品染色岗位奠定基础。

2. 课程教学内容及安排

情境	学习任务	工作项目	课时
1. 染料识别与选用	任务 1-1 染料的识别	常用染料的识别与选用	6
	任务 1-2 染料的选用		
2. 染色设备分类及染色方法选用	任务 2-1 染色设备的分类	染色设备与染色方法选用	4
	任务 2-2 染色方法的选用		
3. 染色过程控制	任务 3-1 染色基本过程及其控制	1. 直接染料上染百分率测定 2. 直接染料染色常见牢度测定	10
	任务 3-2 染色牢度及其测定		
4. 纤维素纤维及其制品染色	任务 4-1 直接染料染色	1. 纤维素纤维制品直接染料染色工艺设计与实施 2. 纤维素纤维制品活性染料染色工艺设计与实施 3. 纤维素纤维制品还原染料染色工艺设计与实施	20
	任务 4-2 活性染料染色		
	任务 4-3 还原染料染色		
	任务 4-4 硫化染料染色		
5. 蛋白质纤维及其制品染色	任务 5-1 酸性染料染色	1. 蛋白质纤维制品酸性染料染色工艺设计与实施 2. 蛋白质纤维制品酸性含媒染料染色工艺设计与实施	16
	任务 5-2 酸性含媒染料染色		
6. 合成纤维及其制品染色	任务 6-1 涤纶制品分散染料染色	1. 涤纶纤维制品分散染料染色工艺设计与实施 2. 腈纶纤维制品阳离子染料染色工艺设计与实施	12
	任务 6-2 腈纶制品阳离子染料染色		
	任务 6-3 锦纶制品染色		
7. 混纺及交织物染色	任务 7-1 涤/棉织物染色	1. T/C 混纺织物染色工艺设计与实施 2. N/C 交织物染色工艺设计与实施	12
	任务 7-2 锦/棉交织物染色		
	任务 7-3 羊毛混纺织物染色		
合计			80

3. 课程实施建议

（1）教材编写与选用：

①必须依据本课程标准编写或选用教材，教材应充分体现任务引领，项目驱动，行动导向的课程设计理念。

②应将本专业职业活动分解成若干典型工作项目，按完成工作项目的需要，并结合职业技能鉴定考核的要求，组织教学内容；通过典型染料染色工艺的实践，引入必需的专业知识和专业技能，强调理论在实践中的应用。

③教材应图文并茂，提高学生的学习兴趣；教材表述应精练、准确、科学；教材内容应体现先进性、通用性、实用性，要将本专业的新技术、新工艺、新材料、新染料、新助剂及时纳入教材，使教材更贴近本专业的发展和实际需要。

（2）教学方法与手段：

①在教学过程中，选用的教学方法与手段应有利于加强学生对染色工艺分析、确认、实施、调整及设计的专业实践能力的培养，有助于调动学生学习兴趣和激发主观能动性。

②建议本课程总体上可采用的"任务引领，项目驱动"的行动导向法教学，但在每一步具体实施过程中，由于学习内容和形式的不同，又分别运用案例引导、阅读探究、小组讨论、团队合作、角色模拟、理实一体、学做合一等多种教学方法。

③本课程借助多媒体教学课件、专业机房的专业软件、专业网站和现代化先进仪器、设备等辅助教学。

（3）教学考核与评价：

①要改革传统的课程评价方式，积极倡导建立过程考核与目标考核相结合，理论考核与实践考核相结合，教师考核与学生考核相结合，校内考核与社会化鉴定相结合的多元化考核评价体系。

②为全面考核本课程学生的学习情况，建议本课程考核采用过程项目考核和期末综合考核相结合。过程项目考核涵盖项目任务全过程，考核内容包括专业知识、技能(含项目专业知识的应用、项目实施方案和实施过程及项目总结报告等)和态度等方面(具体考核内容及评价标准可由任课教师根据实际情况自行科学设计)，考核成绩可由主讲教师和学生共同评定。期末综合考核主要通过完成期末理论实践一体化试卷来进行考核，由主讲教师评定。建议过程项目考核成绩占总成绩的70%，期末综合考核成绩占总成绩的30%。

（4）教学资源开发与应用：

①注重任务书、工作页等教学材料的开发和应用。

②注重多媒体课件、投影、录像、视听光盘等课程资源和现代化教学资源的开发和应用。

③积极利用专业网络资源，开发应用网络课程资源。

④积极建立校内开放型专业实训中心，产学合作开发实验、实训课程资源。

4. 课程教学单元设计举例

学习情境五：蛋白质纤维及其制品染色		总学时	16
学习目标	1. 会根据染品的特点合理选用染色方法、染料、助剂等 2. 会进行蛋白质纤维及其制品常用染料染色工艺的制订和实施		
任务	任务一 酸性染料染色 任务二 酸性媒染染料染色 任务三 酸性含媒染料染色		
工作项目	项目一 蛋白质纤维制品弱酸性染料染色工艺设计与实施 项目二 蛋白质纤维制品酸性含媒染料染色工艺设计与实施		
教学材料 工具与媒体	项目任务书、项目工作页、教材、课件、教案、相关染料、助剂、设备、染色样布等		
学生知识与 能力准备要求	1. 了解酸性染料的基本特点，熟悉酸性染料应用类型、染色基本过程、常见染色方法及其工艺 2. 了解酸性媒染染料的基本特点，常见染色方法及其工艺 3. 了解酸性含媒染料的基本特点，熟悉酸性含媒染料应用类型、染色基本过程、常见染色方法及其工艺 4. 了解蛋白质纤维及其制品的组成，结构和性质		
工作情境 描　述	老师以任务单的形式布置工作任务，学生根据任务单的要求，合理选用蛋白质纤维制品染色所用染料、助剂，制订染色工艺方案，并在实训室借助于相关设备和药剂等，完成上述方案的实施，形成书面报告		

工作步骤	工作行为	教学方法建议	学时分配
资讯	1. 了解酸性染料的基本特点，熟悉酸性染料应用类型、染色基本过程、常见染色方法及其工艺 2. 了解酸性媒染染料的基本特点，常见染色方法及其工艺 3. 了解酸性含媒染料的基本特点，熟悉酸性含媒染料的应用类型、染色基本过程、常见染色方法及其工艺 4. 蛋白质纤维及其制品的相关知识	老师指导；查阅专业书刊；网络资讯	7
计划	个人确定蛋白质纤维制品染色所用染料、助剂的选用，制订染色工艺方案	阅读探究；小组讨论	课外
决策	小组讨论确定蛋白质纤维制品染色所用染料、助剂的选用，确定染色工艺方案	小组讨论	课外
实施	小组成员在实训室实施染色工艺方案	老师指导；教、学、做结合	6
检查	小组成员检查分析实施结果，分析得失和改进方案，并写出书面报告和用 PPT 进行汇报交流	小组讨论	课外
评估	小组代表通过 PPT 汇报项目工作情况，展示工作结果，并进行自我评价；其他小组和老师给予评价	小组汇报、自评；学生互评；老师评价	3

目录

学习情境 1   染料的识别与选用

常见的纺织纤维主要包括天然纤维与化学纤维,具有明显的多样性。天然纤维主要包括纤维素纤维和蛋白质纤维,而化学纤维主要包括合成纤维和人造纤维组成。不同的纺织纤维及其制品,在染色加工过程中需要选用不同的染料与之相适应,以满足染色工艺要求。因为染色过程中不仅要求染料必须有较高的上染率、良好的匀染性和染色牢度,还应该有良好的鲜艳度。因此,对不同的纺织品进行染色加工时,必须选用成本适中、工艺简单、颜色鲜艳的染料,以最大限度地满足市场需求。

在纺织品染色加工时,染色工艺越复杂,可操作性越低,颜色的稳定性和重现性也就自然随之降低。所以,对于染色加工量较大的某种纺织品而言,保持颜色的稳定性,减少缸差或匹差,对于控制产品品质至关重要。因此,对于致力于成为复合型高技能染整技术人才的学生而言,不仅要知道哪种纤维需要选用哪种染料染色,还必须知道在选用的此类染料中,哪些染料拼混以后,颜色的稳定性较高,染色的匀染性较好,定形以后的颜色变化较小等。要想掌握这些基本技能,必须从染料的识别入手。

学习任务 1-1   染料的识别

一、染料的发展

我国是最早应用染料的国家之一。据记载,我国周代王室中便设有染色专职,称为"染人"。最早使用的染料是从植物、矿物中提取的,如由靛叶中提取的靛蓝(Indigo),由茜草中提取的茜素,又如泥土染色等。到 19 世纪中叶才出现了合成染料。第一只合成染料是由英国人珀金在 1856 年发现的苯胺紫(Aniline Black),它开创了合成染料的新纪元。1862 年合成了偶氮染料(Azo Dyes),现已成为合成染料中最大的一类,约占合成染料的半数之上。1884 年合成了第一只棉用直接染料——刚果红,1879 年开始生产了靛蓝染料(Indigo Dyes)。随着有机工业,尤其是煤焦油工业的发展,合成染料工业也得到了迅猛发展,由于合成染料具有品种多、色谱全、价格低、质量稳定、牢度好、染色工艺较简单等优点,它很快就替代了天然染料。现在合成染料的品种多达数万种,被广泛应用的多达数千种,可用于各种纤维的染色(Dyeing)、印花(Printing)。

近年来,随着人们对合成染料认识的不断深入,合成染料的环保问题越来越引起人们的关注。1989 年奥地利纺织研究院参考饮用水标准、污水排放标准、工作场所有害物质最大浓度和日本 112 法令,颁布了第一部纺织品生态标准——奥地利纺织标准"OTN 100",首次规定了纺织品上有害物质的测定范围及极限值。1991 年奥地利纺织研究院和德国海恩斯坦研究院合作，将奥地利纺织标准"OTN 100"转变为"Oeko-Tex Standard 100"（生态纺织品标准100），并于1992年4月颁布。1993年奥地利纺织研究院、德国海恩斯坦研究院和苏黎世纺织测试研究院联合签署协议，成立国际纺织品生态研究与检测协会。自1994年以来，已有比利时、丹麦、瑞典、挪威、葡萄牙、西班牙、英国、意大利等十余个欧洲国家加入该协会，并建立检测实验室。国际纺织品生态学研究与检测协会于1997年、1999年分别对"Oeko-Tex Standard 100"进行了修订，并于2002年颁布了新版标准。该标准对纺织品上各种有害物质的含量做了明确规定，特别是对与人体接触会引起癌变的致癌染料，会分解出被公认为具有强致癌性的芳香胺染料，会引起人体的皮肤、黏膜或呼吸道过敏的致敏染料，规定在四大类纺织品（婴幼儿用纺织品、直接与皮肤接触的纺织品、不直接与皮肤接触的纺织品和装饰用纺织品）上禁止使用。

二、染料的基本概念

染料（Dyestuff）是指一类能溶于水或其他介质，对纤维有亲和力（Affinity）的有色物质。染料都为有机物（Organic Chemicals）。作为染料应具备以下三个基本条件。

第一，染料一般要求能溶于水。因为染色通常是在染料的水溶液（简称染液）中进行的，只有染料溶于水才能配制成染料的水溶液。其次，染料是以单分子态进行上染的，只有溶解才能使染料由晶体转变成单分子态。值得指出的是：有些染料能直接溶于水，如直接染料（Direct Dyes）、活性染料（Reactive Dyes）、阳离子染料（Cationic Dyes）等，有些染料不能直接溶于水，如还原染料（Vat Dyes）、硫化染料（Sulphur Dyes）等，但通过适当的简单化学处理后，可以使它们溶于水。再则，有些染料在水中的溶解度（Solubility）较大，如活性染料、阳离子染料等一些离子型染料，有些染料在水中的溶解度较小，如分散染料（Disperse Dyes）等一些分子型染料，此时染料的水溶液，其主体是染料的分散液，即染料的悬浮液。

第二，染料必须对纤维有亲和力。亲和力是指染料上染纤维的趋势。亲和力越大，染料上染纤维的趋势越大，染料的利用率越高。值得注意的是：不同类型的染料对不同种类的纤维有不同的亲和力，某类染料对某一种或几种纤维有较大的亲和力，而对其他种类的纤维却只有较小或无亲和力，因此应用染料时，要针对具体的纤维进行染料类别的选择。

第三，染料必须具有颜色。因为染料是染色过程中的着色剂，正是利用染料的颜色才使我们获得了五彩缤纷的染色物。

颜料（Pigment）不同于染料，它是一类不能溶于水，对纤维没有亲和力的有色物。颜料有有机物，也有无机物。由于颜料不能自动染着在纤维上，因此在印染加工中，通常依靠黏合剂（Adhesive）的黏着力将颜料染着在织物上，形成色泽或图案。所以，颜料又称涂料（Coating）。颜料在油漆、油墨、橡胶等工业也有着广泛的应用。

三、染料的分类

染料的分类一般有两种，一种是根据染料分子化学结构的特征分类，称为结构分类（Structure Classification），这种分类方法适用于对染料的研究和制造人员应用；另一种是根据染料应用性能的特点分类，称为应用分类（Application Classification），这种分类方法常为印染工作者应用。

（一）结构分类

按结构分类，染料主要有偶氮染料（Azo Dyes）、蒽醌染料（Anthraquinone Dyes）、靛类染料（Indigoid Dyes）、硫化染料（Sulphur Dyes）、甲川染料（Stilbene Dyes）、三芳甲烷染料（Tri-arylmethane Dyes）、酞菁染料（Phthalocyanine Dyes）等。染料的主要结构类别及其结构特征见表 1–1。

表 1–1　染料的主要结构类别及其结构特征

染料类别	结构特征	举　例
偶氮染料	含有"偶氮"结构 —N＝N—	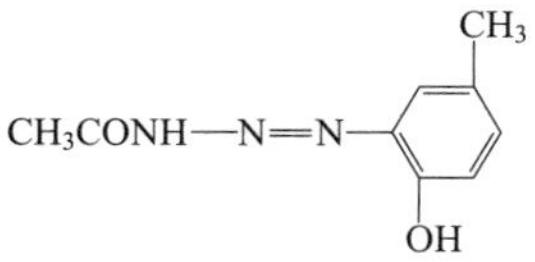 分散黄 G
蒽醌染料	含有"蒽醌"结构 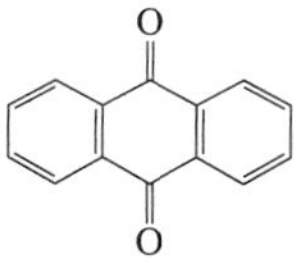	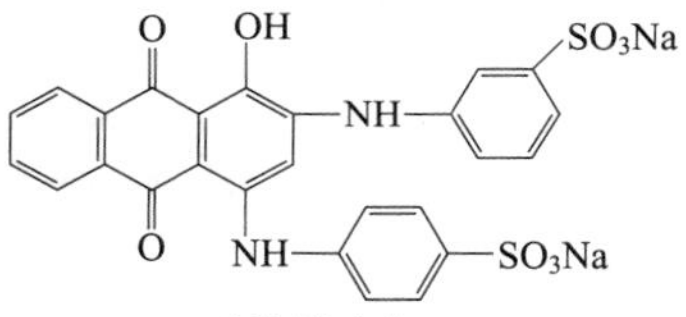 酸性媒介灰 BS
靛类染料	含有"靛蓝"或"硫靛"结构 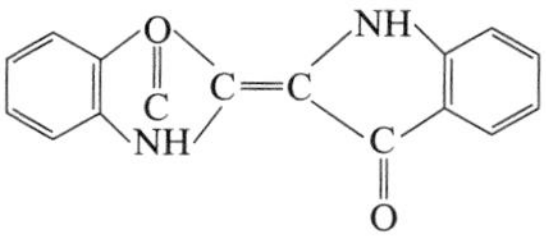 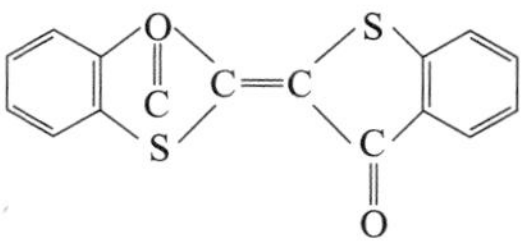	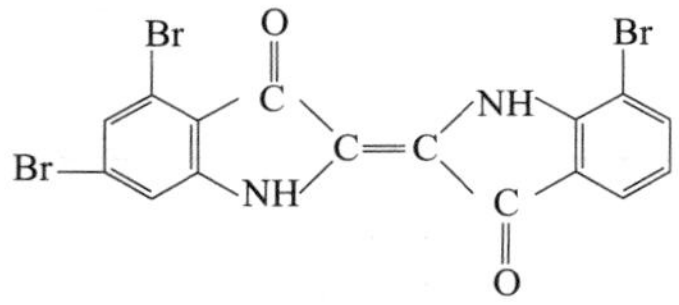 溴靛蓝 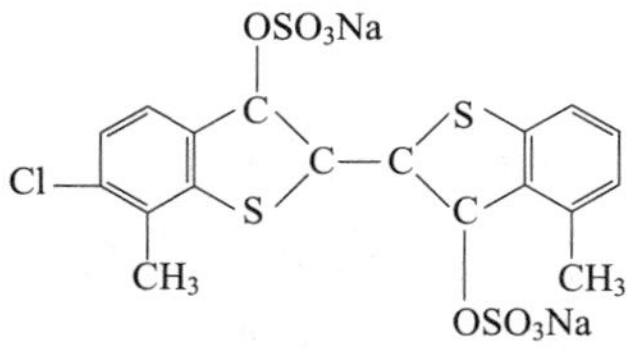 可溶性还原桃红 S–3B
硫化染料	含有"含硫杂环"结构 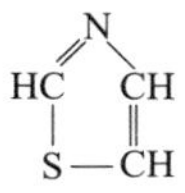 噻唑 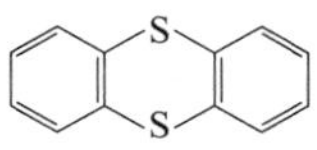　　噻蒽 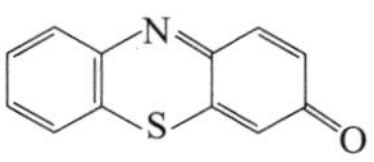　　吩噻嗪酮	该类染料目前无确切结构
甲川染料	含有"次甲基"结构 （—CH＝）$_n$	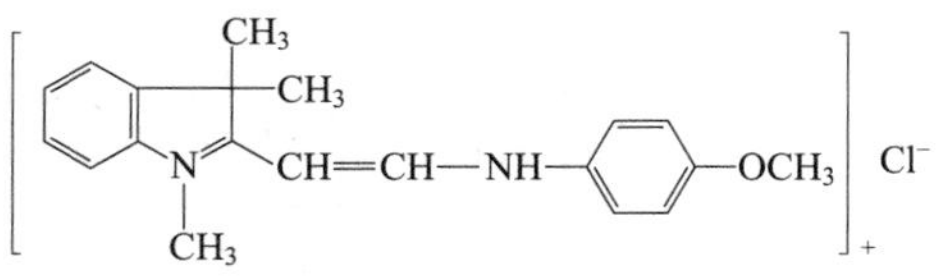 阳离子黄 X–6G

续表

染料类别	结构特征	举 例
三芳甲烷染料	含有"三芳甲烷"结构 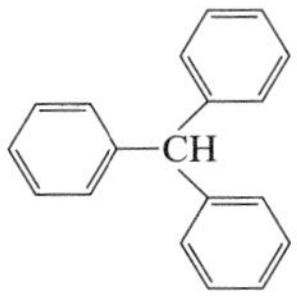	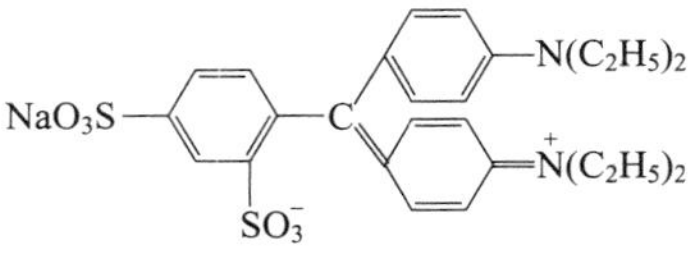 酸性湖蓝 V
杂环染料	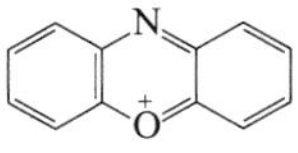 含有"含氮杂环"或"含氧杂环"结构 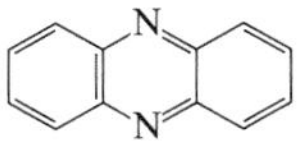 吩嗪　吩噁嗪 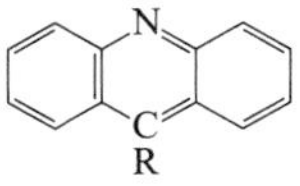　吖啶	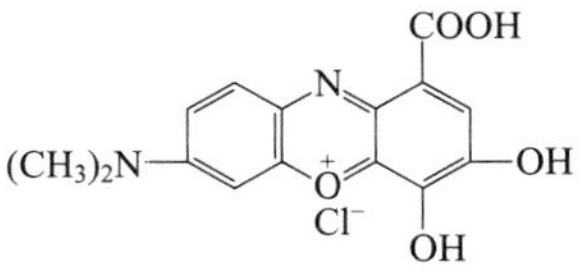 酸性媒染蓝 P
酞菁染料	含有"酞菁"结构 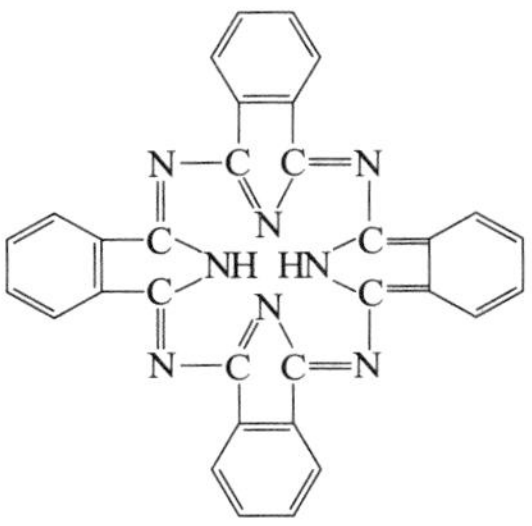	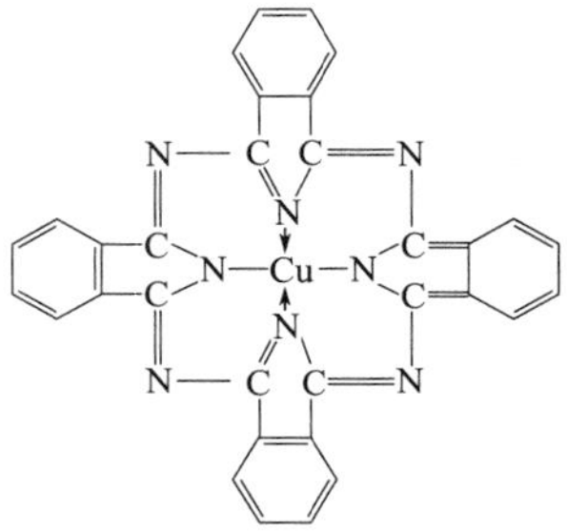 酞菁艳蓝

(二)应用分类

按应用分类,染料有直接染料、活性染料、还原染料、可溶性还原染料(Solubilised Vat Dyes)、硫化染料、不溶性偶氮染料、酸性染料(Acid Dyes)、酸性媒染染料(Mordant Dyes)、酸性含媒染料(Metal-Complex Acid Dyes)、分散染料、阳离子染料、酞菁染料(Phthalocyanine Dyes)、缩聚染料(Condense Dyes)、氧化染料(Oxidation Dyes)、荧光染料(Fluorescence Dyes)等。染料的主要应用类别及其主要性能见表1-2。

表1-2　染料应用类别及其主要性能

染料类别	主要性能	适用对象						
		棉	麻	丝	毛	锦纶	涤纶	腈纶
直接染料	能直接溶于水,使用方便,色泽浓暗,色谱齐全,价格便宜,色牢度较差	★	★	☆	☆	☆		
活性染料	能直接溶于水,使用方便,色泽鲜艳,色谱齐全,价格适中,湿处理牢度优良	★	★	☆	☆	☆		
不溶性偶氮染料	不能直接溶于水,使用起来较麻烦,色泽浓艳,色谱不全(缺绿),价格低廉,色牢度良好	★	★					

续表

染料类别	主要性能	适用对象						
		棉	麻	丝	毛	锦纶	涤纶	腈纶
还原染料	不能直接溶于水,使用较繁,色谱不全,色泽鲜艳,价格昂贵,色牢度优秀	★	★				☆	
可溶性还原染料	能直接溶于水,使用方便,色谱不全,色泽淡艳,价格昂贵,色牢度优秀	★	★					
硫化染料	不能直接溶于水,使用较繁,色谱不全,色泽浓暗,价格低廉,色牢度良好	★	★					
酸性染料	能直接溶于水,使用方便,色谱齐全,色泽较艳,价格适中,色牢度良好			★	★	★		
酸性媒染染料 酸性含媒染料	能直接溶于水,使用较方便,色谱不全,色泽较暗,价格适中,色牢度优良			★	★	★		
分散染料	微溶于水,染色困难,色谱齐全,色泽较艳,价格较高,色牢度优秀					☆	★	
阳离子染料	能直接溶于水,使用方便,色谱齐全,色泽浓艳,价格适中,色牢度优良							★

注　★表示适用;☆表示较适用。

四、染料的命名

染料的化学结构非常复杂,用常用的有机化合物的命名方法对染料进行命名将十分困难。同时化学命名法也无法反映出染料的性能及应用特点。为此,对染料的命名,人们专门制定了一种特定的方法,这种方法称为"三段命名法"。三段命名法将染料的名称分为"冠称""色称"和"尾注"三个部分。

(一)冠称

染料的冠称是指染料的应用类别名称,故又称属称(或属名)。属名有普通属名和专用属名两种。普通属名如活性、还原、分散等;专用属名是染料生产厂家自定的染料类别名称。如还原染料的专用属名有 Indanthren(德国 BASF 公司)、Cibanone[瑞士汽巴(Ciba)公司]、Caledon[英国卜内门(ICI)公司]等;分散染料的专用属名有 Foron[瑞士山德士(Sandoz)公司]、Samaron[德国赫斯特(Hoechst)公司]、Resolin[德国拜耳(Bayer)公司]、Sumikaron[日本住友(Sumitomo)公司]等;活性染料的专用属名有 Procion(英国卜内门公司)、Cibacron(瑞士汽巴公司)、Drimarene(瑞士山德士公司)、Sumifix(日本住友公司)、Kayacelon[日本化学(Kayaku)公司]、Levafix(德国拜耳公司)、Sunfix(韩国五荣公司)等。我国染料制造商采用普通属名。

(二)色称

染料的色称是指染料染色后所得到的染品颜色的名称,如红、黄、蓝、绿、青、紫等。有时为了区别色彩上的差异,可在颜色名称前加上一些修饰词,如天蓝、嫩黄、草绿、酒红等。

(三)尾注

染料的尾注即染料的说明。一般说明染料的色光、用途、牢度、浓度、状态等。染料的尾注通常用英文字母表示,常用字母及其含义见表1-3。染料命名举例:酸性大红B、福隆兔灰pdr等。

表1-3 染料尾注常用字母及其含义

字　母	含　义	字　母	含　义
B	蓝光	H. C	高浓度
Y	黄光	ex. cone	特浓
O	橙光	gr	颗粒状
R	红光	paste	浆状
V	紫光	liq	液状
D	适用于染色	pdr	粉状
P	适用于印花	pf	细粉状
E	适用于浸染	s. f	超细粉状
W	适用于染毛	p. f. f. d	染色用细粉状
F	色牢度好	p. f. f. p	印花用细粉状

此外,在尾注中还常表示染料的力份。如100%、200%等。染料的力份并不是染料的质量分数,而是染料生产厂家以某一质量分数作为染料力份标准(力份视为100%),其他与之相比而确定的相对浓度。例如,某染料生产厂家若以质量分数20%作为该厂的染料力份标准(即力份为100%),则质量分数为40%的染料的力份将是200%。由于不同染料生产厂家的力份标准不一样,所以不同厂家生产的染料的力份无可比性。

五、染料识别的一般步骤

染料可以根据其溶解性能及其对不同纤维的上染性能加以认别,染料识别的具体步骤如下:

(1)将未知染料配成溶液,用羊毛织物、单宁棉布、棉布、醋酯纤维织物分别在醋酸、无水硫酸钠、肥皂溶液中作染色试验,根据染料对织物的上色情况来判断。若羊毛在含醋酸染液中上色,其他纤维不上色,则可能为酸性染料或酸性媒染染料。然后再按铬原子鉴定方法检验是否铬原子存在。若醋酯纤维在含肥皂溶液染料中上色,其他纤维均不上色,可初步鉴定为分散染料。然后用1mL染料溶液(0.001g该染料,加5mL水,再加1mL乙醚配成),充分摇动,如染料溶于有机相不溶于水相,则为分散染料。

(2)若单宁棉布与羊毛在含醋酸染液中上色,其他纤维均不上色,则初步鉴定为碱性染料。然后用1mL的染料溶液(配制同上)与1mL 1mol/L氢氧化钠溶液混合,加热使其颜色完全变淡,再加4~5mL水,冷却后加乙醚,摇动使沉淀溶解,分离乙醚层,再加2~3mL 30%的醋酸到乙醚层中,若立刻呈现出原来的颜色,则进一步证明是碱性染料。

(3)若羊毛在含醋酸染料中上色,棉布在无水硫酸钠染液中上色,其他纤维不上色,则可能为直接染料。然后将这两块染样烘干后分别平放在烧杯内，加入 96% 的硫酸，两染样所给出的硫酸溶液的颜色相同，则进一步证明是直接染料。

（4）若染料不能直接溶于水，也不溶于烧碱溶液，则按还原染料染色方法进行试验。若棉布上色，可能是还原染料或硫化染料。然后在酸性还原剂条件下处理染料，若放出硫化氢气体，并使醋酸铅试纸生成黑色斑点，可判定为硫化染料。

学习任务 1-2　染料的选用

一、常用染料染色的特点

1. 直接染料染色

直接染料色谱齐全、价格便宜、水溶性好，可上染纤维素纤维及其制品。染色时可加入适量食盐促染。染色时，将染液升温至 70℃ 以上，保温 50min 左右，然后用水洗涤即可。为提高直接染料的染色牢度，染色后可用固色剂进行固色处理，固色后的试样色光会发生变化。用直接染料染棉织物，通常其颜色的鲜艳性逊于活性染料染色。

2. 活性染料染色

活性染料色谱齐全、价格适中、水溶性好，是目前纤维素纤维及其制品染色时选用的主要染料。活性染料染棉通常用元明粉或食盐做促染剂，因固色温度的不同，活性染料有热固型、冷固型和中温型三种，如中温型活性染料染色时，将染液升温至 70℃ 保温 30min 左右，再加入纯碱保温 30min 左右进行固色，然后再通过水洗、皂煮，以去除色样表面浮色。用活性染料染棉，色样的染色牢度和颜色鲜艳度均高于直接染料染色。

3. 酸性染料染色

酸性染料是蛋白质纤维、聚酰胺纤维染色的首选染料。其色谱齐全、价格适中、颜色鲜艳、染色时染液的酸碱度呈弱酸性，是酸性染料的主要特点。酸性染料根据染液酸性的强弱可分为强酸性浴染料、弱酸性浴染料和中性浴染料三种，如弱酸性浴染料染色时，通常将染液的 pH 调至 5~6，并升温至 90℃ 以上，保温 40min，然后用清水洗涤色样。为提高染色牢度，可选用专用固色剂于 70℃ 下处理 20min 后水洗试样。

4. 阳离子染料染色

阳离子染料是聚丙烯腈纤维及其制品染色的首选染料。其色谱齐全、价格便宜、染色工作液色光浓艳、上染率高、染色试样颜色艳丽，是阳离子染料的主要特点。弱酸性条件下 80℃ 保温 40min，可完成腈纶织物的染色。由于阳离子染料上染腈纶织物较快，必要时可以增加染液浴比或在染液中加适量匀染剂。

5. 分散染料染色

分散染料微溶于水，是聚酯纤维及其制品的首选染料。分散染料溶液色光暗淡，染色时需添加醋酸将染色工作液的酸碱度调节至弱酸性。用甘油染样机或红外线染样机在 130℃ 下保温 30min，可完成分散染料对涤纶织物的染色。降温至 80℃ 以下方可取出试样用清水冲洗，后置于80℃的还原清洗液中处理20min,以提高试样的染色牢度。

二、染料选用的一般原则

1. 纤维性质

由于各种纤维的结构不同,所以染色性能也有很大区别。从表1-2中可以看出,适合于棉纤维染色的染料有直接染料、活性染料、硫化染料、还原染料和不溶性偶氮染料等,这与棉纤维分子结构中含有大量的亲水性羟基有关。而聚酯纤维不含水溶性基团、不耐强碱,所以不能选择上述染料染色,只能选用颗粒细小、微溶于水的分散染料在高温下染色。以羊毛为代表的蛋白质纤维耐酸不耐碱,染色时可选用酸性和酸性媒染染料。

2. 被染物用途

染色加工对象的用途不同,对染料的要求往往区别也很大。关于这一点必须在染料选择时十分注意。比如,家用轿车内饰面料无须经常洗涤,但会被日光长期照射。因此,家用轿车车内饰面料的耐日晒牢度应优于其耐水洗牢度才能充分满足客户要求。而作为夏季服装面料的浅色织物,其耐水洗牢度和耐日晒牢度均需优良,才能满足广大消费者的要求。对于棉织物而言,还原染料和活性染料的耐水洗牢度均优于直接染料,因此,在选用棉织物染色用染料时,深色多选用还原染料,浅色多选用活性染料。

3. 染色色泽

对于染厂而言,客户来样颜色可以决定染色配方和染料类别。以涤纶织物为例,藏青和特黑两种颜色可用多种染料拼染。但大多数情况下,染厂仅选择高温型的分散深蓝HGL作为藏青颜色染色的首选染料,而不选用低温性的分散蓝2BLN作为主料。同时,染厂也会直接选用拼混的分散黑染料或高温型的分散深蓝、分散黄棕和分散红玉拼染黑色。每一种染料的最大吸收波长决定了染料的色相。用固定色相的染料通过调整浓度加工与该染料最大吸收波长色光相近的颜色,效果往往较差,颜色偏差较大。因此,根据客户来样颜色选择合适的染料对其进行染色加工,是保证颜色准确性的基本前提。

4. 染料成本及货源

通常,分散蓝2BLN的价格为每千克42元左右,在相对织物重量2%以内可将涤纶织物染成漂亮的宝石蓝颜色,超过2%,织物的染深性不明显。该染料国内大多数分散染料生产厂家均有加工,且色光稳定,价格波动较小。分散深蓝HGL是藏青色涤纶的主要染料,其价格随染料的力份和基本状态不同而不同。通常力份为80%的浆状染料价格在每千克16元左右;力份为100%的粉状染料,其每千克的价格在20元左右;力份为200%的粉状染料,每千克的价格在26元左右。目前国内厂家以生产力份为200%的粉状分散深蓝HGL为主。分散湖蓝SGL可染得漂亮的翠蓝色,其进口染料每千克的价格接近200元,国产分散湖蓝SGL的价格虽低于进口价格,但也远远高于分散蓝2BLN的价格。由于该染料价格过高,通常染厂很少大量进货。因此,大量使用该染料前生产技术部门必须及时通知采购工艺部门,以免在生产中出现停工待料现象。

5. 染色性能

涤纶织物深浓色泽的染色,通常选用高温型分散染料,保温时间较长,染色温度较高;而涤纶织物中浅色泽的染色,通常选用低温型分散染料,保温时间较短,染色温度较低。分散染料温度类型不同,染色性能区别较大,所以,在选择分散染料时,应该尽量避免在染色配方中同时出现高温型分散染料和低温型分散染料。否则,颜色的稳定性将受到明显影响。

按照固色温度的不同,也可把活性染料分为热固型活性染料、冷固型活性染料和中温型活性染料;按照染色时染液酸性强弱的差别,可以把酸性染料分为强酸性浴酸性染料、弱酸性浴酸性染料和中性浴酸性染料。不同类型的活性染料和酸性染料,其力份、色光、溶解度、上染率、扩散性和配伍性等染色性能往往区别较大,在染料选择时必须加以注意。

6. 染色方法

通常,纺织面料的染色方法分为浸染、卷染和轧染。浸染多为绳状,卷染多为平幅,都属间歇式染色方法。而轧染则属于连续的平幅染色方法。染厂的染色设备决定了染色方法,自然也就决定了染料选择的基本要求。涤纶针织提花装饰织物结构相对松散,织物容易变形,故通常采用大浴比浸染。浴比增大后,染料浓度降低,染色时宜选用相对分子质量较小,移染性和匀染性较好的低温型分散染料染色。涤丝纺作为轻薄型机织产品通常采用高温高压卷染机染色,染色浴比多为 1∶5,可省水省料。为提高匀染性,可选用中温型分散染料染中浅色。

全棉机织物结构较紧密,穿着舒适,颜色鲜艳,市场需求较大,因此多采用连续平幅轧染。如果在染色加工时染料上染过快,容易出现前后色差、左右色差等染色不匀现象。所以,全棉织物平幅连续轧染时,可选用相对分子质量较大,对染料的亲和力相对较弱的染料,通过轧染之后的高温焙烘逐渐完成全部染色过程,以提高染色的均匀程度。

知识拓展

染料的颜色及其影响因素

一、物体颜色的形成

为什么物体具有不同的色泽? 要认识这个问题,首先要了解色与光的内在联系。光是一种电磁波,它包括 γ 射线、X 射线、紫外线、可见光、红外线及无线电波等,它们的区别在于它们的波长和频率不同,见图 1-1。

其中,人们视觉能感知的仅为可见光(Visible Light),可见光的波长范围为 380~780nm,它在电磁波中只占极小的一部分。太阳光是最主要的光源,人们知道太阳光是白色光,但通过三

图 1-1　各种电磁波的波长范围

棱镜折射后,白色光分解成红、橙、黄、绿、蓝、青、紫等不同波长的有色光线,形成了一条连续的有色光谱。根据太阳光色散这一事实,说明太阳光不是单色光(Monochromatic Light),而是由许多单色光混合后得到的复色光(或称混色光(Polychromatic Light))。那么为什么许多有色光混合所得到的混色光(太阳光)却呈现出白色呢?事实证明:当某种波长的光与另一特定波长的光以一定强度的比例混合时,即可获得白色光,人们将这两种单色光称为互补色光(Opponent Light)。不同波长的光呈现的颜色及其补色见表1-4。

表 1-4　光的颜色与补色

光的波长（nm）	光的颜色	光的补色	补色光的波长（nm）
380～435	紫	黄绿	560～580
435～480	蓝	黄	580～595
480～490	绿蓝	橙	595～605
490～500	蓝绿	红	605～780
500～560	绿	红紫	—
560～580	黄绿	紫	380～435
580～595	黄	蓝	435～480
595～605	橙	绿蓝	480～490
605～780	红	蓝绿	490～500

人们对于色的感觉是由于光线与物体的相互作用反映在人的视觉上所产生的结果。在自然界中,我们所感觉到的色,并不是光谱自身的色,而是光谱色的补色。例如,黄色染料呈黄色,是因为它吸收了光谱中的蓝光而反射了黄光的缘故。同理,红色染料吸收了光谱中的蓝绿光而反射了红光,从而呈现红色。如果一种物体平均地吸收各种波长的可见光波,则该物体便呈灰色;如果可见光波全部被吸收,则该物体呈黑色;如果可见光波全部被反射,则该物体呈白色。人们通常将红、橙、黄等颜色称为彩色,而将白、灰、黑色统称为非彩色,又称消色。显而易见,彩色是物体对可见光选择性吸收的结果。而消色则是物体对可见光非选择性吸收的结果。

二、颜色的基本特征

不同的物体由于对光作用的不同,使其具有不同的颜色。要确切地表示某一物体的颜色,则必须给出该颜色的色调、纯度和亮度三个物理量。颜色的色调、纯度和亮度又称为色的三要素。

1. 色调

色调(Hue)又称色相,是指能够比较准确地表示某种颜色色别的名称,如红、橙、黄、绿、蓝、青、紫等。但要准确地表示某物体的色调,在物理上应该用该物体的最大吸收波长(λ_{max})来表示,它可区分颜色的深浅。

2. 纯度

纯度(Purity)又称饱和度,是指颜色中彩色成分与消色成分的比例,即颜色中光谱色的含量,它可用来区分颜色的鲜艳度。可见光谱的单色光是饱和度最高的颜色,光谱色掺入白光的成分越多,就越不饱和。物体色的饱和度取决于该物体反射光谱辐射的选择性程度,物体颜色中的灰色成分越大,则饱和度越小。中性灰、黑色、白色的饱和度为0。

3. 亮度

亮度(Brightness)又称明度,是指有色物体表面所反射的光的强度,它可区分颜色的浓淡。凡物体吸收的光越少,反射率越高,则明度越高,该物体的颜色越淡。非彩色中白色的明度最高,黑色的明度最低;彩色中,一般黄色的明度较高,蓝色的明度较低。

如翠蓝的色调、纯度和亮度三个物理量的确切数据分别为:$\lambda_{max} = 500nm$,纯度 $= 30\%$,亮度 $= 32\%$。

三、染料的发色理论

染料都是有色物,关于染料能产生颜色有多种解释,其中最典型的有两种理论,即发色团(Chromophore)发色理论和现代发色理论。前者从现象上对染料的发色作出了解释,后者从本质上对此进行了说明。

1. 发色团发色理论

该理论认为,染料之所以能产生颜色与染料的结构密切相关的。研究表明:染料分子中均含有能呈现颜色的发色基团或发色体,这些发色基团或发色体通常为一些含有双键的基团,如偶氮基(—N＝N—)、亚乙烯基(—CH＝CH—)、芳环等,相互连接所构成的不饱和共轭体系(Conjugated Unsaturated System)。同时,在染料分子结构中还含有助色团(Auxochrome),助色团通常为一些极性基团,如氨基(—NH_2)、硝基(—NO_2)、羟基(—OH)、羧基(—COOH)等。助色团与发色团相连,可增加染料颜色的深度和浓度。

2. 现代发色理论

该理论认为,染料产生颜色与染料分子轨道中电子的跃迁有关。染料分子中的电子在不同能量的分子轨道上运动,通常情况下,电子总是优先处在能量最低的分子轨道上运动,此时电子所处的状态称为"基态",或称为"稳定态"。当受到光照后,染料分子中的电子吸收光能,就能从"基态"跃迁到能量较高的分子轨道上,此时电子所处的态度称为"激发态"。染料分子中不同的分子轨道都具有各自相应的能量。电子激发态与电子基态间的能量差就是电子跃迁所具备的能量,称电子跃迁能。当入射光的光子能量正好等于电子跃迁能时,这一光子的能量就能被电子吸收,完成电子的跃迁。电子的跃迁能可通过以下公式计算:

$$\Delta E = E_1 - E_0 = h \frac{c}{\lambda}$$

$$\lambda = \frac{hc}{\Delta E}$$

式中:E_0——电子基态具有的能量,J;

$\quad E_1$——电子激发态具有的能量,J;

$\quad c$——光速($3 \times 10^{17} nm/s$);

$\quad h$——普朗克常数($6.62 \times 10^{-34} J \cdot s$);

$\quad \Delta E$——电子跃迁能,J。

不同波长光的光子能量(E)可通过以下公式计算:

$$E = h \frac{c}{\lambda}$$

可见光的波长在 380~780nm，代入公式后可求得可见光的光子能量范围为 $5.2 \times 10^{-19} \sim 2.5 \times 10^{-19}$J。

由于染料分子中电子的跃迁能恰好在可见光的光子能量范围内，因此它可以吸收可见光的光子能量进行跃迁，即染料可以对可见光进行选择性吸收，从而使染料呈现出颜色。

四、染料溶液对光的吸收规律

染料对光具有吸收作用，染料溶液对光的吸收程度与光的性质、染液浓度和光透过的染液液层的厚度有关。光线透过染料溶液的强度与光线原来强度的关系服从比尔—朗伯定律（Beer-Lambert Law），其关系表达式如下：

$$\lg \frac{I_0}{I} = \varepsilon c d$$

式中：I_0——入射光强度，cd；

I——透射光强度，cd；

c——染液浓度，mol/L；

d——液层厚度，cm；

ε——摩尔吸光系数。

$\lg \dfrac{I_0}{I}$ 表示光线通过染液时被吸收的程度，称为吸光度。如果光完全不被吸收，则 $I = I_0$，

$\lg \dfrac{I_0}{I} = 0$；如果吸收程度越大，则透射光强度 I 越小，$\lg \dfrac{I_0}{I}$ 值越大。当 c、d 一定时，摩尔吸光系数（Molar Extinction Coefficient）ε 与吸光度 $\lg \dfrac{I_0}{I}$ 成正比，吸光度越大，ε 值越大；吸光度越小，ε 值越小。

吸光度 $\lg \dfrac{I_0}{I}$ 又称光密度（D）或消光度（A）。对特定的染料稀溶液，摩尔吸光系数 ε 是一个常数，它只随入射光波长的改变而改变。一般染料在可见光范围内的最大摩尔吸光系数在几万到几十万之间，因此数值很大，往往用 $\lg \varepsilon$ 或 $\varepsilon \times 10^{-3}$ 来表示。

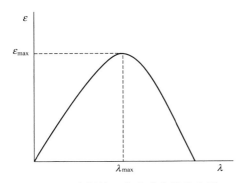

图 1-2　染料的吸收光谱曲线示意图

由于染料对光的吸收有选择性，即染料对不同波长的光的吸收程度不一样，因此，在染料稀溶液的浓度（c）和液层厚度（d）不变的情况下，用不同波长的光照射染料稀溶液时，可测得一系列数值不一的摩尔吸光系数（ε）。若以入射光的波长（λ）为横坐标，用摩尔吸光系数（ε）为纵坐标，则可绘制成一曲线，该曲线称为该染料的吸收光谱曲线（图 1-2），它是染料的一种特性曲线。染料的吸收光谱曲线一般有一个或几个波峰，其中与最高波峰的顶点相对应的波长称为最大吸

收波长,以 λ_{max} 表示,染料的颜色就是它吸收 λ_{max} 的补色。最大吸收波长所对应的摩尔吸光系数称为最大摩尔吸光系数,以 ε_{max} 表示,说明该波长下的光被染料吸收得最多。

染料最大吸收波长对色的影响,表现在染料颜色深浅的变化,λ_{max} 值越大,染料的颜色越深;λ_{max} 值越小,染料的颜色越浅。通过改变染料结构等可改变染料的最大吸收波长,即改变染料色泽的深浅。凡是能使染料的最大吸收波长增大的效应称为深色效应;凡是能使染料的最大吸收波长减小的效应称为浅色效应。

染料最大摩尔吸光系数对颜色的影响,表现在染料颜色浓淡的变化,若两试样颜色的深浅一样,即最大吸收波长 λ_{max} 相同,则最大摩尔吸光系数 ε_{max} 越大,颜色越浓;ε_{max} 越小,颜色越淡。凡是能使染料的摩尔吸光系数增大的效应称为浓色效应;凡是能使染料的摩尔吸光系数减小的效应称为淡色效应。

所以,染料颜色的深、浅、浓、淡的概念并不相同,在使用中应加以区分,切不可混淆,但在实际应用中,往往有将染料颜色“浓”叫做“深”、“浅”叫做“淡”的习惯,这要加以区分。

五、影响染料颜色的因素

影响染料颜色的因素主要有染料自身的结构和染料所处的外界条件。

(一)染料的结构

染料结构中共轭双键的数目、共轭体系上所连基团的极性、染料内络合物的生成及染料的离子化等,均会影响染料的颜色。

1. 共轭双键的数目

染料结构中,共轭双键的数目越多,共轭体系越长,共轭体系中 π 电子的跃迁能越低,即染料吸收的光能越低,则染料吸收光的波长越长,染料的颜色越深。

例如,二苯乙烯(⟨ ⟩—CH=CH—⟨ ⟩)无色,当共轭体系逐渐加长时,颜色逐渐加深。

⟨ ⟩ (CH=CH)$_n$ ⟨ ⟩

(n=1,无色;n=3 黄色;n=5 橙色;n=7 红色)

偶氮染料随着偶氮基数目的增多,共轭体系增长,染料颜色将越深。例如:

黄色

蓝色

黑色

值得注意的是：在染料分子结构中，由于某些基团间位能的作用，使得共轭体系的共平面性受到影响时，会降低共轭体系中 π 电子的共轭程度，使电子的跃迁能增大，吸收光波的波长变小，染料的颜色变浅。例如：

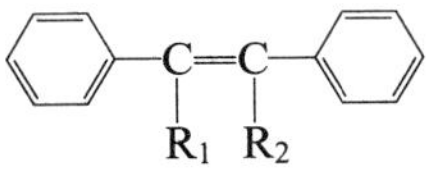

当 R_1、R_2 为 H 时，$\lambda_{max} = 294nm$，$\varepsilon_{max} = 276000$；当 R_1、R_2 为 CH_3 时，$\lambda_{max} = 243.5nm$，$\varepsilon_{max} = 123000$；当 R_1、R_2 为 C_2H_5 时，$\lambda_{max} = 237.5nm$，$\varepsilon_{max} = 11000$。

尤其在染料分子结构中插入某些基团使共轭体系中断时，吸收光波的波长将明显变小，染料的颜色将明显变浅，这一插入的基团称为隔离基（Isolate Group）。例如蓝色：

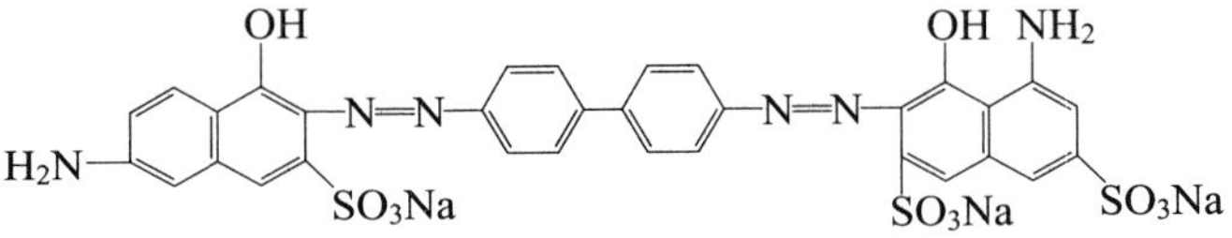

当在两个苯环间插入隔离基—NHCONH—时，则颜色变浅，呈紫红色。

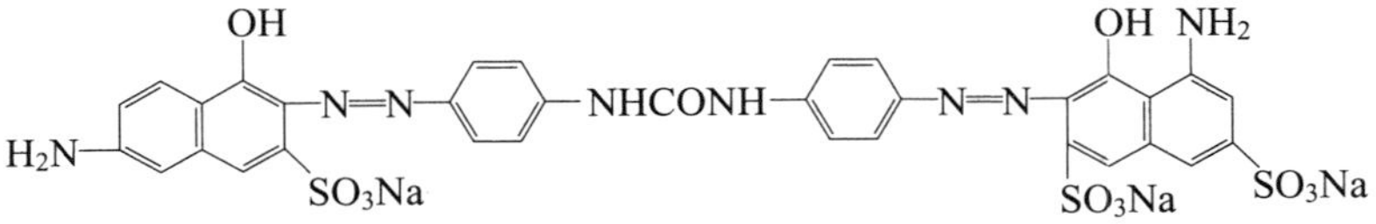

2. 共轭体系上的极性基团

在染料分子的共轭体系中连上极性基团（Polar Group）时，一般会加强染料分子的极化效应（Polarizing Effect），增强共轭体系中 π 电子的共轭程度，使电子的跃迁能降低，吸收光波的波长变大，染料的颜色变深，如表 1-5 所示。

表 1-5　共轭体系中的极性基团对吸收波长的影响

名　　称	结　　构	最大吸收波长（nm）
苯		255
硝基苯	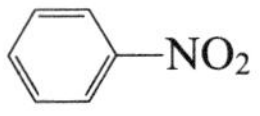	268
苯酚	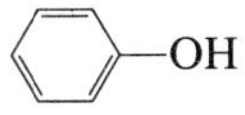	275
苯胺	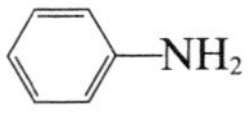	282
对硝基苯酚	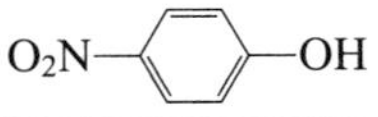	315
对硝基苯胺		318

共轭体系中连上极性基团，不仅能使染料颜色变深，产生深色效应；同时也能使染料最大摩尔吸光度（ε_{max}）增大，产生浓色效应。因此，在染料制造过程中，往往通过在染料分子结构的共轭体系中引入极性基团，对染料进行增深、增浓。

3. 染料的离子化

染料分子在介质的影响下发生离子化(Ionization),产生的电荷若加强了染料分子的极化效应,则电子的跃迁能降低,吸收光波的波长变大,染料的颜色变深。例如:

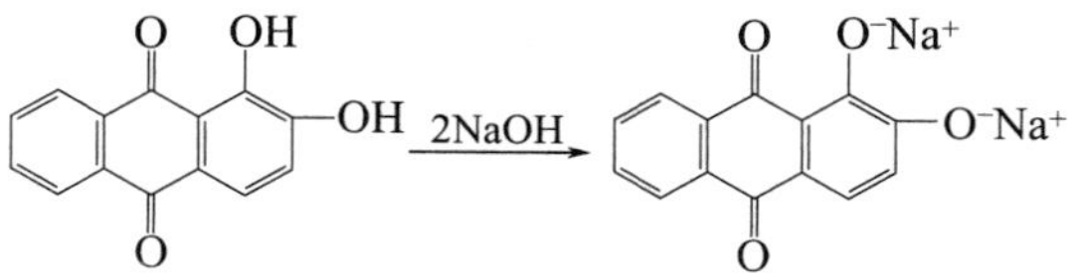

茜素(黄色)　　　　　　$\xrightarrow{\text{2NaOH}}$　　　　　茜素钠盐(红色)

反之,染料离子化后产生的电荷若减弱了染料分子的极化效应,则电子的跃迁能增高,吸收光波的波长变小,染料的颜色变浅。例如:

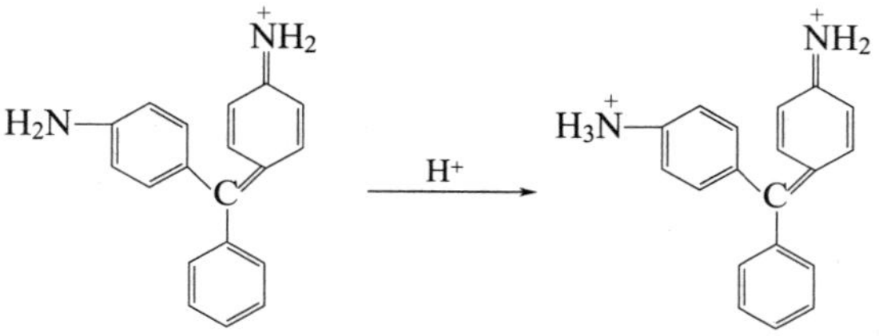

紫色　　　　　　$\xrightarrow{\text{H}^+}$　　　　　黄色

4. 染料生成内络合物

在染料分子结构中,若含有可络合基团(氨基、羟基、羧基、偶氮基等),通常能与铁、铬、铜等金属离子络合,形成五元或六元环。染料与金属络合后颜色一般会变深、变暗。例如:

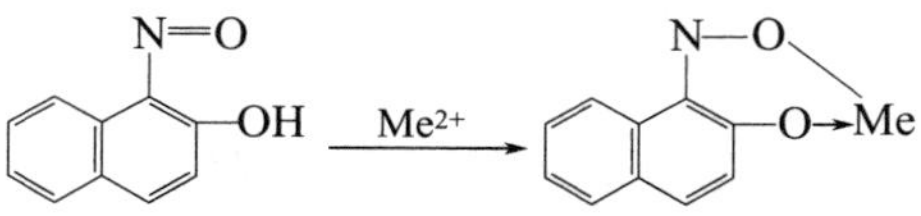

橙黄色　　　　　　$\xrightarrow{\text{Me}^{2+}}$　　　　　绿色

(二)外界条件

溶剂或介质的极性、pH,染料浓度,温度和光等外界条件,均会改变染料的存在状态,从而影响染料的颜色。

1. 溶剂或介质的影响

溶剂或介质对染料的影响主要体现在两个方面:其一是溶剂或介质的极性。

一般而言,溶剂或介质的极性越大,越利于染料分子的极化,染料的颜色越深。例如:4-硝基-4′-二甲氨基偶氮苯在不同极性溶剂中的最大吸收波长如表1-6所示。

表1-6　4-硝基-4′-二甲氨基偶氮苯在不同极性溶剂中的最大吸收波长

溶　剂	极　性	λ_{max}(nm)
苯	无	447
甲醇	较小	475
二甲基甲酰胺	较大	505

其二是溶剂或介质的pH。一般而言,溶剂或介质的pH的改变若能引起染料的离子化,则

染料颜色变深,反之则变浅。例如,碱性品绿在碱性溶液中会从原来的绿色变成白色沉淀,加入酸后又回到原来的绿色。它的变化如下:

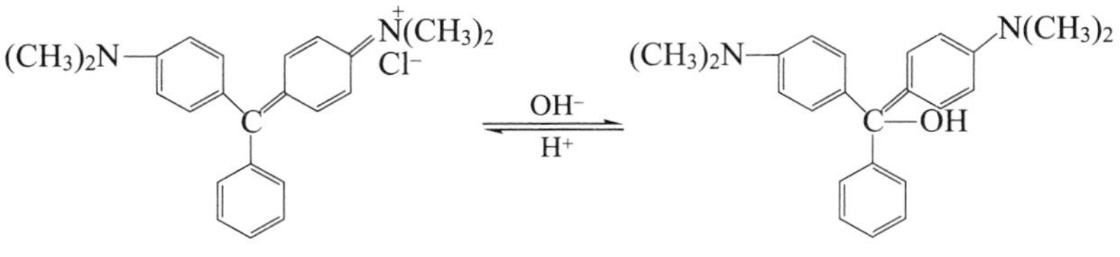

绿色　　　　　　　　　　　　　　　白色

酚酞、甲基橙、刚果红等可选作为酸、碱指示剂应用的就是这一特性。

2. 染料浓度的影响

染料浓度越大,染料聚集度越大,染料分子中电子的跃迁能越大,染料吸收光波的波长越短,染料颜色越浅。例如,结晶紫单分子态的最大吸收波长(λ_{max})为583nm,它的二聚体的最大吸收波长(λ_{max})为540nm。染料在纤维上聚集的程度也会影响织物的颜色,用还原染料染色后的织物,经皂煮后色光发生变化就是这个道理。

3. 温度的影响

染液的温度影响染液中染料的聚集度,从而影响染料的颜色。染液温度越高,染料聚集度越小,染料颜色越深;另外,有些染料的颜色会随着温度的改变产生可逆性变化,这一现象称为热变色性。如热致变色染料就具有这一特性。

4. 光的影响

有些具有顺反异构体的染料,在常温下一般以稳定的反式结构存在,但在光照下,染料的反式结构会转变成顺式结构,当光源离开后,顺式结构又回复为反式结构。反式和顺式结构的染料吸收的光的波长不同,因而显示的颜色也不同。这种现象称为光致变色性。例如,硫靛的顺、反结构及最大吸收波长如下:

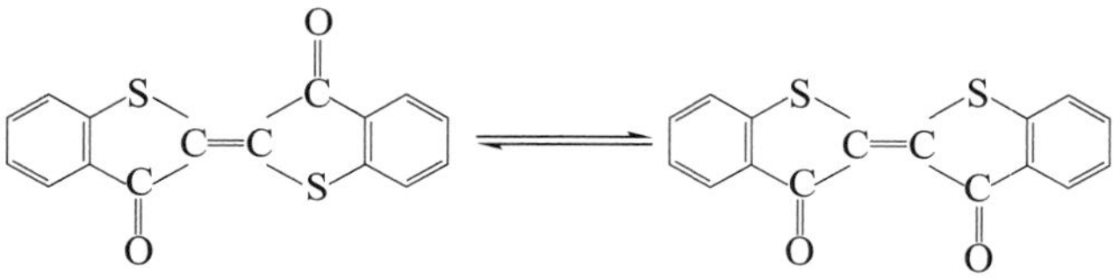

反式($\lambda_{max}=550nm$)　　　　　　　顺式($\lambda_{max}=485nm$)

光致变色染料就是利用染料在光照射下结构发生变化而引起颜色的变化而制成的。

☞复习指导

1. 染料是指一类能溶于水、对纤维有亲和力的有色物,大多数染料能直接溶于水,但也有少数染料需经适当化学处理后才能溶于水;颜料是指一类不能溶于水、对纤维无亲和力的有色物,它需在黏合剂的作用下与纤维结合,又称为涂料。

2. 染料有结构分类和应用分类两种分类方法,按结构特征一般分为偶氮类、蒽醌类、靛类等八类;按应用性能一般可分为直接染料、活性染料、还原染料、酸性染料、分散染料、阳离子染料等十余类。

3. 染料通常采用"三段命名法"命名,它们分别为冠称、色称和尾注。其中,冠称为染料的应用类别名称,色称为染料染后织物颜色的名称,尾注是对染料的色光、状态、浓度、牢度等性能的说明。

4. 物体的颜色是物体对可见光的作用在人们视觉上的反应,物体对可见光非选择性作用呈现消色,选择性作用呈现彩色。物体呈现的颜色是物体最大吸收光波颜色的补色,物体最大吸收光波的波长越大,颜色越深,吸收得越多,颜色越浓。

5. 染料最典型的发色理论有两种,即发色团发色理论和现代发色理论。前者从现象上对染料的发色作出了解释,后者从本质上对此加以说明。影响染料颜色的因素主要有染料结构和外界条件两个方面,前者包括共轭双键的数目、共轭体系上所连基团的极性、染料内络合物的生成及染料的离子化等;后者包括溶剂或介质的极性、pH、染料浓度,温度和光等。

6. 染料溶液对光的吸收程度与光的性质、染液浓度和光透过的染液液层的厚度有关,其关系服从比尔—朗伯定律,它是分光光度计测定染液浓度的基础。

☞思考题

1. 什么是染料,它与颜料有何区别?

2. 染料按应用分类,主要可分为哪几类?

3. 适用于纤维素纤维染色的染料有哪些?

4. 适用于蛋白质纤维染色的染料是何种染料?

5. 适用于合成纤维染色的染料分别是哪几种染料?

6. 染料三段命名法包含了染料的哪些内容? 并举例说明。

7. 何谓染料的力份? 为什么说不同厂家生产的染料,其力份无可比性?

8. 你认为下列说法正确吗?

(1)物体具有颜色是物体对光波选择性吸收的结果。

(2)物体呈黄色是该物体选择性地吸收了光谱中黄光。

(3)若某物体对可见光各波段无选择性地均匀吸收,则该物体一定是黑色。

9. 染料颜色的深、浅、浓、淡各是什么概念?

10. 影响染料颜色的结构因素有哪些,它们是怎样影响的?

11. 影响染料颜色的外界条件有哪些? 它们是怎样影响的?

学习情境2 染色设备分类及染色方法选用

纤维材质不同,所选用的染料种类也有差异。要获得满意的染色效果,除了要选择合适的染料,还需选择合适的染色方法、染色设备。例如,根据织物在染色过程中的基本状态不同,可以将染色分为绳状染色和平幅染色。绳状染色多用于浸染,平幅染色多用于轧染和卷染。通常,轧染多为连续式的,可明显提高生产效率。而平幅卷染和绳状浸染虽然无法实现连续式加工,却可以满足以小批量、多品种为主要特征的市场需求。因此,客户根据市场需求确定加工品种和加工量,染厂通过染色设备的选择确定染色方法,通过客户最终满足市场需求。深入了解常用染色方法,合理选择染色方法,不仅可以提高产品质量和加工效率,还可以为今后引进新型染色设备积累丰富的生产实际经验。

学习任务2-1 染色设备的分类

纺织品的染色通常可分为散纤维染色、纱线染色、机织物染色、针织物染色等。为了满足染色的各种要求,必须制订合理的染色工艺及选用合适的染色设备。染色设备直接影响染料的上染速度、匀染性、染料的利用率、染色操作、劳动强度、生产效率、能耗、染色成本及加工质量等。染色设备对染色工艺及染色产品的适应性是评价染色设备好坏的重要标准。染色设备的品种、型号很多,特别是随着纺织品新品种及染色新技术的不断发展,染色向着非水染色、少水染色、节能染色、增溶染色、新型涂料染色、短流程多效应染色、计算机应用及受控染色、"绿色"染色等方向发展。染色设备的分类方法很多,可根据设备连续与否,染物的形态,染色温度、压力,染液及染物相对运动的情况和适用的染色方法等加以分类。本书主要以染物形态进行分类,叙述各类染色机。

一、散纤维染色机

散纤维染色具有得色均匀且透彻的特点,但由于散纤维间隙较大,在染色中容易散乱,所以一般采用将被染物填装在适宜容器中,通过染液循环的染色机进行染色。散纤维染色可用于纯纺或混纺纤维,最初用于羊毛的染色,所用的染色机称为散毛染色机,至今仍有应用。另外纤维经初步纺制成的纤维条或纤维条球,在拉伸时易断裂,所以此种染物形态的染色机也归入散纤维染色机(Fiber Dyeing Machines)类。

1. 吊筐式散纤维染色机

吊筐式散纤维染色机(Basket Fiber Dyeing Machines)如图2-1所示,主要由染槽、吊筐、循环泵等组成。染色前将散纤维装入吊筐,用盖压紧,染液在循环泵的作用下,不断由内向外循环进行染色。染色结束后,将残液放掉或输送至储液槽,加清水进行循环洗涤,最后将吊筐放置于特殊的离心机中离心脱水。

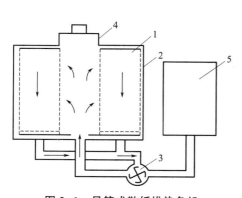 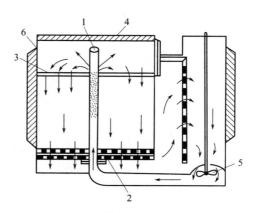

图 2-1　吊筐式散纤维染色机

1—吊筐　2—染槽　3—泵　4—槽盖　5—储液箱

图 2-2　旋转桨式散纤维染色机

1—多孔管　2—假底　3—多孔盖板　4—槽盖
5—旋桨　6—容器

2. 旋桨式散纤维染色机

旋桨式散纤维染色机(Paddle Fiber Dyeing Machines)在螺旋桨的旋转作用下,染液获得循环的动力。主要由圆形染槽、旋桨组成,如图 2-2 所示。散纤维均匀装在假底上,盖上假盖并旋紧。染色时由于旋桨转动的作用,染液自多孔管喷出,通过假盖、散纤维层、假底进行循环。染液的循环方向也可随旋桨转向的改变而变化。

3. 毛条染色机

毛条染色机(Top Dyeing Machines)由染槽、毛球筒、循环泵等组成,如图 2-3 所示。将毛条球装入毛球筒内,并放在染槽的假底上,盖上有孔盖板并拧紧,染液在循环泵的作用下,经假底下的蛇形蒸汽管加热后,通过调节阀,可使染液顺、反向循环。

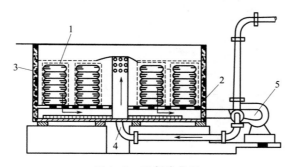

图 2-3　毛条染色机

1—毛条染罐　2—假底　3—染槽　4—输液管　5—循环泵

散纤维染色机对羊毛的染色效果最好。涤纶要用高温高压散纤维染色机。散纤维染色机所适用的染料一般是染色条件容易控制、染色浴比大的染料。散纤维的练漂处理一般也是在散纤维染色机上进行。

二、纱线染色机

纱线染色机（Lyarn Dyeing Machines）种类很多，主要有以下几种。

（一）绞纱染色机

1. 往复式绞纱染色机

往复式绞纱染色机（Skein Dyeing Machines）也称为摇摆式染纱机，是从手工染色演变而来

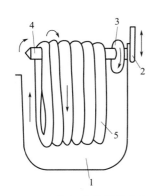

图2-4 往复式绞纱染色机

1—染槽 2—支架板 3—支架转盘
4—三角棒 5—绞纱

的，如图2-4所示。染色时将纱线挂在三角棒上，纱线随三角棒做左、右摆动，或上、下升降，也可倒、顺旋转。使纱线与染液做相对运动，从而获得均匀染色。往复式纱线染色机结构简单，适应性广，染色时浴比较大。但由于是间歇操作，且劳动强度较大，已很少采用。

2. 喷射式绞纱染色机

喷射式绞纱染色机（Jet Dyeing Machines）如图2-5所示。染色时将绞纱套在并列的多孔管上，用泵将染液从染槽送入多孔管，喷淋于绞纱上，染液顺绞纱下流至染槽，与此同时，绞纱随回转棒的转动而转动，改变了与管子的接触位置，从而达到匀染目的。该机具有浴比小、绞纱的装卸操作方便等优点，但染液喷孔需经常清洁，以防止被纤维毛绒堵塞。喷射式绞纱染色机的规格根据多孔管的数目多少而不同，有一管或多管的，每管上一般可染5kg左右纱线。

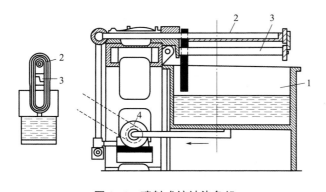

图2-5 喷射式绞纱染色机

1—染槽 2—孔管 3—回转装置 4—泵

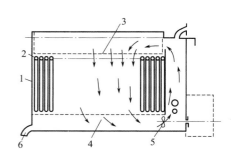

图2-6 大液流染色机

1—染槽 2—载纱架 3—多孔盖板 4—假底
5—螺旋桨 6—排液管

3. 旋桨液流式绞纱染色机

旋桨液流式绞纱染色机（Flooded Dyeing Machines）染色时，纱线挂在纱架上固定不动，染液的循环是通过旋桨或泵来完成的。液流式绞纱染色机可分为大液流染纱机和双箱液流染纱机两种。大液流染纱机见图2-6，染色时将悬挂于两根纱棒间的纱线放入充满染液的染槽内，通

过调节纱棒的距离来固定纱的位置,染液通过旋桨或泵的作用上下循环。

双箱液流染纱机如图2-7所示。用隔板将染槽分为两槽,故称双箱。染液在螺旋桨作用下,通过小管直接输送到挂纱辊处,由于液流作用,使纱线微起而脱离挂纱辊,从而防止了由于挂纱辊引起的染斑。由于染液能缓和而均匀通过纱层,故染色均匀。

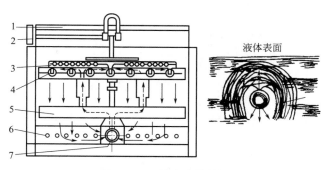

图2-7　双箱液流染纱机

1—可卸机盖　2—防松螺栓(连接机盖和纱架)　3—辅助液流孔　4—上挂纱辊

5—绞纱托架　6—加热与冷却盘管　7—螺旋桨

液流式染纱机结构简单,浴比较大。大液流染纱机一般用于染大批量的硫化元色纱,双箱液流染纱机常用于腈纶膨体纱的染色。

4. 高温高压绞纱染色机

高温高压染纱机(Pressurized Skein Dyeing Machines)如图2-8所示。染色时将绞纱堆放在纱笼中,将压板盖好拧紧,然后将纱笼架吊入染槽内,加入染液,依靠泵的作用,使染液由纱笼中间的喷管喷出,经过绞纱,再从四周回流,经一定时间后再换向循环。该机具有浴比小、自动化程度较高、适应性广的特点,主要用于涤纶及其混纺纱线的染色,且效果良好,是目前使用较广泛的绞纱染色设备。

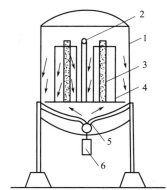

图2-8　高温高压染纱机

1—染槽　2—纱笼架　3—喷管

4—纱笼　5—泵　6—电动机

(二)筒子纱染色机

筒子纱染色机(Package Dyeing Machines)通常分为常温常压和高温高压两类。高温高压筒子染色机如图2-9所示。染色时将纱线卷绕在特制的空心多孔筒管上。筒管由多孔不锈钢、塑料或不锈钢网制成,外形有圆柱形、锥形,成形的筒子呈圆柱形或宝塔形。

染色时将筒子纱放入载纱支架,染液在循环泵的作用下通过假底、支架内的小孔透过纱线,通过正反向循环达到匀染目的。该机自动化程度高、生产率高。染好的筒子纱可直接用于织造,而且筒子纱染色机一般有配套的真空脱水机和筒子纱干燥机。

(三)经轴染纱机

经轴染纱机(Beam Dyeing Machines)如图2-10所示。经纱卷绕在中空且表面布满小孔的卷轴上,放在圆筒形机体的中央,染液由泵自内向外或自外向内循环,经轴染纱机有立式和卧式

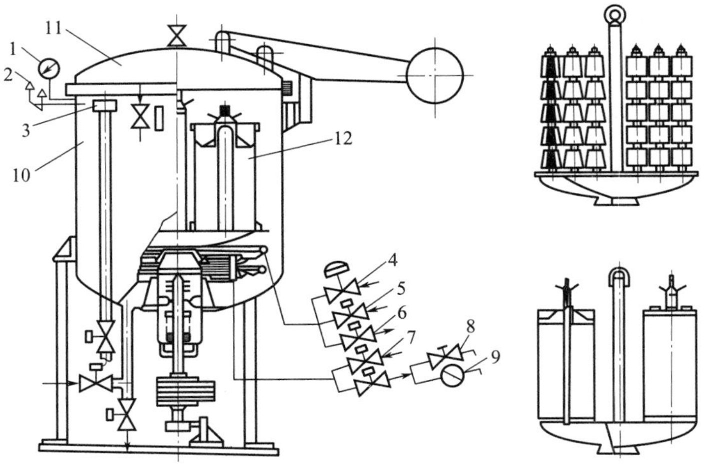

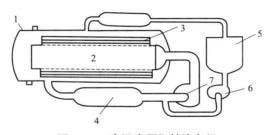

图 2-9 高温高压筒子染色机

1—压力计 2—安全阀 3—溢水口 4—气动进气阀 5—手动进气阀 6—冷却水出口 7—冷却水进口
8—冷凝水快速排出口 9—冷凝水自动排出口 10—机体 11—盖 12—染笼

图 2-10 高温高压经轴染色机

1—高压容器 2—经轴 3—经纱（或织物） 4—加热器 5—膨胀桶 6—加入泵 7—循环泵

两种，大都属于高温高压染色机。但也有开口的常压经轴染纱机，染液仅能自内向外循环，卷轴可以一定的速度转动。

经轴纱染后可直接（也可经一定处理）用于织造，比绞纱染色工序更简化。

（四）连续染纱机

连续染纱机（Continuous Lyarn Dyeing Machines）适宜大批量高特的纱、线或带的染色。纱线经染液浸轧、汽蒸、后处理连续完成染色过程，劳动生产率高，目前这种机械主要用于硫化、靛蓝、直接染料的染色。

三、织物染色机

按织物染色方法不同可分为浸染和轧染两种。浸染是将织物反复浸渍在染液中，使染料在纤维上吸附、扩散，最后固着于纤维上。轧染是将织物在染液中经短暂浸渍后，通过轧车浸轧至工艺所需的带液量，经过后处理将染料固着于纤维上。常用的染色机（Fabric Dyeing Machines）按加工形状可分为平幅和绳状两类。织物根据其结构不同可分为机织物和针织物。由于针织物组织是由线圈构成的,极易发生因拉伸而伸长、擦伤、脱散等现象。所以染色时要求所受张力小的针织物、经编织物、毛织物等,大都以绳状的形式进行染色。棉布、涤/棉织物等大多采用平幅染色。

(一)常温绳状染色机

常温绳状染色机(Atmospheric Strand Dyeing Machines)是一种通用性很强的染色机械,如图2-11所示,它可适用于机织物、针织物、丝织物及毛织物的染色。染色时将织物头尾相连,呈绳状松弛状态的织物反复浸渍在染液中,在椭圆形导布盘带动下,织物呈S形折叠进入染槽,不断循环运行,直至染色均匀。该机可以同时进行多匹织物的染色,为了避免织物间的缠结,机内设有数量不等的分布栅,染槽底部为圆弧形,染液在循环泵的作用下,经加热通过多孔板均匀分散进入各染槽内。

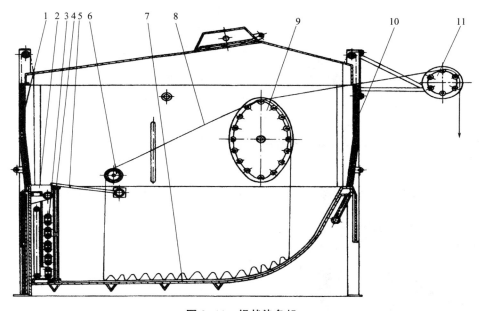

图 2-11　绳状染色机

1,10—升降罩　2—加液槽　3—蒸汽加热管　4—隔板　5—分布档　6—导辊
7—染槽　8—织物　9—椭圆形导辊　11—出布辊

该机具有结构简单、操作方便、故障少、易修理、染后织物手感好等特点,但染色时间长,效率低,织物进出染色机需手工操作。

另一种D型染色机也属常温绳状染色机(也有高温高压染色机),染色时,坯布在D型箱中靠液流及坯布自身的重量移动,坯布所受的张力很小。此外,染色时批量大,浴比小,易染得匀透而坚牢的色泽,不会产生皱痕。该机染色操作简便,是一种很好的常温绳状染色设备。D型染色机的设备结构如图2-12所示。

(二)转鼓式染色机和旋桨式染色机

针织成衣或袜子等产品,常采用转鼓式染色机和旋桨式染色机进行染色。图2-13是转鼓式染色机(Rotary Drums and Paddle Machines),其主要组成是一个多孔的转鼓,染物装在鼓中,转鼓的下部浸在染液中,并以一定方向转动,隔一定时间再反向转动,反复进行,直至染色完成。转鼓式染色机主要用于袜子、成衣或针织毛圈织物的染色,也可利用转鼓式染色机通过喷嘴进行喷雾染色。

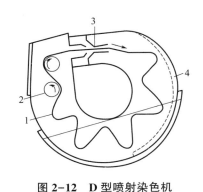

图 2-12　D 型喷射染色机

1—织物　2—导辊　3—喷嘴　4—过滤假底

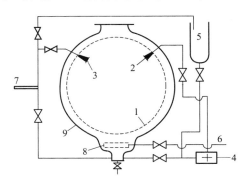

图 2-13　转鼓式喷雾染色机示意图

1—多孔转鼓　2—喷雾嘴　3—冷水喷嘴　4—泵（循环泵）

5—配料槽　6—蒸汽管　7—冷水管　8—加热器　9—机壳

旋桨式成衣染色机(图 2-14),其机体呈椭圆形,在染槽的一边装有一个桨翼,染色时桨翼旋转,使染液和染物搅动循环。

(三)高温高压绳状染色机

能在高温高压条件下染色的绳状染色机主要有下面几种。

1. 高温高压绳状染色机

高温高压绳状染色机(Pressurized Strand Dyeing Machines)如图 2-15 所示。基本结构与绳

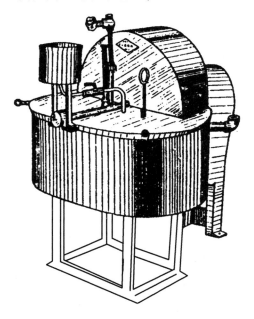

图 2-14　桨翼成衣染色机

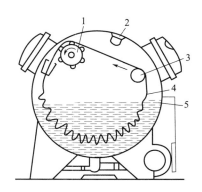

图 2-15　高温高压绳状染色机

1—六角导布辊　2—照明灯　3—导布辊

4—绳状织物　5—高压染缸

状染色机相似,但能密封和耐压,机体一般为圆筒形,主要用于纯涤纶织物的染色,染色时间较短,且染色均匀,没有擦伤,但不易控制和操作,易产生皱折痕,生产效率低。

2. 高温高压溢流染色机

高温高压溢流染色机(Pressurized Flooded Machines)是从高温高压绳状染色机发展而来的,主要用于合纤织物的染色。如图2-16所示,染液从染槽底部由主泵抽出,送至热交换器加热(在降温时冷却),再进入染槽前端溢流槽中。溢流槽内平行装有两根下倾溢流管。织物由主动导辊及染液溢流带动进行循环,在染色过程中,织物呈松弛状态,不易擦伤变形,染色均匀,得色鲜艳,产品手感柔软,特别适于轻薄和毛圈结构合纤针织物、弹力织物的高温高压染色。但该机浴比大,占地面积大。

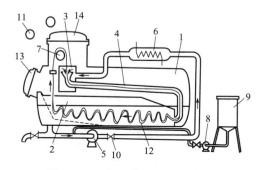

图 2-16　高温高压溢流染色机
1—槽体　2—储布容器　3—溢流送布器　4—溢流导布管
5—主泵　6—加热器　7—提布辊　8—加料泵　9—加料
槽　10—调节阀　11—进、出布辊　12—织物
13—进布孔　14—出布孔

3. 高温高压喷射染色机

高温高压喷射染色机(Pressurized Jet Machines)种类很多,按外形不同可分成U形立式喷射染色机和C形轮胎式喷染机等。图2-17是全充满管道式喷射染色机,染液自中部由循环泵抽出,经热交换器加热后,自喷口喷入机内,松式环状织物在喷嘴染液喷力下,经导布管在机内堆积,并在染液流动推力下连续循环运行,通过调节阀可控制织物运行。该机不易产生泡沫,结构简单,占地面积小,染色后产品外观丰满,手感好。图2-18所示为平卧椭圆形管状(习惯称轮胎式)的全充满式高温高压喷射染色机,松式环形织物在椭圆形不锈钢体内被喷嘴喷射的液流推动循环运行,当喷嘴喷射出的液流流量过大而使织物拥堵时,可开启回流调节阀,使部分液流经回流管直接吸入循环泵。

喷射染色机与溢流染色机的不同点是溢流染色机中织物的上升是靠主动导辊带动,而在喷射染色机中,织物的上升是由喷嘴喷射染液带动的,因而织物的张力更小,各部分所受的力更为均匀,染物手感比较柔软。

织物在喷射式染色机中靠喷嘴的喷力运行。因此,随织物种类的改变,应及时调整喷嘴口径及喷射压力,一般染厚重的织物,应选

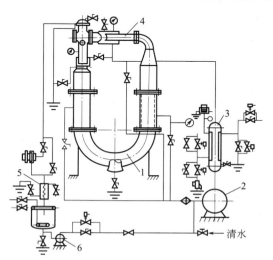

图 2-17　立式(U形)全充满高压喷射染色机
1—U形机体　2—循环泵　3—加热器　4—喷嘴装置
5—过滤装置　6—加料泵

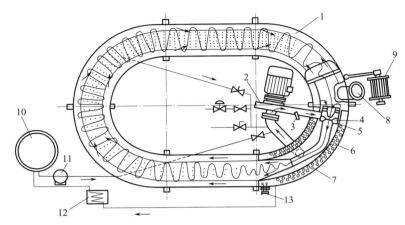

图2-18 平卧椭圆形高温高压喷射染色机

1—机体 2—循环泵 3—阀 4—喷嘴 5—调节装置 6—冷却管 7—加热管 8—进、出布口
9—进、出布辊 10—加料槽 11—加料泵 12—过滤装置 13—回流调节装置

用较大口径的喷嘴,喷嘴结构如图2-19所示。如果喷嘴大小或喷头喷力选择不当,染色时会发生堵布现象。

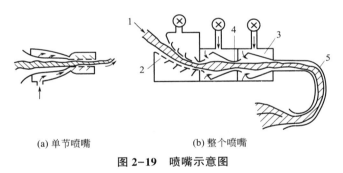

(a) 单节喷嘴   (b) 整个喷嘴

图2-19 喷嘴示意图

1—织物 2—多孔管 3—喷嘴 4—喷嘴细腰 5—输布管

喷射染色可用于高温高压染色,也可用于常压染色,适用于合纤针织物、经编织物、绉类轻薄织物以及弹力织物的染色。

4. 高温高压溢喷染色机

高温高压溢喷染色机(Pressurized Flooded Jet Machines)有管道式和高压釜式两种,如图2-20所示。该机由储布管和导布管组成,储布管可以全充满,也可半充满,按工艺要求调节。机内织物以溢流加喷射方式进行染色。由于喷嘴全部浸渍在染液中,不容易产生泡沫。织物所受张力较小,染色浴比较小,染液及染物的循环速度快,匀染性较好。适用于针织物、机织物、毛圈织物及丝绒的染色。

5. 气流喷射染色机

气流喷射染色机(Gas Jet Machines)是用气流代替液流的喷射式染色机,该机具有高速、高温及小浴比特点。特别适合于轻薄超细纤维织物及磨毛织物的染色。如图2-21所示为Thies

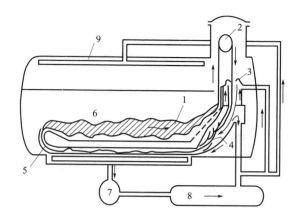

(a) 管道式溢喷染色机

1—织物　2—导布辊　3—溢流口　4—喷嘴　5—输布管道
6—浸渍槽　7—循环泵　8—加热器　9—喷淋管

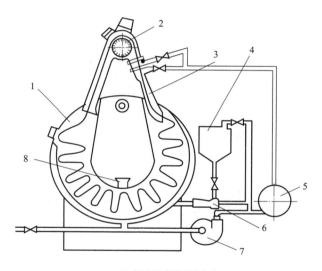

(b) 高压釜式溢喷染色机

1—罐体　2—提布辊　3—溢流装置　4—加料槽　5—加热过滤器
6—射流器　7—循环泵　8—溢流口

图 2-20　喷射溢流染色机

Luft-roto 气加液混合型喷射染色机。染色时绳状织物在喷嘴中被气流驱动,同时另一管道向喷嘴注入染液,染液与高速气流相遇形成雾状微细液滴,施加到织物上进行染色。出喷嘴后织物落入一只可自由转动的容布转鼓中,利用两边的织物重量差,使转鼓转动输送织物,在转鼓底部,织物与染液接触。

　　全气流染色机是以 $1×10^4$Pa 压力的高速气流为输送介质,使织物高速运行通过一个双气环的喷嘴和喇叭形导布管。在导布管出口处,由于气流膨胀,绳状织物被气流展平。当织物处于

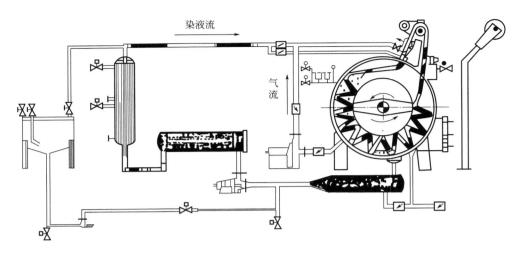

染液流

气流

图 2-21　Thies Luft-roto 气加液混合型喷射染色机

平幅时,有两组喷淋管向全幅布面喷淋染液进行染色,带有染液的织物落入底部容器进行堆置。由于容器两边织物的重量差,堆置的织物顺序向前推进,而后被再次提起进入喷射,完成一个循环。

（四）平幅染色机

平幅染色机（Flat Fabrics Dyeing Machines）多用于棉、涤/棉织物的染色。

1. 经轴染色机

经轴染色机（Beams Dyeing Machines）如图 2-22 所示。常用于合纤长丝针织物及轻薄机织物等的染色。染色时,首先采用专用打卷机将织物卷绕在表面满布小孔的空心卷轴上,要求张力低而恒定,卷绕平整均匀。染色时布卷在机内不转动,染液由离心泵输送,自空心卷布轴向织物层做自内向外的循环,也可以反向循环。该机具有染色织物尺寸稳定,滑爽挺括,不易折皱等优点,但可能产生被染织物内外层和织物边部与中部的色差,不适合要求丰满蓬松或凹凸花纹织物的染色。

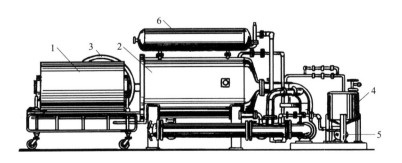

图 2-22　高温高压经轴染色机示意图

1—布卷　2—机体　3—盖　4—加料槽　5—循环泵　6—加热器

2. 星形架染色机

星形架染色机（Star Frame Dyeing Machines）如图 2-23 所示。在星形架的上下支架上装有许多铜钩,织物圈绕挂在铜钩上,浸在染液中染色,染液由下而上进行循环,星形架微微转动。星形架染色适用于不耐轧压的织物(如丝绒织物)及易擦伤的织物(如真丝织物)的染色,与星形架染色类似的还有方形架染色机、压力棒轮染布机、挂染槽染色机等。

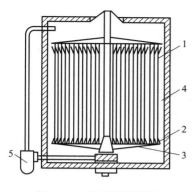 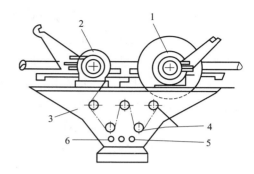

图 2-23　星形架染色机

1—织物　2—铜钩　3—星形架

4—染槽　5—泵

图 2-24　卷染机

1—卷布辊　2—刹车　3—染槽　4—导布辊

5—加热直接蒸汽管　6—保温间接蒸汽管

3. 常温卷染机

常温卷染机(Atmospheric Jig Machines)是间歇式的染色机。按传动方式分有普通型、周转轮系、电差动式、滚轮摩擦盘式、直流电机式、水动重力传动式及计算机变频式等形式。适合于小批量、多品种的生产,当然也可用织物的前处理。卷染机如图 2-24 所示,在染槽上装有一对卷布辊,通过调速齿轮改变两轴的主、被动,同时给织物以一定的张力,槽内有五只导布辊,织物通过小导布辊浸渍在染液并交替卷绕在卷布辊上,织物由被动到主动辊称为一道,且每走完一道,通过调速齿轮箱的控制,自动掉头重复进行,直至完成规定的道数,再打卷,出机。染槽底部的加热管,用直接蒸汽加热染液,间接蒸汽管起保温作用,槽上方装有进水管,底部有排液管。

卷染机分为敞口式和密封式两类。敞口式蒸汽耗量大,影响车间环境,并且染色温度高时,卷布辊上织物两边的温度与中间温度不同,容易造成色差,密封式则大大改善车间环境,提高染色质量,卷染时织物所受张力较大,而且随着布卷大小的不同,织物的线速度不一样,张力大小也不同。随染色产品向着小批量、多品种方向发展及印染装备的不断发展,卷染机的传动方式也发生了很大变化,从普通式到周转轮系、摩擦盘式到现在计算机全自动。较先进的卷染机正向着自动加料、自动程序控制、自动取样、等速恒张力、交替卷法、大卷装方向发展。

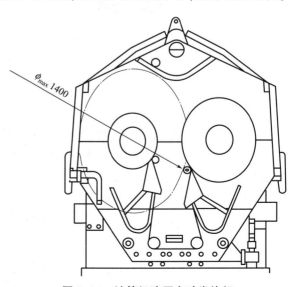

图 2-25　计算机液压自动卷染机

卷染机的适应能力也大大提高了,能用于各种低特(高支)、高密,氨纶交织、化纤、棉、麻、丝绸、纱布及其混纺织物,采用活性、分散、还原、硫化、直接等染料进行染色,以及进行煮练、皂洗、冷堆等工艺。图2-25所示为计算机液压自动卷染机。

4. 高温高压卷染机

高温高压卷染机(Pressurized Jig Machines)适用于合纤及其混纺织物的染色,一般有两种形式。一种是固定型,即卷染机固定,织物下卷后上盖加压,染后去压、开盖出布。槽体内壁材料为不锈钢制,槽盖的升起由油压装置操作。工作压强视染色温度而定,130℃染色则表压为196kPa(2kgf/cm²)。此设备占地面积小,但布卷的进、出布时间较长,生产效率低。国产M141型即属此类,如图2-26所示。另外还有一种是移动型,即每台高温高压卷染机都配备两个带轮可移动的小染缸。当一个小染缸在高压罐内运转时,另一个小染缸在高压罐外做好准备工作及100℃以下的水洗和染色操作。这种设备占地面积大,但生产利用率高。

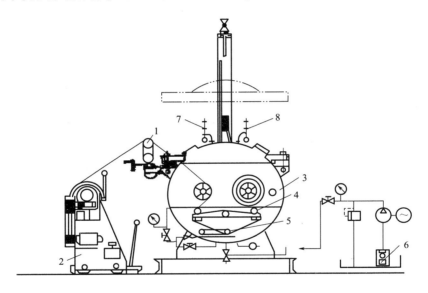

图2-26 高温高压卷染机

1—导布辊 2—成卷装置 3—染槽 4—扩幅装置 5—张力辊 6—油箱 7,8—安全阀

5. 连续轧染机

连续轧染机(Continuous Padder)适用于大规模染色加工,劳动生产率高,棉织物及涤棉混纺织物大都采用连续轧染工艺。连续轧染机一般由单元机组成,主要浸轧(均匀轧车)、红外线预烘、固色、平洗、烘燥等单元装置组成。各种染料由于染色工艺过程及条件不同,因而有各种轧染机,如还原染料悬浮体轧染机,热溶染色机等。

连续轧染机的设备费用较高,占地面积较大。

6. 轧卷染色机

轧卷染色机(Pad-Jig Dyeing Machines)由浸轧装置、预热装置、打卷装置和平洗装置等组成。织物在轧车上浸轧染液后,经加热(或不经加热)后打卷,然后保温(或室温)堆置,使染料充分扩散及固着,再在平洗装置上进行水洗、皂煮等后处理,完成染色加工。打卷要求布边整齐、布面平整且无气泡。堆置时外加塑料薄膜,以防止布卷表面水分蒸发,同时要使布卷缓缓转动,避免染液受重力作用而集于布卷下部,造成内外色差和上下色差。轧卷染色是半连续染色,劳动生产率较高,染料利用率也较高,织物所受的张力较小,染物的匀染性较好,用冷堆工艺可降低能耗,特别适用于小批量、多品种的生产。

学习任务 2-2　染色方法的选用

织物染色根据染料与织物在接触方式的不同,将染色分为浸染和轧染两种。无论采用何种方法,都要求织物染得匀透,色泽坚牢,且织物尽可能不变形和受损。最适宜的染色方法取决于织物性质、所选染料及工厂的染色设备。

一、浸染

浸染(Dip Dyeing)就是将被染织物浸渍于染液中,通过染液循环及与被染物的相对运动,借助于染料对纤维的直接性而使染料上染,并在纤维上扩散、固着的染色方法。浸染时,染液及染物可以同时循环,也可以是单一循环。

浸染设备简单,操作容易,适应性广,特别适合散纤维、纱线、针织物、真丝织物、丝绒织物、毛织物、稀薄织物、网状织物等不能经受张力或轧压的染物的染色。浸染是间歇式生产,劳动生产率较低,适合于小批量、多品种生产。

浸染时浴比(Liquor Ratio)较大,所谓浴比是指加工物质量与加工液质量之比,若将加工液密度视为 1kg/L,则浴比可理解为加工物质量(kg)与加工液体积(L)之比。浸染时的染料浓度一般用对纤维重量的百分数表示。例如:被染物 50kg,浴比 1∶20,染色浓度为 2%,则染液体积为1000L,所用染料量为 50×2%=1kg。在纱线染色中,染料用量习惯上用每包纱所用的染料量表示。

影响染色均匀性的因素有染料、助剂、温度、浓度、浴比等,在染色中保持染液与织物的相对运动,有利于提高染色均匀性。当然,浴比大有利于均染,但染料的利用率低、能耗大、废水多;浴比过小易染色不匀。浸染法染色中通过分次加入染料,使染色更均匀,并通过加用促染剂来提高染料的利用率。

二、轧染

轧染(Pad Dyeing)是将平幅织物在染液中经过短暂的浸渍后,随即通过轧辊轧压,将染液挤入纤维内部及织物组织空隙中,并除去多余的染液,使染料均匀分布在织物上。浸轧染料后的织物通过汽蒸或焙烘等处理完成染料在纤维上的扩散及固着。织物浸在染液里时间很短,一般只有几秒到几十秒,浸轧后织物上带的染液量(轧液率(Pickup))表示方法如下:

$$轧液率=\frac{轧后织物重-原来织物重}{原来织物重}\times100\%$$

轧液率随织物种类及要求不同而改变。一般合成纤维织物的轧液率在 30% 左右,棉织物轧液率在 70% 左右,黏胶纤维织物的轧液率约为 90%。

轧染时织物上染料的多少直接影响织物的色泽,由于织物浸渍时间较短,为了达到均匀目的,织物应具有良好的润湿性,在染液中加入适当的润湿剂或渗透剂,通过轧辊后织物带液要均匀。普通轧辊加压后都会产生一定弯曲,所以现在都用均匀轧车,这种轧车在轧辊靠近轧点处的空腔内通过适当压力的油,通过调节辊内油压,可使轧辊表面平直,从而达到均匀轧液的目的,其结构如图 2-27 所示。

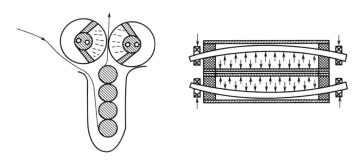

图 2-27   均匀轧车(辊内液压)示意图

普通轧车通过以下方式也能适当提高轧液均匀性。将普通轧辊车磨成中高辊(习称橄榄形),即中间直径比两端略大些,中间高出的大小视轧辊直径、长度及轧车压力而定,但只能做到左、中、右均衡。另一种为中支辊,即轧辊的辊轴与辊体在中部接触,也能改善轧液的均匀性。

浸轧次数一般有一浸一轧、一浸二轧、二浸二轧或多浸一轧等几种形式,视织物、设备、染料等情况而定。织物厚、渗透性差、染料用量高,一般不宜用一浸一轧。浸轧时织物带液量必须均匀,否则由于织物带液不匀而形成色花,在以后加工中无法纠正。为了防止染色时的阴阳面,要求两只轧辊的辊面硬度相近,且用卧式轧车(两只轧辊水平放置)。烘燥时要防止染料泳移。所谓泳移是指织物在浸轧染液后的烘干过程中,染料随水分的移动而移动的现象。由于烘燥速率的不同,染料分子随水分从含水高的地方向含水低的地方移动,当织物上含湿量降低到一定数值以下时(例如棉织物大约在 30% 以下,涤棉混纺织物大约在 25% 以下),泳移现象就不显著。因此,织物在浸轧染液后的预烘过程相当重要(预烘时应使织物均匀加热)。

浸轧后织物的烘燥主要有红外线烘燥、热风烘燥、烘筒烘燥三种。其中红外线烘燥是利用红外线辐射来加热织物和水分,由于空气基本不吸收红外线,而红外线能透过织物和水膜,水分对红外线有较高的吸收率,因此红外线加热迅速、均匀且强度高,常用于含湿量较高织物的预烘。但当织物含湿量较低时,容易产生过烘。

热风烘燥是用热空气使织物上的水分蒸发,一般采用导辊式热风烘燥机(有上、下导辊式、W 型和横导辊式三种)。空气先经蒸汽管加热,将热风直接喷向于织物两侧,烘燥效率与喷风方式有着密切的关系,由于热空气既是传热体,又是载湿体,随着烘燥过程的进行,热空气的含湿量不断增高,此烘燥效率明显下降。为了提高烘燥速度,将热风烘燥机分为几室,通过多次分段循环的方式,将织物烘至一定的含湿量,然后用较高的温度将织物烘干。

烘筒烘燥是将织物紧贴于内用蒸汽加热的金属圆筒表面,织物上的水分受烘筒传热而蒸发,属接触烘燥,效率高。当织物浸轧染液后直接用温度较高的烘筒烘干时,极易造成烘燥不匀及染料泳移,因此常用于织物经预烘后的烘燥。

在实际生产中,上述三种烘燥方式往往组合使用,既提高烘燥效率,又可使烘干均匀。例如用红外线+烘筒、红外线+热风、红外线+热风+烘筒,热风+烘筒等。

轧染中使染料固着的方法一般有汽蒸、热溶两种。汽蒸在汽蒸箱中进行,根据所用染料及设备不同,有水封口及汽封口两种,且汽蒸时间一般较短,约50s,温度为102~105℃。汽蒸就是利用水蒸气使织物升温,纤维溶胀,染料或染料与化学品作用后,溶解、扩散进入纤维内部并最终在纤维上固着。汽蒸方式有常压汽蒸及高温高压汽蒸,高温高压汽蒸可用于涤纶及其混纺织物的汽蒸固色。

焙烘是以干热空气作为传热介质使织物升温,染料扩散进入纤维内部并在纤维上固着。焙烘箱一般为导辊式,与热风烘燥机相似,但温度较高,一般是利用可燃性气体与空气混合燃烧,也有用红外线加热的。焙烘法特别适用于涤纶及其混纺织物的分散染料热溶染色,也可用于活性染料、酞菁染料的固色。焙烘箱及汽蒸箱内各处温度及风量应均匀一致,温差较大就会造成色差。

汽蒸或焙烘后再根据不同的要求进行水洗、皂洗等后处理,最后经烘筒烘干。

知识拓展

新型染色设备

随着人们生活水平的提高,对纺织品要求的日益提高及高分子材料研究的不断深入,新型合成纤维、新型纤维素纤维、蛋白质纤维、复合纤维等新品种不断涌现,促进了新型染料、新工艺在染色上不断应用,新型染色设备的研究开发及应用。

一、GN6-Super 高温快速染色机

该机具有低浴比,控制染色精确、重现性好、加工织物手感好、适合于小批量、多品种加工的优点。图 2-28 所示为 GN6-Super 高温快速染色机结构示意图。

该机应用 50~80℃恒温染色,并结合快速加盐技术,线性加染料,递增加碱技术,缩短升温时间,从而达到快速染色的目的。由于具有智能水位控制系统,可确保染色水量的准确性,从而防止了缸差产生。使用连续水洗技术,保持了纤维的溶胀,加速了未固着染料向纤维外的扩散,从而缩短了水洗时间。

二、短流程湿蒸工艺设备

短流程湿蒸工艺设备如图 2-29 所示。

活性染料连续轧染工艺简单,生产效率高,应用广泛,但由于染料在浸轧及汽蒸过程中水解(25%~30%的染料水解),所以固色率低。而该工艺中当织物浸轧染液后,进入湿蒸反应箱,在反应箱入口处的电热红外线辐射,使织物迅速升温。反应箱内载热体是少量蒸汽与干热空气的混合气体,经调温、调湿后,织物在反应箱内短时间固色,具有给色量高、染料渗透充分、织物色

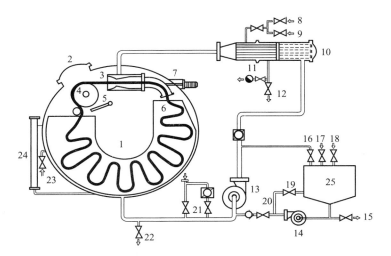

图 2-28　GN6-Super 高温快速染色机

1—缸身　2—工作门　3—喷嘴　4—织物提升系统　5—绞缠自解装置　6—摆布装置　7—溢流喉
8—蒸汽阀　9—冷却水阀　10—热交换器及过滤器　11—疏水器　12—冷却水阀　13—主循环泵
14—注入泵　15—排放阀　16—染液抽吸阀　17—进水阀　18—加热阀　19—混合阀　20—注入
阀　21—溢流阀　22—主排水阀　23—进水阀　24—水位显示器　25—储液桶

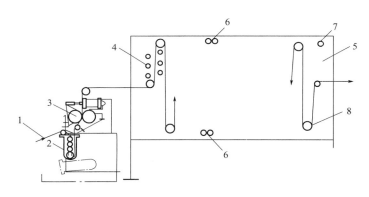

图 2-29　短流程湿蒸设备示意图

1—织物　2—染液槽　3—轧车　4—红外线辐射器　5—反应箱　6—热风、蒸汽入口　7—排风口　8—导布辊

泽均匀、节能等优点，除适合一般织物外，特别适合于毛圈及绒类织物的连续轧染。

三、超临界二氧化碳染色相关设备

一般染色加工以水为介质，织物在染色时产生的染色废液及清洗用水都形成了大量污水，且烘燥消耗大量热能。而采用非水超临界二氧化碳染色，染料利用率超过 98%，染色时间短，染后不必干燥，大大缩短了染色工艺流程，节约了大量能源，降低了生产成本。织物卷绕成经轴后送入高压釜内，染料放入溶解槽中，储槽内的二氧化碳在泵的作用下，压缩至超临界状态，经加热器加热至工艺温度，将染料溶解槽内的染料送入高压釜进行染色，染毕后的染液通过分离器降压，染料被回收，不含染料的二氧化碳通过冷凝回到储存槽中。超临界二氧化碳染色设备及流程如图 2-30 所示。

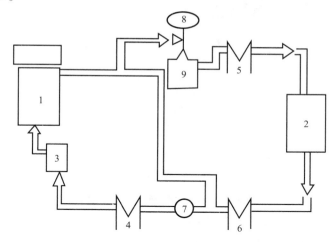

图 2-30　超临界二氧化碳液体染色示意图
1—高压釜　2—二氧化碳储存槽　3—染料溶解槽　4—加热器　5—冷凝机
6—冷却机　7—泵　8—压力控制机　9—分离器

复习指导

1. 染色设备按被染物的形式可分为散纤维染色机、毛条染色机、纱线染色机和织物染色机;按染色时设备内压力的大小分为高压染色机和常压染色机;按加工形式的不同可分为连续式轧染机和间歇式浸(卷)机等。

2. 散纤维染色的主要设备有吊筐式散纤维染色机、旋桨式散纤维染色机和毛条染色机等;纱线染色的主要设备有绞纱染色机、筒子纱染色机、经轴染色机和连续染纱机等;织物染色的主要设备有常温绳状染色机、转鼓式染色机、旋桨式染色机、高温高压绳状染色机、平幅染色机等。

3. 不论何种染色机械,在染色过程中为了保证染色均匀,必须保持被染物与染液的相对运动,其运动形式通常有染液主动、被染物被动,被染物主动、染液被动和被染物、染液均主动三种。

4. 染色方法通常有浸染、轧染两种。其中浸染具有色泽饱和、鲜艳,匀透性好,适应性广,灵活性大等优点,是目前应用最为广泛的染色方法。但它也有生产效率较低,染料利用率较低等缺点。

思考题

1. 染色机械可分为哪几类?

2. 纱线染色机有哪几种形式,各自适合哪类纤维染色?

3. 高温高压溢流染色机与高温高压喷射式染色机有何异同点。

4. 选择染色设备的主要依据是什么?

5. 织物浸轧染液后,如何选择合理的烘燥方式?

学习情境 3　染色过程控制

染色(Dyeing)是指染料从染液(Dye Bath)中自动地转移到纤维上,并在纤维上形成均匀、坚牢、鲜艳的色泽的过程。

染色色泽的均匀性、坚牢度、鲜艳度等通常是衡量染品质量优劣的主要指标。其中,色泽均匀性又称染色匀染性(Color Levelness),是指染料在纤维上分布的均匀程度。染料在纤维上分布得越均匀,则染色匀染性越好,否则将会出现色差(如表面色差、正反色差、里表色差等)或色花。色泽坚牢度又称染色色牢度(Color Fastness),是指染料在纤维上固着力和稳定性的大小。染料在纤维上固着力和稳定性越大,则染色色牢度越高,否则染品会出现褪色或变色。色泽鲜艳度(Brightness)又称色泽的饱和度或纯度,是指色泽中染料光谱色含量的大小。色泽中染料光谱色含量越大,则色泽越鲜艳,否则色泽萎暗。要获得满意的染色品质,使色泽均匀、鲜艳、坚牢度好,就要严格控制染色的过程。

学习任务 3-1　染色过程及控制

一、染料在染液中存在的基本形式

染色是在以水为介质的染液中进行的,所以在染色前必须先将染料配制成染液。配制染液的过程是一个较为复杂的过程,不同结构的染料在该过程中将为发生不同的变化,这些变化一般包括染料的电离(Ionization)、染料的溶解(Solution)、染料的分散(Dispersed)和染料的聚集(Collection)等。

(一)染料的电离

离子型染料在水溶液中均会发生电离,从而使染料母体带上电荷。其中,阴离子型染料电离后使染料母体带上负电荷:

$$D^-Na^+ \xrightarrow{\text{电离}} D^- + Na^+$$

如直接染料、活性染料、酸性染料、可溶性还原染料等均属于此类。其中染料母体上的阴离子性基团通常为磺酸基($-SO_3^-$)、硫酸酯基($-OSO_3^-$)、羧基($-COO^-$)等。

阳离子型染料电离后使染料母体带上正电荷:

$$D^+X^- \xrightarrow{\text{电离}} D^+ + X^-$$

如阳离子染料等属于此类。其中染料母体上的阳离子性基团通常为季铵离子($-N^+HR_1R_2$),离解下来的阴离子基团一般为氯离子(Cl^-)。

(二)染料的溶解

当染料投入水中,染料晶体结构因受水分子的极性作用而遭到破坏,染料能以单分子态与水化合而均匀地分布在水中,则称为染料的溶解,该体系称为染料溶液,它一般是澄清、透明的体系。

染料的溶解度与染料的结构、相对分子质量大小有关,离子型染料因含有可电离的水溶性基团,一般溶解度较高,如直接染料、活性染料、酸性染料等;分子型染料因只含有极性较小的亲水性基团(如羟基、氨基等),一般溶解度较低,如分散染料等。相对分子质量大的染料,因染料分子间作用力较大,溶解度一般较低;相反,相对分子质量小的染料,因染料分子间作用力较小,溶解度一般较高。此外,染料的溶解度还与染液的 pH、温度及染液中加入的助剂的性质等外界因素有关。一般而言,改变染液的 pH,若有利于染料的电离或离子化,则有利于染料的溶解。提高染液的温度有利于染料的溶解。向染液中加入助溶剂有利于染料的溶解,加入中性电解质不利于染料的溶解。染料的溶解度一般用 g(染料)/L(水)表示,即每升水中所能溶解染料的克数。

(三)染料的分散

当染料投入水中,染料晶体结构不能受水分子的极性作用而遭到破坏,染料只能以晶体态的形式均匀地分布在水中,则称为染料的分散,该体系称为染料分散液或染料悬浮液,它一般是混浊、不透明的体系。染料的分散必须在分散剂的作用下才能进行,否则会因染料的重力而产生染料的沉降,体系的分层。染料分散液的稳定性与染料晶体颗粒的大小、分散剂的性质、用量及染料分散液的温度等因素有关。一般而言,染料颗粒越小,染料分散液越稳定;分散剂的分散能力越强,用量越大,染料分散液越稳定;染料分散液温度越低,染料分散液越稳定。

(四)染料的聚集

电离后的单离子染料或溶解后的单分子染料又可能聚集在一起,形成染料的聚集态,这个过程称为染料的聚集。染料的聚集是染料溶解的逆过程:

$$\text{分子型染料} \quad n\text{D} \underset{\text{染料溶解}}{\overset{\text{染料聚集}}{\rightleftharpoons}} \text{D}n$$

$$\text{阴离子型染料} \, n\text{D}^{-} \underset{\text{染料溶解}}{\overset{\text{染料聚集}}{\rightleftharpoons}} \text{D}_n^{n-}$$

$$\text{阳离子型染料} \, n\text{D}^{+} \underset{\text{染料溶解}}{\overset{\text{染料聚集}}{\rightleftharpoons}} \text{D}_n^{n+}$$

由于染料的聚集是染料溶解的逆过程,所以凡是不利于染料溶解的因素均有利于染料的聚集。

综上所述:当染料投入水中后,由于染料的结构不同,染料或是电离,或是溶解,或是分散,或是部分溶解、部分分散。电离或溶解后的染料又有可能聚集。所以,染液体系是一个极为复杂的体系。但在该体系中只有单离子态或单分子态染料具有上染的能力。因此,提高染料溶解,控制染料聚集对染料上染尤为重要。

二、纤维在染液中的状态

当纤维投入染液中后,纤维的形态、性质将会发生某些变化,其中对染色影响较大的是纤维在染液中的吸湿膨胀和纤维在染液中的电现象。

(一)纤维的吸湿膨胀

纤维在结构中通常有晶区和非晶区两部分,当将纤维投入染液时,纤维的非晶区将会吸湿发生膨胀(Swell),从而使纤维分子链间的微隙增大,这将大大有利于染料的上染。不同的纤维,由于其结构不同,其吸湿能力也不同,纺织纤维的吸湿能力可用其在一定湿度下的回潮率(Moisture Regain)来衡量。常见纺织纤维的回潮率见表3-1。

表3-1 常用纺织纤维的回潮率

纤 维	回潮率(%)	
	20℃,65%RH	20℃,95%RH
棉	7.5	24~27
麻	7~10	23~31(100%RH)
羊毛	16	22
蚕丝	9~10	36~39(100%RH)
黏胶纤维	12~14	25~30
涤纶	0.4~0.5	0.6~0.7
腈纶	1.2~2.0	1.5~3.0
锦纶	3.5~5	8~9
维纶	4.5~5	10~12

纤维的吸湿能力不同,其吸湿溶胀的程度也不一样。一般而言,亲水性纤维(棉、黏胶纤维、丝、毛等)易吸湿溶胀,疏水性纤维(如涤纶、腈纶等)不易吸湿溶胀。如黏胶纤维吸湿溶胀前分子链间的微隙是0.5nm,吸湿溶胀后分子链间的微隙是3~10nm;羊毛纤维吸湿溶胀前分子链间的微隙是0.6nm,吸湿溶胀后分子链间的微隙是4nm。常用纺织纤维在水中的吸湿溶胀率见表3-2。

表3-2 常用纤维在水中的吸湿溶胀率

纤 维	横向溶胀		纵向溶胀(%)
	直径(%)	面积(%)	
棉	20~23	40~42	1.1
麻	20~21	40	0.37
黏胶	35	65~67	2.7~7
羊毛	14.8	25~26	1.2~2
蚕丝	16.3~18.7	19	1.3~1.6
锦纶	1.9~2.6	1.6~3.2	2.7~6.9

由于纤维的吸湿溶胀有利于染料的上染,因此,在染色前通常要先对纤维进行温水浸渍或汽蒸处理,使纤维充分吸湿溶胀,这不仅能提高染料的上染量,而且也有利于提高染品色泽的匀染性和鲜艳度。

(二)纤维在染液中的电现象及其对染色的影响

1. 纤维在染液中带电的原因

纤维与染液接触时,在纤维的表面通常会带有一定量的电荷。在中性或碱性条件下,纤维表面一般带有负电荷。纤维表面带电的原因解释有三:其一是纤维分子中原有的羧基、磺酸基等基团在染液中发生了电离(如腈纶),或纤维分子中因氧化(如在漂白过程中)而产生的羧基在染液中发生了电离(Cell—COOH→Cell—COO$^-$+H$^+$),使纤维表面带有负电荷;其二是纤维在染液中吸附了带负电的粒子,如氢氧根离子(OH$^-$)等,使纤维表面带有负电荷;其三是由于纤维的介电常数小于染液的介电常数,由经验规则可知,在接触的两相之间,介电常数小的物质带负电,介电常数大的物质带正电,因此,在染液中纤维表面带有负电。

值得注意的是,对于既带酸性基(羧基),又带碱性基(氨基)的两性纤维来说,其所带电荷的电性与染液的 pH 有关。当染液的 pH 高于等电点时,纤维上的羧基电离,纤维带负电;当染液的 pH 低于等电点时,纤维上的氨基离子化,纤维带正电;当染液的 pH 等于等电点时,纤维的正、负电性相等,这时纤维呈电中性。

2. 界面动电现象和动电层电位

纤维在染液中,由于其表面带有电荷,因此染液中带电离子通常会受到两个方面作用力的作用,其一是受到纤维表面电荷的静电力作用,当染液中的带电离子所带电荷与纤维所带电荷电性相反时,其静电力为引力,带电离子有靠近纤维表面的趋势;当染液中的带电离子所带电荷与纤维所带电荷电性相同时,其静电力为斥力,带电离子有远离纤维表面的趋势。其二是由于带电离子自身的热运动和染色时的搅拌作用,有使带电离子分布均匀的趋势。两种作用力综合作用的结果,使得带有与纤维表面电荷电性相反的

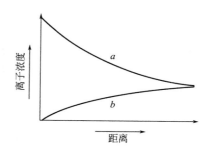

图 3-1 纤维/染液附近的带电离子分布

离子,浓度随着与纤维表面距离的增加而逐渐降低,直到和染液深处一样,如图 3-1 曲线 *a* 所示。相反,带有与纤维表面电荷电性相同的离子,浓度随着与纤维表面距离的增加而逐渐提高,直到和染液深处一样,如图 3-1 曲线 *b* 所示。

进一步的研究表明,纤维表面能强烈地吸附部分带有与纤维表面电荷电性相反的离子,形成所谓的吸附层或固定层。当在外力的作用下,纤维和染液发生相对运动时,吸附层一般与纤维表面不发生相对位移。吸附层以外的部分称为扩散层,当纤维与染液发生相对运动时,扩散层与纤维(或吸附层)能发生相对位移。总之,纤维对外部相反离子的吸附形成了两层,这就是界面双电层。

在外力作用下,吸附层和扩散层之间的相对运动现象称为界面动电现象。由于吸附层随纤维运动,所以在外力作用下纤维和染液相对运动的滑动面不是纤维与染液的界面,而是吸附层和扩散层间的界面,吸附层和扩散层之间形成的双电层又称为动电层。吸附层表面与染液深处间的电位差称为动电层电位,或称 ξ 电位(Zeta Potential),如图 3-2 所示。常见纤

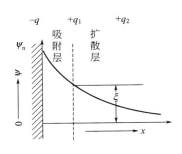

图3-2　界面双电层和动电层电位

维的动电层电位见表3-3。

3. 纤维的电现象对染料上染的影响

众所周知,染色是染料由染液中向纤维上自动转移的过程,染料之所以能自动地从染液中转移到纤维上是因为染料与纤维间存在着吸引力,即亲和力。而这种吸引力可以简单地理解为染料与纤维间的分子间力和静电力的一种合力。其中,分子间力为引力,而静电力有可能是引力,也有可能是斥力,关键在于

表3-3　常见纤维的动电层电位

纤　维	动电层电位(mV)	纤　维	动电层电位(mV)
棉	−40~−50	涤纶	−95
羊毛	−40	腈纶	−81
蚕丝	−20	维纶	−114~−125
锦纶6	−59~−66	丙纶	−140~−150

纤维表面和染料所带电荷的电性。当纤维表面和染料带有异性电荷时,静电力为引力;当纤维表面和染料带有同性电荷时,静电力为斥力。另外,分子间力与静电力的作用距离也有较大的差异。其中,由于分子间力的大小与分子间距离的六次方成反比,所以作用距离较近。而静电力的大小与分子间距离的平方成反比,所以相对于分子间力而言,作用距离较远。因此,当染料与纤维表面带有异性电荷时,由于纤维与染料间的分子间力和静电力均为引力,合力较大[图3-3(下)]。且染料离子浓度随与纤维表面距离的增大而减小,如图3-4曲线a所示,在这种情况下,染料上染较容易,上染速率较快,上染量较大。当染料与纤维表面带有同号电荷时,由于纤维与染料间的分子间力为引力,静电力为斥力,合力较小[图3-3(上)]。且在纤维表面近距离内,分子间力起主导作用,即引力大于斥力,此范围内染料离子浓度大于染液深处染料离子浓度;在此范围外,静电力起主导作用,即斥力大于引力,染料离子浓度小于染液深处染料离子

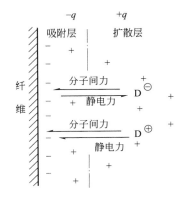

图3-3　染料离子与纤维间作用力

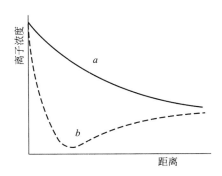

图3-4　染料离子在纤维表面附近的浓度分布

浓度如图 3-4 曲线(b)所示。在这种情况下,当染料从染液中向纤维表面移动并靠近纤维时,染料分子就必须先克服静电斥力(电位壁垒),因此染料分子必须具有一定能量(相当于斥力的最大值),即染色活化能时才能上染。因此,染料上染较困难,上染速率较慢,上染量较低。

总之,由于纤维在染液中的带电现象将影响染料的上染,具体体现为:当染料与纤维带有同性电荷时,不利于染料的上染;当染料与纤维带有异性电荷时有利于染料的上染。

4. 染色体系中的盐效应

(1)盐效应作用原理。所谓盐效应(Salt Effect)是指在染色过程中加入中性电解质后对染料上染(如上染速率、上染百分率等)的影响。染色体系中的盐效应一般有两种,一种称为促染效应(Exhausting Effect),即在染色过程中加入中性电解质能加速染料的上染;另一种称为缓染效应(Retard Effect),即在染色过程中加入中性电解质能延缓染料的上染。当染料与纤维带有同性电荷时,在该染色体系中加入中性电解质,通常能加速染料的上染,即盐效应为促染效应。中性盐在该染色体系中具有促染效果,是因为在染液中加入中性电解质(通常为氯化钠或硫酸钠)后,染液中钠离子和氯离子(或硫酸根离子)的浓度提高,由于静电力的作用,使得带有与纤维异性电荷的离子(钠离子)在纤维表面附近的溶液内的浓度比距离纤维表面较远的溶液内的浓度高,带有与纤维同号的离子(氯离子或硫酸根离子)在纤维表面附近的溶液内的浓度比距离纤维表面较远的溶液内的浓度低。纤维对带有异性电荷的钠离子的吸引,中和了纤维所带的部分电量,从而降低了动电层电位的绝对值,减小染料离子与纤维表面间的静电斥力,即降低了染色活化能。同时纤维表面所带电量的下降,减弱了纤维表面的吸附力,使纤维表面的吸附层变薄,从而缩短了染料在纤维表面吸附层内的扩散时间。当染料与纤维带有异性电荷时,向该染色体系中加入中性电解质,通常能延缓染料的上染,即盐效应为缓染效应。其原因是纤维对带有异性电荷的钠离子的吸引,中和了纤维所带的部分电量,降低了动电层电位的绝对值,从而减小染料离子与纤维表面间的静电引力,即降低了染色时纤维与染料间的吸引力。在实际染色过程中,人们经常通过染色盐效应来调节、控制上染速率,从而达到或提高上染率,或提高匀染性的目的。当染料与纤维带有同号电荷时,通过盐的促染效应,提高上染速率,可达到提高上染率的目的;当染料与纤维带有异性电荷时,通过盐的缓染效应,降低染料的上染速率,可达到提高染色匀染性的目的。

(2)盐效应的影响因素。在染色体系中,当纤维相同时,影响盐效应的因素主要有染料结构和盐的种类两个方面。其中,染料结构对染色盐效应的影响主要取决于染料的相对分子质量的大小和染料结构中所含电性基团的数目。一般而言,染料所带电荷与质量之比(简称荷质比)越大,盐效应越明显。盐对染色盐效应的影响主要取决于盐中金属离子的化合价和离子半径的大小。实验表明常见金属离子的促染效果的顺序为:

$$Na^+ < K^+ < Mg^{2+} < Ni^{2+} < Mn^{2+} < Zn^{2+} < Al^{3+}$$

三、染色的基本过程及控制

染色过程是使纺织品均匀着色的过程。染色的具体步骤随染料种类、染色方法等不同而各异。但就染色过程而言一般均可分为三个阶段，即染料的吸附（Absorption）、染料的扩散（Diffusion）和染料的固着（Fixation）。通常又把前两个阶段合称为染料的上染阶段。

（一）染料的吸附

染料的吸附是指染料由染液中转移到纤维表面的过程。当纤维投入染液中以后，由于染料

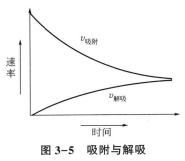

图 3-5　吸附与解吸
速率变化示意图

与纤维间存在着亲和力，所以染料便很快地被吸附到纤维的表面。从而使纤维表面的染料浓度提高，并通过解吸（Desorption）与染液中的染料浓度达到平衡。吸附与解吸速率变化见图 3-5。

染料的吸附阶段是染色过程中的重要阶段，它对染料染色平衡时的上染百分率（Dye Uptake），即平衡上染百分率的大小起着十分重要的作用。染色平衡确切来讲应该是染色过程中的三个阶段同时达到平衡，但在同一染色体系中，任何一个阶段平衡的破坏均会影响其他两个阶段的平衡。因此，染色过程中任何一个阶段达到平衡，则其他两个阶段也必处于平衡，即吸附与解吸达到平衡时，染色便处于平衡。

1. 平衡上染百分率和上染百分率

平衡上染百分率（A_∞）是指染色达到平衡时，纤维上的染料量占投入染浴中染料总量的百分数。其数学表达式如下：

$$A_\infty = \frac{D_{f\infty}}{D_T} \times 100\% = \frac{D_{f\infty}}{D_{f\infty} + D_{s\infty}} \times 100\%$$

式中：A_∞——染色平衡上染百分率；

　　$D_{f\infty}$——染色平衡时纤维上的染料量；

　　$D_{s\infty}$——染色平衡时残留在染液中的染料量；

　　D_T——染色时投入染液中的染料总量。

平衡上染百分率是染色限度的指标，也常用染料的直接性（Substantivity）来定性地描述，它是指某一染料在某一纤维上的染色平衡上染百分率的高低，即直接性越大，表示上染百分率越高。当纤维和染料一定时，平衡上染百分率仅与染色温度有关。由于染色是放热反应，因此，提高染色温度，平衡上染百分率将下降。在实际染色中很少能达到染色平衡，故通常用上染百分率（A_t）来表示染料利用率的高低。上染百分率是指染色结束时，上染到纤维上的染料量占投入染液中的染料总量的百分率。其数学表达式如下：

$$A_t = \frac{D_{ft}}{D_T} \times 100\% = \frac{D_{ft}}{D_{ft} + D_{st}} \times 100\%$$

式中：A_t——染色上染百分率；

　　D_{ft}——染色至某一时间纤维上的染料量；

　　D_{st}——染色至某一时间残留在染液中的染料量；

　　D_T——染色时投入染液中的染料总量。

在规定的染色时间内,上染百分率除了取决于染料与纤维的性能外,还与染色的温度、浴比、染料浓度、染液中的助剂种类和用量等因素有关,通过合理地控制这些因素,可以提高染料上染率,继而提高染料的利用率。一般而言,染料相对分子质量小,染色速率大,在规定的染色时间内能达到染色平衡,提高染色温度会降低染料的上染百分率;相反,染料相对分子质量大,染色速度小,在规定的染色时间内不能达到染色平衡,提高染色温度能提高染料的上染百分率。染色浴比(Bath Ratio)越大,染色结束时遗留在染色残液中的染料量越大,染料的上染百分率越低。染液浓度当达到一定值时,染料的上染百分率一般会随着染料浓度的提高而下降。在染液中加入促染剂(Exhausting Agent)一般将提高上染百分率;加入缓染剂(Dye Rate Retarder)将降低上染百分率。

2. 吸附等温线

当染色达到平衡时,纤维对染料的吸附性质一般用吸附等温线(Equilibrium Absorption Isotherms)来表示。吸附等温线是指在恒定条件下,染色达到平衡时,纤维上的染料浓度与染料在染液中浓度的分配关系曲线。吸附等温线主要有三种形式,见图 3-6 所示。

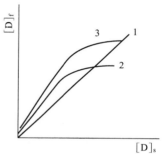

图 3-6　吸附等温线

(1)分配型吸附等温线:分配型吸附等温线又称能斯特(Nernst)型或亨利(Henry)型吸附等温线。这种等温线完全符合分配定律,即在染色平衡状态下,染料在纤维上的浓度与染料在染液中的浓度之比为一常数,纤维上的染料浓度随着染液浓度的增加呈比例增加,直至饱和。

$$\frac{[D]_f}{[D]_s} = K$$

式中:$[D]_f$——染色平衡时,纤维上的染料浓度,mol/kg;

　　$[D]_s$——染色平衡时,染液中的染料浓度,mol/L;

　　K——比例常数,或称分配系数。

如果以 $[D]_f$ 为纵坐标,以 $[D]_s$ 为横坐标作图,可得到一斜率为 K 的直线,如图 3-6 中曲线 1 所示。这种吸附可看成是一种溶质在两种不相溶的溶剂中的分配关系,染料的上染可看成是染料在纤维中的溶解,因此,该上染机理又称为固溶体机理(Solid Solution Theory)。非离子型染料以范德华力、氢键被纤维吸附固着符合这种吸附等温线。如分散染料染涤纶、腈纶、锦纶等,合成纤维对染料的吸附基本上属于这种吸附。

(2)弗莱因德利胥(Freundlich)吸附等温线:弗莱因德利胥吸附等温线符合以下经验公式:

$$[D]_f = K[D]_s^n$$

式中:K——常数

　　n——常数,且 $0 < n < 1$。

将 $[D]_f$ 对 $[D]_s$ 作图,可得弗莱因德利胥吸附等温线,如图 3-6 中曲线 2 所示。

如对弗莱因德利胥经验公式取对数，则得：

$$\lg[D]_f = \lg K + n\lg[D]_s$$

将 $\lg[D]_f$ 对 $\lg[D]_s$ 作图，可得对数形式的弗莱因德利胥吸附等温线，该等温线为一直线，截距为 $\lg k$，斜率为 n，见图 3-7 所示。

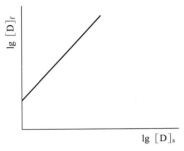

图 3-7 弗莱因德利胥吸附等温线（对数形式）

弗莱因德利胥等温线的特点是：$[D]_f$ 随 $[D]_s$ 的增加而增加，但 $[D]_f$ 的增加幅度随着 $[D]_s$ 的增加逐渐趋于缓慢。这种吸附属多分子层物理吸附，因此，该上染机理又称为多分子层吸附机理。离子型染料以范德华力和氢键被纤维吸附固着，且染液中有其他电解质存在时符合这种等温线。如直接染料、还原染料隐色体染纤维素纤维等基本属于这种机理。

（3）朗格缪尔（Langmuir）吸附等温线：朗格缪尔吸附等温线符合以下公式：

$$[D]_f = \frac{K[D]_s[S]_f}{1+K[D]_s}$$

式中：K——常数；

$[S]_f$——染料对纤维的染色饱和值。

将 $[D]_f$ 对 $[D]_s$ 作图可得朗格缪尔吸附等温线，见图 2-6 曲线 3 所示。

由朗格缪尔吸附公式可知：当 $[D]_s$ 很低时，$K[D]_s$ 很小，与 1 相比可忽略不计，$[D]_f$ 与 $[D]_s$ 几乎呈直线关系；当 $[D]_s$ 继续上升时，$K[D]_s$ 增大，$[D]_f$ 随之缓慢增大；当 $[D]_s$ 增大到一定值（远大于 1）时，则 $1+K[D]_s \approx K[D]_s$，$[D]_f \approx [S]_f$，即 $[D]_f$ 不再随 $[D]_s$ 增加而增加，达到染色饱和值。

朗格缪尔吸附等温线的特点是：$[D]_s$ 增加时，$[D]_f$ 随之缓慢增加，但当 $[D]_s$ 增大到一定值时，$[D]_f$ 不再随 $[D]_s$ 增加而变化，即达到染色饱和值。这种吸附属于化学定位吸附，该上染机理又称为成盐机理（Salt Linkage Theory）。离子型染料以离子键被纤维定位吸附固着时符合这种等温线。如强酸性染料染羊毛、阳离子染料染腈纶等基本符合这种吸附。

上述几种吸附等温线是理想状态，实际情况更为复杂。但通过吸附等温线的状态，我们可以推断出染料上染的机理，并据此对上染过程进行正确的控制。根据吸附等温线斜率的变化，可以判断染料合理的用量范围，以提高染料利用率。

（二）染料的扩散

染料的扩散是指染料由纤维表面向纤维内部转移的过程。由于染料在纤维表面的吸附，使纤维表面染料浓度提高，从而造成纤维里表间的染料浓度差。正是在此浓度差的推动下，染料渐渐地向纤维内部扩散，最终使染料在纤维上里表分布均匀，达到染匀、染透的目的。

染料在纤维上的扩散对染色速率及染色的匀染性起着决定性的作用。

1. 染色速率

在染色过程中,通常用上染速率或染色速率来表示上染或染色的快慢。染色速率通常用半染时间($t_{1/2}$)来衡量。半染时间是指染色过程中,染料的上染量达到平衡上染量一半时所需的时间,显然,半染时间越小,则染色速率越大,染色越快。在恒定温度条件下染色,通过测定不同染色时间下染料的上染百分率,以上染百分率为纵坐标,染色时间为横坐标作图,得到的曲线称为上染速率曲线(Dyeing Isotherms Rate),它反映了染色趋向平衡的速率和染色平衡上染百分率。

如图 3-8 所示,虽然 A、B 两染料的平衡上染百分率相差较大,但它们的半染时间($t_{1/2}$)相同,即上染速率相同。

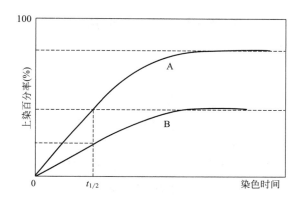

图 3-8 半染时间相同的 A、B 两染料的上染速率曲线

影响染色速率的因素主要有染料的结构、纤维的性态、染色温度、染料浓度、染液与纤维间的相对运动和助剂的性质等。一般而言,染料结构简单,相对分子质量小,染料扩散性好,染色速率大;纤维结构疏松,无定形区大,吸湿膨化性好,利于染料扩散,染色速率大;染色温度高,染料动能大,纤维膨化度大,利于染料扩散,染色速率大;染料浓度大,纤维表里染料浓度差大,利于染料扩散,染色速率大;染液与纤维间的相对运动剧烈,纤维表面吸附层薄,利于染料扩散,染色速率大;染液中加入促染剂时,染色速率大,染液中加入缓染剂时,染色速率小。

2. 匀染和移染

匀染(Levelling)是指染料在纤维上均匀分布的过程。它包括染料在纤维表面的均匀分布和染料在纤维里表的均匀分布,习惯上又把前者称为匀染,后者称为透染。染料在纤维表面分布不匀,会产生色差或色花;染料在纤维里表分布不匀,会产生"环染"或白芯,它将影响染品的耐摩擦牢度和耐洗牢度。

染料的匀染性与染料的扩散性有着密切的关系,染料扩散越好,染料的匀染性越好。因此,有利于提高染料扩散性的因素均将有利于染料的匀染。

移染(Migration)是指染料从纤维上某处解吸下来到纤维另一处重新上染的过程。移染一般需要较长的时间,故经济性较差,只能作为匀染的辅助手段,且当染料相对分子质量较大、染料与纤维间结合力较大时,移染效果将大大降低。

(三)染料的固着

染料的固着是指扩散后均匀分布在纤维上的染料通过染料—纤维间的作用力而固着在纤维上的过程。染料—纤维间的作用力一般可分为两类:一类是化学力,它包括共价键和离子键;另一类是物理力,它包括范德华力、氢键和聚集性。染料—纤维间固着力的类型和大小对染色的色牢度起着决定性的作用。

以上三个阶段在染色过程中并没有严格的界线,特别是吸附和扩散阶段往往是同时或交替进行的。

学习任务 3-2　染色牢度及其测定

一、染色牢度

染色牢度是指染品在染后加工或在服用过程中,染料(或颜料)在各种外界因素的影响下,能否保持原来色泽状态的能力。它是衡量染品质量的一个重要指标。

能引起染品产生褪色或变色的外界因素相当多,其中主要的有后续加工过程中的酸、碱、氧化剂、还原剂等化学药剂的作用,服用过程中的日晒、洗涤、摩擦、汗渍、熨烫等。因此,牢度也相应地表现在多个方面。染色牢度主要包括耐洗牢度、耐摩擦牢度、耐日晒牢度、耐汗渍牢度、耐熨烫牢度等。不同用途的纺织品,对染色牢度的要求也不相同,例如,衬里布与日光接触机会少,而摩擦机会较多,因此对耐摩擦牢度要求较高,而对耐晒牢度要求较低;室内窗帘由于洗涤次数较少,所以耐洗牢度要求较低,但长时间在阳光中暴晒,因此,耐晒牢度要求较高;夏季服装布则应具有较高的耐晒、耐洗和耐汗渍牢度。

影响染色牢度的主要因素有染料的结构、纤维的性质、染料在纤维上的物理状态(如分散与聚集、结晶等)、染料与纤维的结合情况、染料的浓度、染色方法和工艺条件等。为了对产品进行质量检验,国际标准化组织(International Organization for Standardization,缩写为 ISO)参照纺织物的服用情况,制定了一套染色牢度的测试方法和染色牢度标准。我国也有相应的国家标准[GB　××××—××(GB 编号—年份)]。由于纺织品的实际服用情况比较复杂,所以这些试验方法只能是一种近似的模拟。

二、常见染色牢度及其测定

(一)耐洗牢度及其测定

耐洗牢度(Washfastness)是指染品在皂洗过程中保持不褪色、不变色的能力。耐洗牢度一般需测原样褪色(Discoloration)和白布沾色(Staining)两项指标。原样褪色是指染品在皂洗前后色泽的变化。白布沾色是指与染品同时皂洗的白布因染品的褪色而沾染的情况。耐洗牢度是按《纺织品耐洗牢度试验方法》进行测试的。测试时将准备好的试样(5cm×10cm 染品的正面附相同面积的标准白布),放入耐洗牢度试验仪的试验液中,在规定的洗涤温度下洗涤 30min,

取出挤干、干燥(小于 40℃)后用部颁标准灰色样卡(Standard Grey Scale)[耐洗褪色牢度标准样卡(Colour Change Grey Scale)和耐洗沾色牢度标准样卡(Staining Grey Scale)]进行对比评级。耐洗牢度共分五级九档,其中五级最好,一级最差。详细的测验方法参照 GB/T 3921—2008。

　　耐洗牢度与所用的染料有密切的关系,如同样的棉纤维,用还原染料染色比活性染料耐洗牢度好;另外与染色工艺及染后处理也有很大关系,染料染着不良、浮色多、染色后水洗及皂煮不充分,均会导致耐洗牢度下降。水溶性染料如直接染料、酸性染料等,若染色后未经固色处理,则耐洗牢度一般较差,经固色后处理的染物,耐洗牢度可以提高。水溶性较差或不溶性的染料,耐洗牢度一般均较高。若染料与纤维发生共价键结合,则耐洗牢度较好。

(二)耐摩擦牢度及其测定

　　耐摩擦牢度(Colour Fastness to Rubbing)是指染品受到摩擦时保持不褪色、不变色的能力。耐摩擦牢度分为耐干摩擦牢度和耐湿摩擦牢度两种。耐干摩擦牢度是指用标准白布与染品进行摩擦后染品的褪色及白布沾色情况;耐湿摩擦牢度是指含湿 95%~105% 的标准白布与染品进行摩擦后染品的褪色及白布沾色情况。

　　耐摩擦牢度与耐洗牢度一样,分为五级九档,其中五级最好,一级最差。耐摩擦牢度按《纺织品耐摩擦色牢度试验方法》进行测试。测试时将被测染品平放在摩擦牢度测试仪(Crockmeter)的置样平台上,并用夹持架固定后,用包有标准白布的摩擦头来回摩擦 10 次,摩擦时,标准白布的经纬纱方向与被测染品的经纬纱方向呈 45°角。摩擦完毕后,取下被测染品及标准白布分别与部颁标准褪色样卡和沾色样卡进行对比,评定出褪色牢度和沾色牢度。详细的测试方法参照 GB/T 3920—2008。

　　染色织物的摩擦牢度与染色工艺有密切关系,若染料渗透不均匀,扩散不充分,染料与纤维的结合差,表面浮色多,则摩擦牢度就低。另外,染色时染料浓度的过饱和容易造成浮色,也是使摩擦牢度下降的重要因素。

(三)耐日晒牢度及其测定

　　耐日晒牢度又称耐光牢度(Lightfastness),是指染品受光照时保持不褪色、不变色的能力。耐日晒牢度分为八级,其中八级最好,一级最差。

　　耐日晒牢度通常采用耐晒牢度测试仪,按《纺织品耐晒牢度测试方法》进行测试。测试时,将被测染品与部颁"日晒牢度蓝色标准样"(简称蓝色标样,具体见表 3-4)放在一起同时进行光照,然后根据试样的褪色情况与哪个标样相当来评定耐日晒牢度等级。详细的测试方法参照 GB/T 8427—2008。

表 3-4　蓝色标样所用染料及其结构类别

标　　准	染料名称	染料索引号	化学类别
1 级	酸性艳蓝 FFR	C. I. Acid Blue 104	三苯甲烷
2 级	酸性艳蓝 FFB	C. I. Acid Blue 109	三苯甲烷
3 级	酸性纯蓝 6B	C. I. Acid Blue 83	三苯甲烷
4 级	酸性纯蓝 EG	C. I. Acid Blue 21	吖嗪
5 级	酸性蓝 RX	C. I. Acid Blue 47	蒽醌

标　准	染料名称	染料索引号	化学类别
6 级	酸性淡蓝 4GL	C. I. Acid Blue 23	蒽醌
7 级	可溶性还原蓝 O6B	C. I. Solubilized Vat Blue5	靛蓝
8 级	可溶性还原蓝 AGG	C. I. Solubilized Vat Blue8	靛蓝

日晒褪色是一个复杂的化学变化过程,耐日晒牢度的高低一般与染料母体、纤维种类、染色浓度等因素有关。如蒽醌、酞菁为母体的染料耐日晒牢度较好,金属络合染料的耐日晒牢度亦较高,各类偶氮染料的耐日晒牢度相差较大,许多近期开发的不溶性偶氮染料的耐日晒牢度较高,而一般联苯胺型的偶氮染料耐日晒牢度较低,三芳甲烷类染料一般都不耐日晒。同一染料在不同纤维上的耐日晒牢度亦有很大差异。同一染料在同一品种纤维上,耐日晒牢度还随染色浓度而变化,浓度低的耐日晒牢度一般较浓度高时的耐日晒牢度差,这种情况对不溶性偶氮染料和硫化染料更为显著。织物上有尿素、苯酚等化合物存在时,也会降低耐日晒牢度。外界条件如空气含湿量的高低、照射光的光波组成、入射角度、温度、染物所处的海拔高度不同等,对耐日晒牢度影响亦较大。考虑以上各因素,将纺织品在气候侵蚀不加任何保护的特定情况下或在模拟外界气候条件下进行耐日晒试验,测定织物的色牢度称耐气候牢度。

其他染色牢度,如耐汗渍牢度（Colour Fastness to Perspiration）、耐氯漂牢度（Colour Fastness to Chlorinecontaining Bleaches）、耐干热（升华）牢度（Sublimation Fastness）、耐热压（熨烫）牢度（Ironfastness）等均分为五级九档,各种试验方法均可参见相应的国家标准。

评定染料的染色牢度应将染料在纺织品上染成规定的色泽浓度才能进行比较。这是因为色泽浓度不同,测得的牢度是不一样的。例如浓色试样的耐日晒牢度比淡色的高,耐摩擦牢度的情况则与此相反。为了便于比较,应将试样染成一定浓度的色泽,主要颜色各有一个规范的所谓标准浓度参比标样。这个浓度写成"1/1"染色浓度,一般染料染色样卡中所载的染色牢度都注有"1/1""1/3"等染色浓度。"1/3"的浓度为"1/1"标准浓度的1/3。

知识拓展

染色牢度的影响因素及控制

染品染色牢度的影响因素很多,但主要取决于染料的化学结构、纤维的性质、染料在纤维上的物理状态（染料的分散程度及与纤维的结合情况）、染料浓度、染色方法和工艺条件等。

一、皂洗牢度的影响因素及控制

皂洗牢度是指染色制品在规定条件下用肥皂液皂洗后褪色的程度,它包括原样褪色及白布沾色两项。原样褪色是指染品在皂洗前后褪色的情况;白布沾色是将白布与染品以一定方式缝叠在一起,经皂洗后,因染品褪色使白布沾色的情况。

皂洗牢度与染料的化学结构有关,一般而言,含亲水基团的水溶性染料的皂洗牢度低于不含亲水基团的染料。如酸性染料、直接染料由于含较多的水溶性基团,皂洗牢度较低,而还原染料、硫化染料等不含水溶性基团的染料,皂洗牢度较高。

皂洗牢度与染料和纤维间的结合力有关。如直接染料和纤维发生分子间力结合,皂洗牢度较低,活性染料和纤维可发生共价键结合,皂洗牢度较好。

同一染料在不同纤维上的皂洗牢度不同。如分散染料在涤纶上的皂洗牢度较高,在锦纶上的皂洗牢度较低,这是因为涤纶的结构比锦纶紧密,疏水力强的缘故。

皂洗牢度还与染色工艺有密切关系。染色工艺控制不当,染料染着不良,易从纤维上脱落,皂洗牢度就差;染后洗涤不充分,浮色去除不彻底,会导致皂洗牢度的下降;皂洗液的温度、pH以及搅拌情况等也都对皂洗牢度有影响;染色时染料浓度对皂洗牢度一般影响较小,但染料浓度过高,染料和纤维上产生结合超饱和吸附,也会影响皂洗牢度。

为了提高染品的皂洗牢度,对不同的纤维,要根据皂洗牢度要求,选择不同的染料,制订合理的染色工艺,严格按工艺操作,使染料与纤维充分结合,染后浮色洗除要充分,必要时可加入适当的固色剂固色,以提高皂洗牢度。

二、摩擦牢度的影响因素及控制

染品的摩擦牢度分为干摩擦牢度和湿摩擦牢度两种。前者是用干的标准白布摩擦染品,观察白布的粘色情况;后者是用含水 100% 的标准白布摩擦染品,观察白布沾色情况。织物的摩擦褪色是在摩擦力的作用下使染料脱落而引起的,湿摩擦除了外力作用外,还有水的作用,因此含有水溶性基团的染料,其湿摩擦牢度一般比干摩擦牢度要低(降低 1 级左右)。

染品的摩擦牢度取决于染品上浮色的多少、染料浓度、染料在纤维上的存在状态等。一般而言,染品上浮色多,摩擦牢度低;染料浓度大,摩擦牢度低;染料上染不匀透,表面着色严重或染料在纤维表面形成大颗粒,摩擦牢度低。

为保证摩擦牢度,必须选择适合的染料,制订合理的工艺,以保证染料能充分与纤维结合,并充分渗入纤维内部,使其不会聚集于纤维表面,染后要充分洗除浮色,必要时可加平滑固色交联剂,使染料与纤维结合更牢固,减少织物表面的摩擦力,同时使纤维表面形成一个包覆染料的柔软薄膜,使其在摩擦时染料不易脱落,提高摩擦牢度。

三、日晒牢度的影响因素及控制

染品的日晒牢度是指染品经日晒后褪色或变色的程度。染品经日晒后的褪色或变色是一个比较复杂的过程,但总体来说是染料接受光能后分解,引起染料发色体变化或破坏的过程,也是染料分子光氧化的过程。它主要取决于染料的结构、染色浓度、纤维的性质、染料在纤维上的结合形式等。

染品的日晒牢度与染料的分子结构有关,如还原染料中的蒽系类染料较靛系类染料日晒牢度高;又如分子结构中含硝基、卤素等吸电子基团的染料较含氨基、羟基等供电子基团的染料日晒牢度高。

日晒牢度还随染色浓度而变化。同一染料染同一种纤维时,染色浓度高的日晒牢度一般比浓度低的好。不同日晒牢度的染料拼色时,日晒牢度会相互影响,有的使日晒牢度降低,而有的使日晒牢度提高。

同一染料在不同纤维上的日晒牢度有很大差异。分散染料在聚丙烯腈、聚酯纤维上的日晒牢度比在醋酯纤维上高,其他染料也类似,染料以同一浓度分别染在棉和黏胶纤维上的日晒牢度不同,在黏胶纤维上的日晒牢度比在棉上高。又如还原染料在纤维素纤维上日晒牢度很好,但在聚酰胺纤维上却很差。这是因为染料在不同纤维上所处的物理状态以及和纤维的结合牢度不同的缘故。

日晒牢度还与纤维与染料的键合状态有关。如活性染料,与纤维共价结合的键对日光稳定,日晒牢度高,而纤维上含有较多的水解染料时,日晒牢度就低。在纤维内扩散性能好、渗透均匀的染料,其日晒牢度好。为保证染品良好的日晒牢度,应该科学地选择染料和助剂,合理地制订和执行染色工艺,必要时可选用紫外光屏蔽剂来提高日晒牢度。

四、其他牢度

汗渍牢度、氯漂牢度、升华牢度等的高低主要取决于染料的结构,如活性染料中,有的染料与纤维的结合键在酸性条件下易断裂,则汗渍牢度差。以吡唑酮为母体的活性染料,耐氯漂牢度较差,酞菁结构的则较好;溴氨酸结构的活性染料易产生烟气褪色。除此以外还与染料和纤维的结合力形式、纤维上的染料浓度、染料在纤维上的物理状态、染色工艺、纤维性能等因素有关。

☞复习指导

1. 染色是指染料由染液中自动转移至纤维上,并在纤维上形成坚牢、均匀、鲜艳色泽的过程。色牢度、匀染性、鲜艳度等是衡量染品质量优劣的主要指标。

2. 由于染料的结构不同,染料在水中或是电离,或是溶解,或是分散,或是部分溶解部分分散,电离或溶解后的染料又有可能聚集。所以,染液体系是一个极为复杂的体系,但在该体系中只有单离子态或单分子态染料具有上染的能力。因此,提高染料的溶解,控制染料的聚集对染料的上染尤为重要。染料的溶解度与染料的结构、相对分子质量、染液的 pH、温度及染液中加入的助剂的性质等因素有关。

3. 纤维在染液中一般会吸湿膨胀及表面带电,其中吸湿膨胀有利于染料的上染;表面带电有时利于染料上染,有时不利于染料上染,关键在于纤维所带电荷的电性是否与染料的电性一致。当染料与纤维带有同性电荷时,不利于染料的上染;当染料与纤维带有异性电荷时,有利于染料的上染。在实际染色过程中,人们经常通过染色盐效应来调节、控制上染速率,从而达到或是提高上染率,或是提高匀染性的目的。当染料与纤维带有同性电荷时,通过盐的促染效应,提高上染速率,可达到提高上染率的目的;当染料与纤维带有异性电荷时,通过盐的缓染效应,降低染料的上染速率,可达到提高染色匀染性的目的。

4. 染色过程一般可分为染料的吸附、染料的扩散和染料的固着三个阶段,通常又把前两个阶段合称为染料的上染阶段。其中,染料的吸附能力决定了染料上染百分率的大小,染料的扩散性能决定了染色的匀染性好坏及染色时间的长短,染料的固着力形式与大小决定了染色牢度的优劣。

5. 上染百分率是指染色结束时,上染到纤维上的染料量占投入染液中的染料总量的百分率。上染百分率除了取决于染料与纤维的性能外,还与染色的温度、时间、浴比、染料浓度、染液中的助剂种类和用量等因素有关。因此,可以通过合理地控制这些因素来提高上染百分率和染料利用率。

6. 染色牢度是指染品在染后加工或在服用过程中,染料(或颜料)在各种外界因素的影响下,能否保持原来色泽状态的能力。染品常需测定的牢度主要有耐洗、耐摩擦、耐日晒牢度等,其中耐洗、耐摩擦牢度需测褪色、沾色两种牢度,采用五级九档制加以评定;耐日晒牢度测褪色牢度,采用八级制加以评定。

☞思考题

1. 什么是染色? 衡量染品质量的优劣通常有哪些指标?

2. 染料在染液中一般有哪几种存在形式? 影响聚集的因素有哪些?

3. 纤维在染液中发生了哪些变化,它们对染色有何影响?

4. 什么是染色盐效应? 说明盐效应的种类及其原理。

5. 纤维的染色过程通常分为哪几个阶段? 它们分别对染色起何作用?

6. 什么是染色吸附等温线? 染色吸附等温线有哪几种? 并举例说明各种吸附等温线所表示的染色机理及其特点。

7. 什么是上染百分率? 它在染色中有何实际意义? 影响上染百分率的因素有哪些?

8. 什么是染色牢度? 印染加工纺织物常需测定的色牢度有哪些?

学习情境 4　纤维素纤维及其制品染色

纤维素纤维（Cellulose Fiber）即为植物纤维。由于植物纤维的化学基本组成为纤维素 $[(C_6H_{10}O_5)_n]$，故称为纤维素纤维。纤维素纤维分为天然纤维素纤维和人造素纤维两大类。天然纤维素纤维主要有棉、麻等，人造素纤维有黏胶纤维、醋酯纤维等。可用于纤维素纤维染色的染料有直接染料、活性染料、还原染料、硫化染料等。每种染料都各有特点，使用时可根据行业标准、客户要求、染色品质要求、生产成本、加工用途等方面进行合理选择。

学习任务 4-1　直接染料染色

一、直接染料的特点

直接染料分子中含有羟基、氨基等能生成氢键的基团，具有较好的同平面性和线性状态，对纤维素纤维有较高的亲和力，不需要借助其他化学药剂的作用就能够直接上染纤维素纤维。直接染料色谱齐全，价格便宜，染色十分简便，是纤维素纤维染色的常用染料之一。但由于染色牢度较差，特别是耐洗牢度较低，因此应用受到了一定的限制。为了改善直接染料的染色牢度，在染色后可通过适当的固色后处理来提高其染色牢度。近年来也出现了一些新的直接染料品种，如 D 型直接染料和直接交联染料，染色牢度有了一定程度的提高。

二、直接染料的应用分类

由于各直接染料的化学结构相差很大，因此其染色性能的差异也很大，拼色时宜选用染色牢度相近，上染性能相似的同一类染料品种。根据其染色性能的不同，直接染料可以分成五类。

（一）匀染性直接染料

这类染料的分子结构比较简单，在染液中的聚集倾向较小，对纤维的亲和力也较低，在纤维内的扩散速率较高，匀染性好，食盐的促染作用不显著，在常规的染色时间内，它们的平衡上染百分率往往随染色温度的升高而降低，因此染色温度不宜太高，一般在 70~80℃ 染色即可。这类染料的湿处理牢度较低，一般仅适宜于染淡色。例如直接冻黄 G：

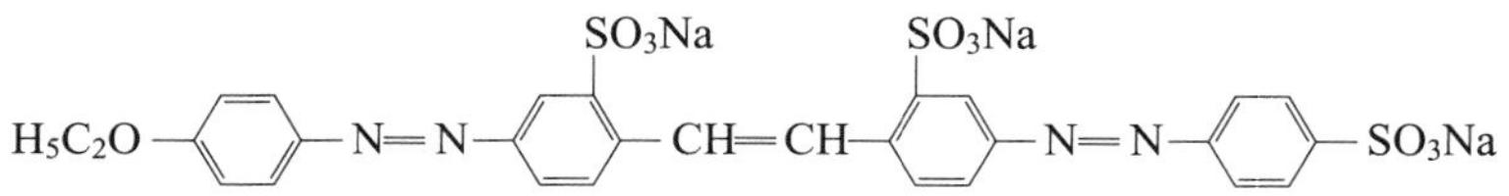

$$H_5C_2O - \bigcirc - N = N - \bigcirc\overset{SO_3Na}{} - CH = CH - \overset{SO_3Na}{}\bigcirc - N = N - \bigcirc - SO_3Na$$

属于这类的染料还有直接耐晒黄 5GL、直接桃红 12B、直接耐晒蓝 GL 等。

(二)盐效应直接染料

这类染料的分子结构比较复杂,分子中含有多个水溶性基团,对纤维的亲和力较高,染料在纤维内的扩散速率较低,匀染性较差,食盐等中性电解质对这类染料的促染效果显著,故必须控制促染剂的用量和加入时间,以获得匀染效果和提高上染百分率。若使用不当,易造成染花。这类染料的湿处理牢度较高。如直接耐晒绿 BB:

属于这类染料的还有直接耐晒翠蓝 GL、直接耐晒青莲 RLL、直接耐晒大红 4B 等。

(三)温度效应直接染料

这类染料的分子结构复杂,对纤维的亲和力高,扩散速率低,匀染性较差。染料分子中含有的磺酸基较少,中性电解质对上染百分率的影响较小,染色时要用较高的温度,以提高染料在纤维内的扩散速率,提高移染性和匀染性。在实际的染色条件下,上染百分率一般随染色温度的升高而增加,但始染温度不能太高,升温速度不能太快,否则容易造成染色不匀。例如直接混纺黄 D-RL:

属于这类染料的还有直接耐晒橙 F3G、直接耐晒红酱 2BL 等。

(四)直接混纺染料

直接混纺染料也称为直接 D 型染料,这类染料对纤维素纤维有较高的直接性和上染率,湿处理牢度、色泽鲜艳度和与其他染料的配伍性也较常规直接染料好。与分散染料有较好的相容性,对涤纶的沾色少,在 130℃ 的高温高压条件下不会分解,适合分散染料对涤纶/纤维素纤维织物,特别是涤纶/黏胶纤维织物分散/直接染料的一浴一步法染色。大多数直接混纺染料还具有一定的抗氧化性和耐碱性,在生产中可采用漂染一浴一步法加工纤维素纤维及其混纺织物,达到缩短工艺流程、降低生产成本的目的。直接混纺染料在弱酸性介质中也有较高的上染率,可适用于真丝针织物的染色。如上海染化九厂开发生产的直接混纺黄 D-RL、大红 D-2G、蓝 D-RGL、黑 D-HR 等。

(五)直接交联染料

直接交联染料是染料的分子结构中含有氨基、羟基、取代氨基等反应性基团,染色后采用配套的反应性阳离子固色剂,如固色剂 CR 进行固色反应时,染料不仅能与阳离子固色剂形成盐式键结合,还能通过阳离子固色剂与纤维素纤维上的羟基交联,在染料与纤维之间形成交联,交联剂本身也能相互之间反应成膜。这类染料得色均匀,染色重现性好,湿处理牢度高,染色牢度可接近活性染料和还原染料,并兼有树脂整理的效果,而且甲醛含量低。目前国产直接交联染料尚没有颜色鲜艳的品种，多数颜色偏暗，适宜于中、浓色织物的染色，在实际生产中为调整色光，可选择与常规的直接染料进行拼色。

三、直接染料的染色性能

直接染料的分子结构中都有较长的共轭双键体系，按其化学结构进行分类，绝大多数属于偶氮结构，其中单偶氮结构的比较少，而多偶氮结构的比较多。单偶氮结构的直接染料色谱主要是黄、橙、红色，双偶氮结构的直接染料色谱主要是黄、红、蓝色，三偶氮结构的直接染料色谱主要是蓝、绿、黑色。染料结构主要有联苯胺、二芳基脲、三聚氰胺（Melamine）、二苯乙烯等结构，其中联苯胺结构的直接染料因中间体联苯胺有毒性而被禁用。

直接染料分子结构中具有多个磺酸基或羧酸基水溶性基团，因此直接染料都具有良好的水溶性，溶解度随温度的升高而显著增大，对于溶解性差的直接染料可以加纯碱等助溶。直接染料不耐硬水，大部分会和钙、镁等离子作用生成沉淀，降低染料的利用率，并可能造成色斑、色点等疵病，所以染料的溶解及染色用水宜用软水。染色生产用水中可加入纯碱、磷酸钠或六偏磷酸钠，既可以帮助染料的溶解，又能够软化硬水。

直接染料的相对分子质量较大，分子结构呈直线型，具有一定的对称性，同平面性好，含有羟基、氨基等能生成氢键的基团，对纤维素纤维有较高的亲和力。直接染料在染液中具有较大的聚集倾向，能被纤维表面所吸附，并通过纤维的孔隙扩散进入纤维，与纤维素纤维分子之间通过范德华力和氢键作用而固着在纤维内部，染料分子的长轴方向与纤维素分子的取向基本上一致，纤维内的染料也同样可以发生一定程度的聚集。

根据不同的染色加工对象，同一直接染料在不同纤维素纤维上的染色速率和上染百分率也不相同。例如，在丝光棉上的染色速率和上染百分率一般高于未丝光棉，在铜氨纤维上的染色速率一般高于黏胶纤维，这是由于纤维中无定形区（Amorphous Area）所占比例不同、无定形区的孔隙大小不同，纤维表面的皮层结构的不同等因素所造成的。

在染液中加入中性电解质能起到促染作用。电解质对不同种类的直接染料的促染作用亦不相同，染料分子中含—SO_3H 数目越多，则加入电解质后的促染作用就越大。例如，直接天蓝 FF 分子中含有四个—SO_3H 基团，加入食盐后促染作用非常显著，若不加电解质则很难上染。而直接红紫 4B 分子中只含有两个—SO_3H 基团，不加电解质也能上染。此外，染料分子中—SO_3H 的位置不同，食盐的促染作用也不同。

根据直接染料分子结构的特点，直接染料和纤维素分子之间的范德华力和氢键作用力较大，在纤维内扩散时所受到的机械阻力较大，染料从纤维表面向纤维内部的扩散是缓慢的。为了提高扩散速率，染色时一般要用较高的温度。各种直接染料的上染速率相差很大，因而达到最高上染百分率的温度亦不相同。染色温度对上染百分率的影响如图 4-1 所示。

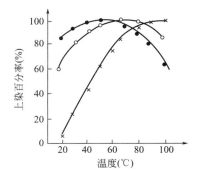

图 4-1　染色温度对上染百分率的影响

（染料 2%，NaCl 12%，
浴比 1：20，时间 60min）

━●━ 直接黄 GC　━○━ 直接红 4B
━✕━ 直接绿 BB

四、直接染料对纤维素纤维的染色工艺

直接染料的染色方法比较简便，可以采用浸染、卷染、轧染和轧卷等方法染色。直接染料浸染可在普通绳状染色机中进行，染色方法较为简单，其一般工艺流程为：

配制染液→染色→水洗→固色→水洗→柔软处理→脱水→烘干

染液中一般含有染料、纯碱、食盐或元明粉等，参考工艺处方见表 4-1。

表 4-1　直接染料浸染法染色的参考工艺处方

染料、助剂及工艺	淡色	中色	浓色
染料(%)	0.5 以下	0.5~2	2~5
纯碱(%)	0.5~1	1~2	1.5~2
食盐(%)	—	0~3	3~12
浴比	1:(20~30)	1:(15~20)	1:(10~15)

染色时染料用量视色泽的浓度要求而定，将处方规定用量的染料用温软水调成浆状，然后用热水溶解，必要时可在染液中加入适量润湿剂如太古油，然后溶入染浴中，加水至规定浴比量。由于直接染料不耐硬水，易造成色斑、色点等疵病，所以染料的溶解及染色用水宜用软水。纯碱(Soda Ash)可以帮助染料的溶解并兼有软水的作用，用量一般为 1~3g/L，或用磷酸钠或六偏磷酸钠(Sodium Hexametaphosphate)。染色机水中先加入纯碱、匀染剂 O 等，将染液稀释至规定体积，升温至 50~60℃开始投入染物进行染色，逐步升温至所需染色温度，染色 10min 后加入食盐，继续染 30~60min，染色后再进行固色处理。

在直接染料浸染中，对于中性电解质来说，食盐(Table Salt)或元明粉(Glauber's, Salt)是用来促使染料上染的，用量一般为 10~20g/L，对于促染作用不显著的染料或染淡色时，食盐可少加或不加。除了注意控制其用量外，还要注意电解质的加入时间。中性电解质应该在染色一定时间，即待染液中的染料大部分上染纤维后再分次加入，否则容易造成染色不匀。

染色温度包括始染温度、升温速度和最后染色温度。始染温度低和升温速度慢有利于匀染，最后染色温度影响上染百分率和匀染性，染色温度高，平衡上染百分率低，匀染性好。在常规染色时间内(如 60min)，扩散性能好的染料基本上已达到染色平衡，上染百分率随温度升高而降低，所以染色温度不宜太高。扩散性能差的染料，在常规的染色时间内如果未达到染色平衡，则上染百分率一般随染色温度的升高而升高。在常规染色时间内，得到最高上染百分率的温度称为最高上染温度。根据最高上染温度的不同，生产上常将直接染料分成：最高上染温度在 70℃以下的低温染料，最高上染温度为 70~80℃的中温染料，最高上染温度为 90~100℃的高温染料。在实际生产过程中，棉和黏胶纤维织物通常在 95℃左右，染色时间 40~80min。

直接染料染中、浓色时，由于浴比大，上染百分率低，残液中还有大量的染料，为了提高染料的利用率，染液一般连续使用，称为续染或续缸染色。即在染过的染液中补充加入适量的染料和助剂，再进行下一缸织物的染色，以节省染化料。续缸染色时，染料用量一般为初缸的 75%，

助剂用量为初缸的 30%，以小样试验为参照，使续染得到的染色效果与前一次染色相同。随着续染次数的增加，染液中的杂质含量也逐渐增加，染液的稳定性下降，会影响染色织物的色光及质量，所以续染的次数也不宜过多。

卷染的情况基本上和浸染相同，浴比为 1∶（2~3），染色温度根据染料性能而定，染色时间约 60min。染料溶解后在开始和第一道末分两次加入，食盐在染色的第三、第四道末分次加入。

轧染时，轧液内一般含有染料，纯碱或磷酸钠 0.5~1.0g/L，润湿剂 2~5g/L。开车时轧槽始染液应适当稀释，以保持织物前后色泽一致。凡亲和力高的直接染料，稀释程度宜大，亲和力低者宜小。稀释程度大者应适当补充除染料外的其他助剂。轧液温度为 40~60℃，溶解度小的染料温度可适当提高，轧染温度较高有利于匀染。汽蒸时间长有利于提高上染百分率，获得均匀的染色。染料浓度高时，汽蒸时间应较长。工艺流程一般为：

二浸二轧→汽蒸（102~105℃，45~60s）→水洗→固色处理→烘干

轧卷染色是将织物浸轧染液后进行打卷，在缓慢转动的情况下堆置一段时间，再进行后处理。若保温（如 80~90℃）堆置，则堆置时间可较短。

五、直接染料的固色处理

直接染料可溶于水，上染纤维后，仅仅依靠范德华力和氢键固着在纤维上，当染色物与水接触时，染色物上部分的染料便有可能重新溶解、扩散在水中，因而直接染料的湿处理牢度较低。根据直接染料的分子结构，采用不同的后处理方法，可以使染色牢度得到一定程度的提高。处理的很多，常用的有金属盐和固色剂后处理法。

（一）金属盐后处理

当直接染料分子中具有能与金属离子络合的结构，染色织物用金属盐处理后，纤维上的染料与金属离子生成水溶性较低的稳定的络合物，从而提高染色物的湿处理牢度（Wet Fastness）。常用的金属盐有铜盐和铬盐，其中常用的为铜盐，例如硫酸铜、醋酸铜以及专门用于固色处理的铜盐 B。因此，把这类染料称为直接铜盐染料。铜盐处理后，颜色一般较未处理时略深而暗，所以一般适用于深浓色品种。铜盐用量随织物上染料的多少和处理浴比大小而定，但要维持固色液中的固色剂浓度。铜盐用量不足，不能使染料完全络合；用量过多，染色物上多余的铜盐洗除较困难。金属盐后处理条件举例如下，

硫酸铜	0.5%~2.5%（owf）
醋酸（30%）	2%~3%（owf）
温度	50~60℃
时间	15~30min
浴比	1∶（10~15）

固色后要充分水洗。

（二）阳离子固色剂后处理

直接染料是阴离子染料，阳离子固色剂的共同特点是分子结构中都含有阳离子基，能与染

料阴离子结合,封闭了直接染料的水溶性基团而生成沉淀,从而提高染色物的湿处理牢度。

1. 普通阳离子型固色剂

普通阳离子型固色剂包括阳离子表面活性剂型固色剂和非表面活性剂季铵盐型固色剂两类。阳离子表面活性剂型固色剂能与染料分子中的磺酸基或羧酸基结合,生成相对分子质量较大的难溶性化合物沉积在纤维内,从而提高被染物的湿处理牢度。阳离子固色剂和染料阴离子的作用可用下式表示:

$$D{-}SO_3^-Na^+ + F^+X^- \longrightarrow D{-}SO_3F + NaX$$

非表面活性剂季铵盐型固色剂的分子结构中含有两个或两个以上的季铵基团,季铵基团不与烷基相连,而与芳环或杂环相连,不具有表面活性,其固色机理与阳离子表面活性剂型固色剂相同,由于含有多个阳离子基,固色效果好于阳离子表面活性剂型固色剂,且对耐晒牢度影响较小。

总体来说,阳离子表面活性剂型固色剂和非表面活性剂季铵盐型固色剂对各种结构的直接染料都适用,处理方法简便,处理后没有显著的颜色变化,但固色效果却不及树脂型固色剂和反应型固色剂,因此应用较少。

2. 树脂型固色剂

树脂型固色剂是相对分子质量较高的聚合物或树脂初缩体,分子结构中含有多个阳离子基,与直接染料的水溶性基团作用,降低了染料的溶解度,并能在烘燥时在织物表面生成树脂薄膜,从而提高了染色产品的湿处理牢度。固色剂 Y 和固色剂 M 即属此类。

固色剂 Y 和固色剂 M 是使用较早的固色剂。固色剂 Y 是双氰胺甲醛缩合物的醋酸盐溶液或氯化铵溶液,是无色透明的黏稠液体,有较高的游离甲醛释放量(超过 200mg/kg),不符合生态纺织品标准。将固色剂 Y 与铜盐,例如醋酸铜作用即可制得固色剂 M。固色剂 M 的分子中含有铜,特别适用于直接铜盐染料的固色后处理,除能提高湿处理牢度外,还能提高日耐晒牢度。经固色剂 M 处理的染色物,色光常会发生变化,一般是变深变暗,故固色剂 M 适用于深浓色产品的固色,固色剂 M 也存在游离甲醛释放的问题,因此固色剂 Y 和固色剂 M 已逐渐被新近发展的无醛固色剂所取代。

3. 反应型固色剂

反应型固色剂也称为阳离子交联固色剂,多为无甲醛(Formaldehyde-free)固色剂,是目前应用较多的新型固色剂,分子结构中既含有能与纤维键合的活性基团,又含有能与染料阴离子结合的阳离子基团,固色时固色剂中的反应性基团既能与染料中的—OH、—NH$_2$、—SO$_2$NH$_2$ 发生交联反应,又能与纤维素纤维、蛋白质纤维或聚酰胺纤维的—OH、—NH$_2$ 反应,将染料通过固色剂与纤维形成共价键结合,固色剂自身之间也能进行交联反应,因而可使染色织物获得较高的染色牢度。这类固色剂的固色条件随固色剂结构,特别是反应性基团的不同而不同,如交联固色剂 DE 的固色处理条件如下:

交联固色剂 DE	1% ~ 2%(owf)
浴比	1 :(10 ~ 15)
温度	50 ~ 55℃
时间	20 ~ 30min

学习任务 4-2　活性染料染色

一、活性染料特点

活性染料是一类在化学结构上带有反应性基团的水溶性染料，该反应性基团通常称之为活性基团。在染色过程中，染料结构上的活性基团能与纤维素纤维上的羟基、蛋白质纤维及聚酰胺纤维上的氨基等发生化学反应，形成共价键结合，使染料成为纤维大分子上的一部分，故活性染料也称为反应性染料（Reactive Dye）。

活性染料具有染色方便、色泽鲜艳、色谱齐全、匀染性好、湿处理牢度优良等优点，因此活性染料是目前发展最快、应用最多的一种染料，主要应用于纤维素纤维的染色和印花加工。近年来不但合成了许多具有新的活性基团的染料，而且对染料的染色性能以及染色工艺也做了很大的改进，同时还发展了专供羊毛、聚酰胺纤维染色的活性染料。

活性染料目前存在的主要问题是某些染料的耐晒牢度和耐氯漂牢度较差；有些染料的耐气候牢度较低，染物在储存和使用过程中，暴露在空气中的一面易褪色而与里层产生明显色差；有些染料的利用率不高等。总之，活性染料品种繁多，性能和牢度差别较大，应用时应根据染色产品的性质和用途加以选择。

二、活性染料的化学结构及其分类

（一）活性染料的化学结构通式

活性染料不同于其他类型的染料，这类染料的分子结构中具有能与纤维的某些基团进行反应，形成共价键结合的活性基团或称为反应基，活性染料的化学结构通式可表示如下：

$$S—D—B—Re$$

式中：D——染料发色体系或称染料母体（Dye Chramogen）；

　　B——连接基或称架桥基（Bridge Link）；

　　Re——活性基团或称反应基（Reactive Group）；

　　S——水溶性基团（Water Solubiling Group）。

染料母体是活性染料的发色部分，它决定了染料的色泽、鲜艳度、直接性、扩散性、日晒牢度等。有些染料的母体具有两个发色体系，同一染料母体可与不同的活性基团相连接，成为不同类型的商品染料。活性基决定了染料的反应性及染料—纤维结合键的稳定性，与固色率的高低也有很大关系。架桥基是连接染料母体与活性基团的基团，它影响染料的反应性能和染料—纤维共价键结合的稳定性。有些染料没有连接基，活性基与染料母体直接相连。活性染料母体和活性基团在化学结构上是一个整体，在性能上相互制约，成为活性染料不可分割的两个部分，结构中的某一部分发生变化都将导致染料的各种性能发生变化。水溶性基团是提供染料水溶性的基团，它决定了染料水溶性能。活性染料的水溶性基团一般为磺酸基（$—SO_3Na$）或硫酸酯基（$—OSO_3Na$）。

(二) 活性染料的分类及其反应性

活性染料的分类有两种方法,一种按活性基团进行分类,另一种按染料母体的化学结构进行分类。活性染料的反应性能主要取决于活性基团的类型,因此要了解活性染料,首先必须了解活性基团的性质。

1. 均三嗪基类活性染料

这类染料的活性基团是卤代均三嗪的衍生物,架桥基通常是亚氨基,离去基为卤基。可表示如下:

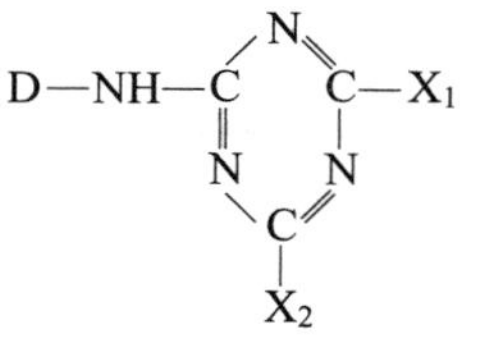

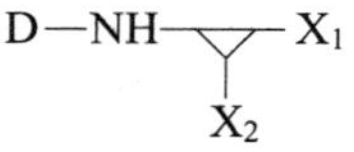

其中,X_1、X_2 为离去基,或其中之一被其他基团所代替。均三嗪(Triazine)型活性染料可分成以下几种。

(1) 二氯均三嗪型(Dichlorotriazine)。这类活性染料的结构通式为:

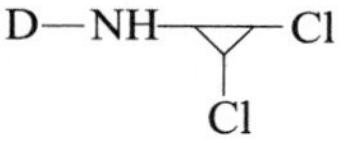

国产的 X 型,进口的普施安(Procion)MX 等属于这一类。这类染料的反应性较高,在较低的温度和碱性较弱的条件下可与纤维素纤维反应,因此又称为普通型或冷染型活性染料。例如:

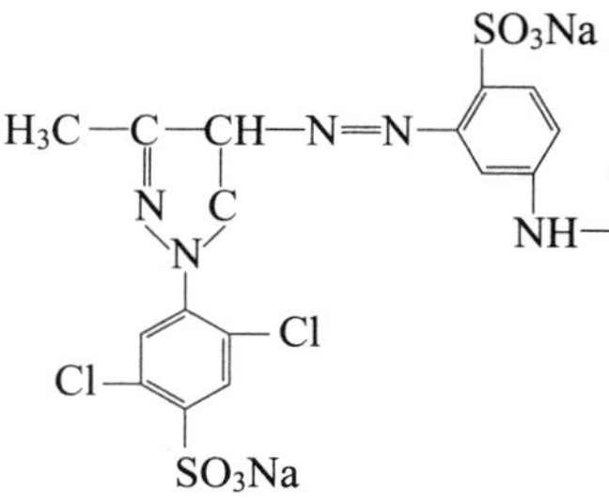

活性嫩黄X-6G 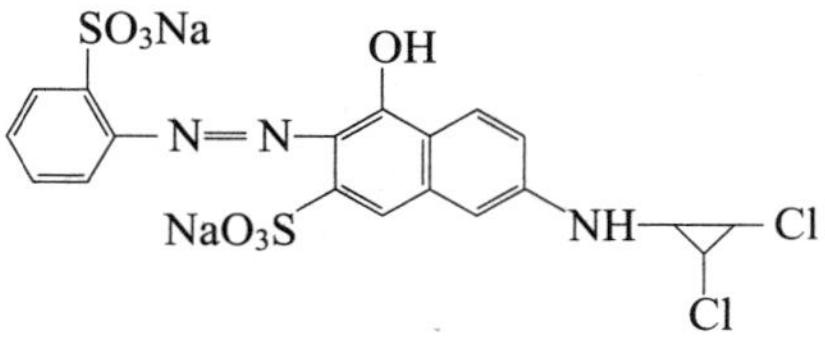　　　　　　　　普施安橙MX-G

这类染料的反应性较高,所以稳定性较差,在储存过程中,特别是在湿热条件下染料中的活性基容易与水发生水解反应放出氯化氢,因而失去与纤维反应的能力。有人将具有以上结构的染料样品放在玻璃杯中,储存一定时间后测定染料分子中氯原子数量的变化。开始时每一个染料分子含有 1.92 个氯原子,储存 89 天后,下降到每个染料分子只含有 0.39 个氯原子。因此当染料开桶后应及时用完,用不完时必须把染料桶盖好,必要时按原样密封,以免受潮变质。

该染料在不同 pH 缓冲溶液中储存时,稳定性也不相同,如图 4-2 所示。

从图 4-2 中可以看出,在不同的 pH 条件下,染料的稳定性相差很大,在 pH 为 6~8 时最为稳定。当 pH 高于 9 或低于 5 时,水解速率提高。为了提高染料的储存稳定性,商品的染料中常加入如磷酸二氢铵和磷酸氢二铵的混合物以及尿素等缓冲剂。

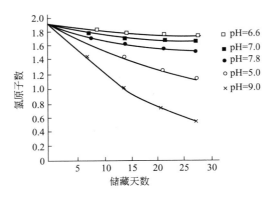

图 4-2 在不同 pH 的缓冲液中染料的水解

在较低温度和碱性较弱时,二氯均三嗪型活性染料的活性基只有一个氯原子参加反应;而在碱性较强和温度较高的条件下,两个氯原子都能够发生反应,生成多种产物。以在碱性条件下与纤维素纤维的反应为例,反应物可表示如下:

在较低温度和碱性较弱时,生成物(A)的比例较高;在碱性较强和温度较高时,生成物(B)的比例有所提高;但水解产物

所占的比例将上升。因此二氯均三嗪型活性染料染色时,一般不宜采用较强碱性和较高温度。

(2)一氯均三嗪型(Monochlorotriazine)。这类活性染料的结构通式为:

国产的 K 型,国外的普施安(Procion)H、汽巴克隆(Cibacron)等牌号的活性染料均属此类。部分国产 KD 型染料也属此类。这类染料又称为热固型染料。如活性嫩黄 X-6G 中均三嗪环上一个氯原子被 —NH—〇—SO₃Na 取代即得到活性嫩黄 K-6G。所以一氯均三嗪型活性染料实际上是二氯均三嗪型活性染料中有一个氯原子被氨基、芳氨基、烷氧基等取代的产物,它们的反应性较低,稳定性较好,中性溶解时可加热至近沸而无显著水解,固色需要在碱性较强和温度较高的条件下进行。用烷氧基取代的反应性较高,但染料—纤维结合键的耐碱性水解的稳定性较低。

（3）一氟均三嗪型。将三聚氯氰经氟化钾（钠）取代反应后可得三聚氟氰，用来合成氟代均三嗪型活性染料，结构通式为：

$$D—NH—\underset{R}{\overset{}{\triangle}}—F$$

汽巴精化公司于 1978 年正式生产的商品名为 Cibacron F 型活性染料即具有这种活性基团，它与一氯均三嗪型活性染料在相同的条件下比较，其反应速率要高出 50 倍左右，染料—纤维结合键的稳定性与一氯均三嗪型相似。

2. 乙烯砜基类活性染料

这类染料的结构通式为 $D—SO_2CH_2CH_2OSO_3Na$。国产的 KN 型活性染料以及国外的雷玛索（Remazol）等商品染料均属于这一类型。染色过程中活性基 $—SO_2CH_2CH_2OSO_3Na$ 在碱剂作用下生成活泼的乙烯砜基（$—SO_2CH＝CH_2$），乙烯砜基与纤维素通过加成反应而形成共价键结合，故称为乙烯砜型活性染料（Vinyl Sulfone Dyes）。例如活性艳蓝 KN-R：

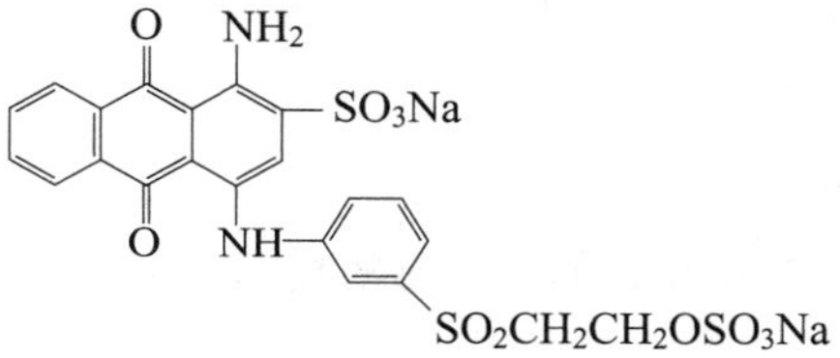

这类活性染料的反应性介于一氯均三嗪和二氯均三嗪型活性染料之间，在酸性和中性溶液中非常稳定，即使煮沸也不会水解，溶解度较好，但染料或染料—纤维结合键耐碱性水解的能力很差。

3. 双活性基类活性染料

活性染料在印染加工过程中由于有水解副反应发生，所以一般的活性染料的固色率较低，怎样减少活性染料的水解，提高活性染料的固色率，一直是研究活性染料的重要课题之一。除了在活性基自身结构中加以改进外，还出现了双活性基团的染料，从而使染料的固色率得到很大的提高。这类染料的分子中含有两个活性基团，两个活性基团可以相同，也可以不相同，可以接在同一个染料母体上，也可以接在两个不同的母体上，两个母体可通过连接基连接在一起。较常见的是一个卤代均三嗪和一个 β-乙烯砜硫酸酯或两个卤代均三嗪活性基的双活性染料（Bifunctional Reactive Dyes）。

（1）一氯均三嗪和 β-乙烯砜硫酸酯。国产的 M 型、B 型、EF 型，国外的 Sumifx Supre 和部分 Procion Supre 染料属于这一种。结构通式为：

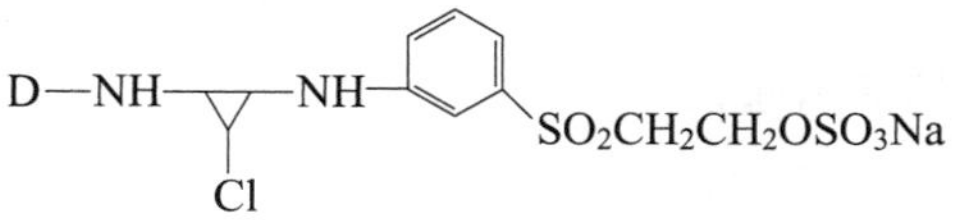

$$D—NH—\underset{Cl}{\overset{}{\triangle}}—NH—\text{（苯环）}—SO_2CH_2CH_2OSO_3Na$$

例如活性艳红 M-8B：

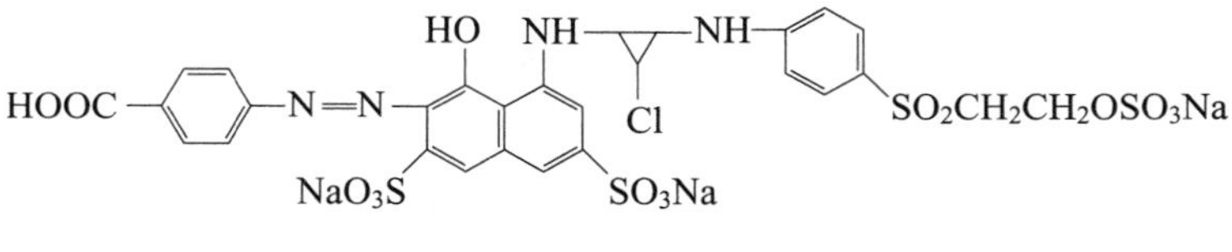

由于这类染料分子中具有两个活性基,提高了与纤维的反应概率,因此染料的固色率得到了提高。两个反应性相异的活性基团的存在,扩大了染色的温度范围,提高了竭染的重现性。同时乙烯砜基的特点是耐酸稳定性好,染色后与纤维未起反应的染料和水解的染料的亲和力非常低,染料的洗净性良好。而均三嗪基的存在提高了染料的亲和力,使得染料的吸尽率、固色率有所提高,染料的耐碱稳定性好,从而扩大了染色适用范围,如连续染色、冷轧堆染色等。

(2)两个一氯均三嗪活性基。国产的 KE 型、KP 型,国外的 Procion Supra 染料属于这一类。国产的部分 KD 型活性染料中也含有两个一氯均三嗪。KD 型活性染料的分子结构一般比较复杂,对纤维具有较高的亲和力,染料的反应性、稳定性与 K 型染料相似,但固色率较高,染料—纤维结合键的稳定性较好。它们是以范德华力、氢键、共价键的混合方式固着在纤维上的,因此比较适用于黏胶纤维、蚕丝的染色。例如活性艳红 KD-8B:

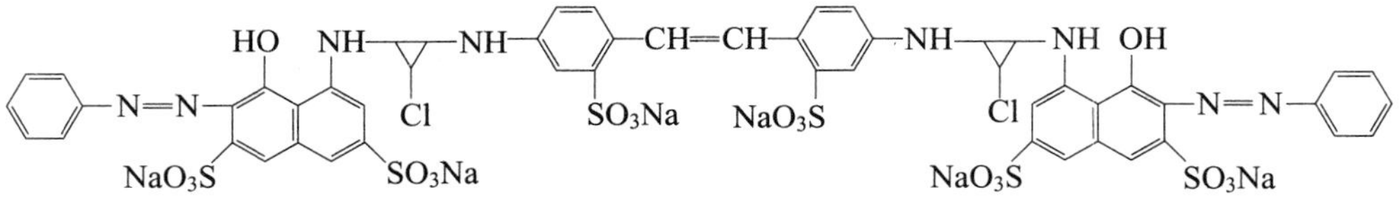

4. 卤代嘧啶基类活性染料

卤代嘧啶型活性基又称为二嗪型活性基,按嘧啶基(Pyrimidine Group)的氯原子数不同又可以分为以下几种。

(1)三氯嘧啶型。其结构通式为:

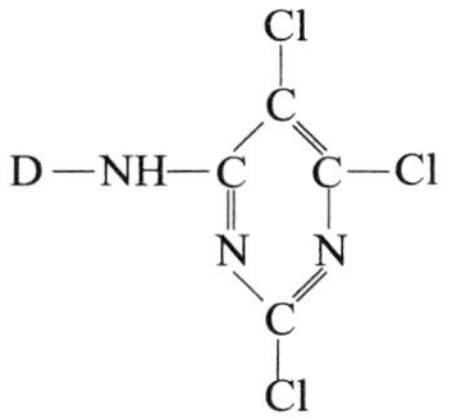

例如 Drimarne 牌号的活性染料就属于这一类。这类染料的反应性较低,染料—纤维结合键的耐酸、耐碱、耐水解性能较好。如 Reactone Red 2B-F:

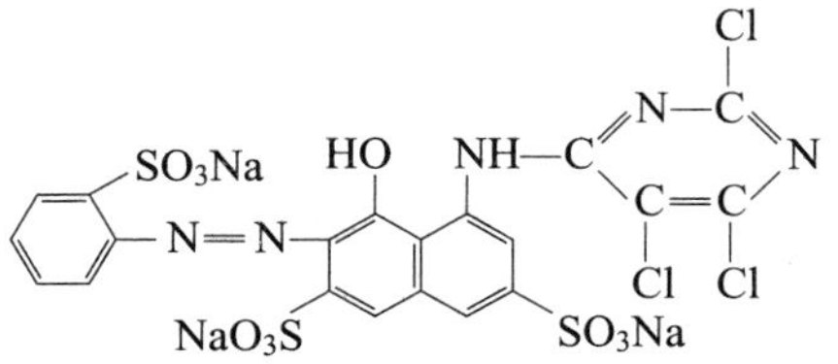

(2)二氟一氯嘧啶型。其结构通式为:

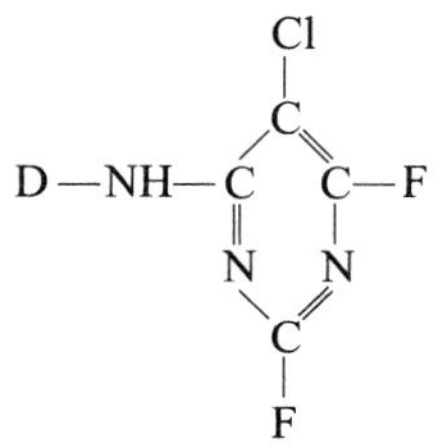

国产的 F 型,国外的 Drimarene R、Levafix E-A、Levafix p-A 等活性染料均属此类。其反应性较高,染料—纤维结合键耐酸、耐碱的稳定性较好,但价格较高。如活性深蓝 F-4G:

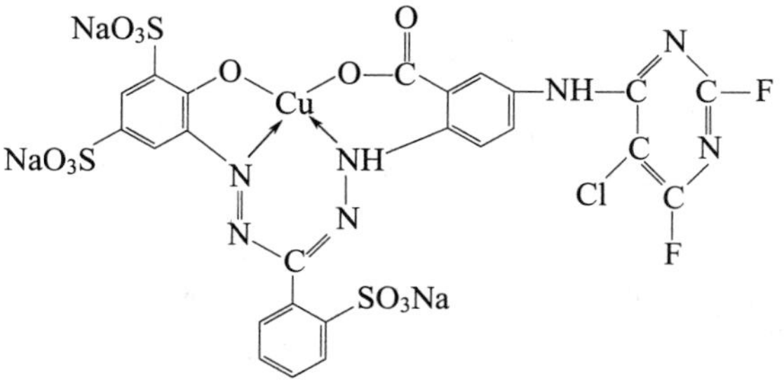

根据试验,这类染料在中性到弱酸性介质中,在氰胺类化合物的存在下,经焙烘可与纤维素纤维发生键合反应。

如果嘧啶环上具有卤基以外的其他取代基,例如具有甲砜基嘧啶型(Levafix P),其结构通式为:

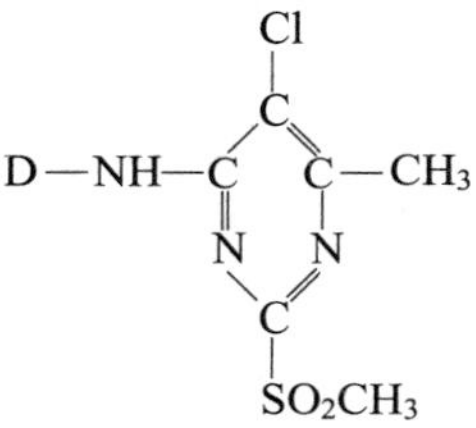

其 α 位上甲砜基具有较高的活泼性,能与纤维素纤维负离子作用,生成的染料—纤维共价键较牢固。

Reactofil 活性染料含有 2,4-二氯嘧啶-5-碳酰型活性基,其结构通式为:

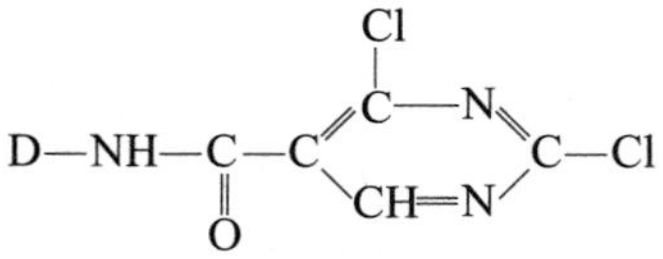

由于 5 位碳原子与吸电子取代基酰氨基相连,故使两个氯原子活泼性提高,反应速度较快,用于纤维素纤维的印花和染色。

5. 其他活性基类

(1)喹噁啉(Quinoxaline)和哒嗪(Pyridazine)。此类结构较多。如:

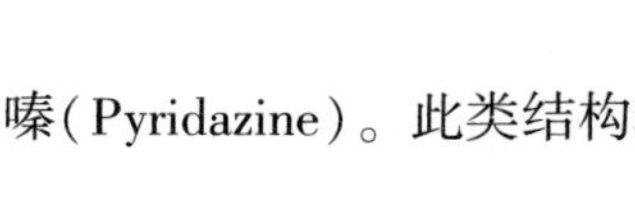

具有2,3-二氯喹噁啉基(如Lavafix E)

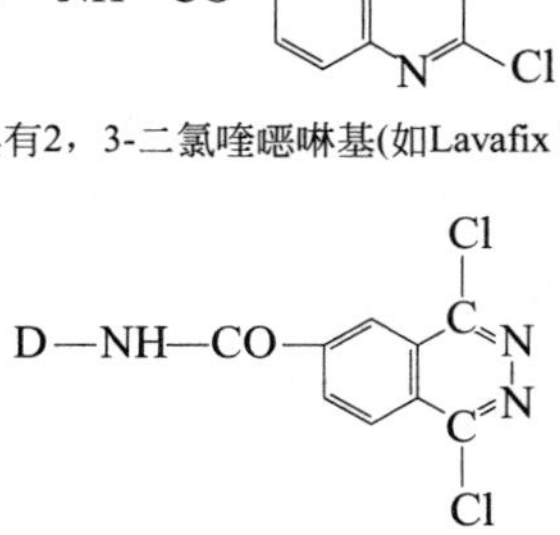

具有1,4-二氯苯并哒嗪基(如Reatex)

$$D-NH-COC_2H_4-N \underset{\underset{O}{\overset{|}{C}}}{\overset{N=C}{\diagdown}} \underset{\underset{Cl}{\overset{|}{C}}}{\overset{C-Cl}{\diagup}}$$

具有4,5-二氯丙酰-6-哒嗪酮基(如Primazin P)

二氯喹噁啉是苯并二氯苯的衍生物,2,3 位上的两个氮原子已很活泼,当苯环上接上吸电子的甲酰基后,进一步提高了反应能力,故其活泼性与二氯均三嗪相似,主要用于棉纤维的竭染染色。

(2)磷酸基型。近年来国外出现的 Procion T 型活性染料以及国产的 P 型活性染料含有磷酸基活性基团,通式为:

$$D-\overset{\underset{O}{\overset{OH}{\overset{|}{P}}}}{\overset{|}{}}-OH$$

例如 Procion Red T-2B:

$$HO-\overset{\underset{OH}{\overset{O}{\overset{\|}{P}}}}{\overset{|}{}} \cdots \text{(结构式)} \cdots HO \quad NHCOCH_3 \quad NaO_3S \quad SO_3Na$$

磷酸基在高温下能在双氰胺的存在下,在 pH 为 6 的弱酸性介质中与纤维素纤维羟基发生共价键结合,故适用于分散/活性染料一浴法对涤棉混纺织物的染色。

(3)α-卤代丙烯酰胺型。具有 α-卤代丙烯酰胺型基的活性染料的通式为:

$$D-NH-CO-\underset{\underset{X}{\overset{|}{}}}{\overset{}{C}}H-CH_2-X \qquad 或 \qquad D-NH-CO-\underset{\underset{X}{\overset{|}{}}}{\overset{}{C}}=CH_2$$

这类染料主要用于羊毛、蚕丝等蛋白质纤维的染色,水解速率低,染色牢度较好。这类染料活性基一般由 C=C 双键和卤素两个活泼基所组成,故反应性强。国产 PW 型,国外商品有 Lanasol(X 为 Br)和 Lanasyrein(X 为 Cl),主要用于蛋白质纤维的染色。

(三)活性染料的母体类型

活性染料的母体不仅决定了活性染料不同的颜色,而且对染色性能和染色牢度有很大的影响。染料母体不但要求色泽鲜艳和牢度优良,而且要求有较好的扩散性和较低的亲和力,使活性染料有良好的匀染性能。一般来说,染料母体的分子不能太大,否则染料对纤维亲和力太高,即会影响染料在纤维中的扩散,同时未与纤维键合的染料或水解染料不易洗除。大多数活性染料的母体结构类似于酸性染料或酸性媒染染料,通常有偶氮类、蒽醌类、金属可络合类和酞菁类等。

1. 偶氮染料(Azo Dyes)

用于偶氮结构的活性染料母体以单偶氮为主。因为双偶氮或多偶氮结构作为母体的染料亲和力较高,水解染料不易洗净,故应用不多。活性染料中的黄、橙、红色等浅色染料大多数是偶氮结构的染料。例如活性嫩黄 X-6G、活性金黄 KN-G、活性艳红 M-8B 等。

2. 蒽醌染料(Anthraquinone Dyes)

蒽醌类的活性染料大多数是氨基蒽醌的衍生物,主要是蓝色,活性染料中的红光艳蓝品种几乎都属于这一类,例如活性艳蓝 X-BR、KN-R 等。因为它们是以溴氨酸作为中间体合成的,所以它们又称为以溴氨酸(1-氨基-4-溴蒽醌-2-磺酸)为母体的活性染料。

蒽醌类活性染料的颜色鲜艳,亲和力较低,扩散性能好,日晒牢度较好,但烟褪牢度较差。

3. 金属络合染料(Metal-complex Dyes)

金属络合类活性染料的母体大多数是偶氮结构,在偶氮基的两侧邻位具有配位基,能与铬、铜、钴等过渡金属离子发生络合。例如活性黑 K-BR:

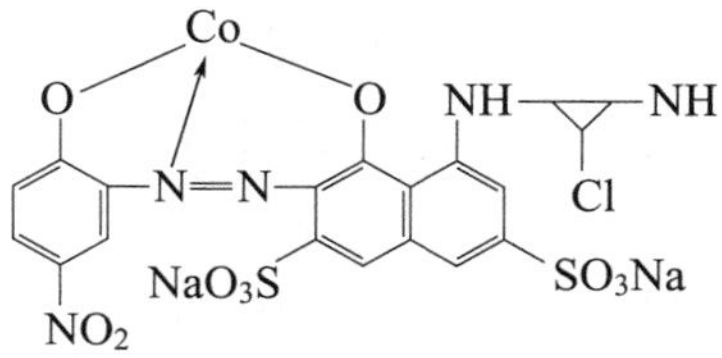

这类染料的色谱为紫、蓝、棕、灰、黑色,颜色较暗,耐酸性较差,容易发生色变。金属络合染料的亲和力一般较高,而扩散系数较小。

在金属络合染料中,有一类甲𬭁结构的染料,例如活性深蓝 F-4G、M-4G 等。含有甲𬭁

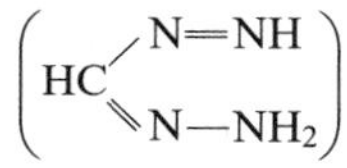

$\left(HC \underset{\text{N—NH}_2}{\overset{\text{N=NH}}{<}} \right)$ 结构的分子中含有较多的磺酸基,因此溶解度较高,染色物上未固着的染料容易洗去,甲𬭁结构的金属络合染料比一般的金属络合染料的颜色鲜艳。

4. 酞菁染料(Phthalocyanine Dyes)

活性染料中的翠蓝品种都是以铜酞菁作为母体染料,铜酞菁与氯磺酸作用生成酞菁磺酰氯,后者与含有活性基的胺类化合物缩合成酞菁磺酰胺衍生物。例如活性翠蓝 K-GL:

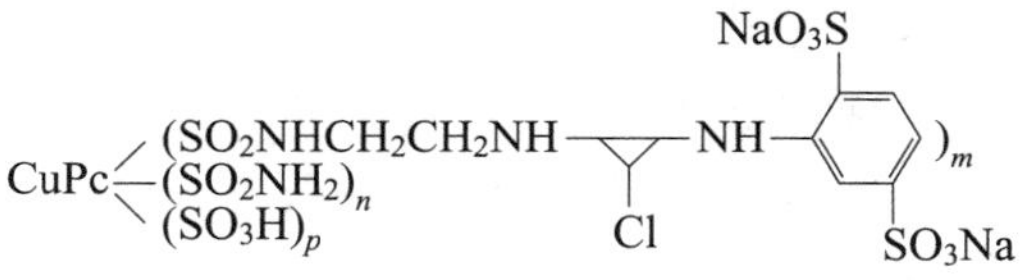

$$(m+n+p=3\sim4)$$

这类染料颜色鲜艳,日晒牢度高,亲和力较低,但扩散性较差,反应性也较相同活性基的同类染料低。

(四) 活性染料的架桥基

1. 亚氨基(—NH—)

这是目前用得最多的桥基,亚氨基中的氮受到两边吸电子基的影响比较活泼。在碱性较强时会发生电离,影响染料的反应性。

2. 甲亚氨基(—N—)
$\overset{\text{CH}_3}{|}$

亚氨基中的氢被甲基所取代即为甲亚氨基,当活性基团相同时,用 N-甲亚氨基作桥基的活性染料的反应性一般比用亚氨基作桥基的染料高。

3. 甲酰氨基(—CONH—)

二氯喹噁啉型活性染料一般以甲酰氨基作为桥基,由于羰基的吸电子性,使染料的反应性

较高。连接的方式为：

$$染料母体 —NH—\overset{\displaystyle O}{\underset{\displaystyle \|}{C}}— 活性基$$

三、活性染料的染色过程及固色机理

活性染料的染色过程包括上染、固色和皂洗后处理三个阶段。活性染料染色时，染料首先通过范德华力和氢键吸附在纤维表面，并向纤维内部扩散，然后在碱性条件下，染料与纤维发生化学反应形成共价键结合而固着在纤维上，再通过皂洗将纤维上未与纤维反应的染料（包括水解染料）洗除，减少纤维表面浮色，提高其染色牢度和鲜艳度。

（一）活性染料的上染

活性染料的上染是指活性染料从染液中被吸附到纤维上，并在纤维上均匀扩散的过程。染料吸附到纤维表面后，在纤维内外形成一个浓度差，因而纤维表面的染料可以向纤维内部扩散。染料的扩散是在固态相介质中进行的，比在溶液中扩散更慢，这是决定上染速率（Exhaustion Rate）快慢的主要阶段。这种扩散直到纤维和溶液间的染料浓度达到平衡，纤维内外染料浓度相等即染透为止。纤维中的染料分子分布在无定形区域，有的呈单分子状态吸附在纤维的分子链上，少量的染料分子也可能成多分子层吸附在纤维分子链上，有的则分布在纤维内孔道的溶液中。活性染料由于相对分子质量一般较小，且水溶性较高，因此具有亲和力低、扩散性高、匀染性好、上染率较低、趋向上染平衡时间短等上染特点。所以，怎样提高活性染料的上染率是活性染料上染阶段中首先要考虑的问题。目前，普通采取的措施是：加入电解质促染，进行低温染色，采用小浴比染色等。

（二）活性染料的固色

活性染料固色是在一定的碱性和温度条件下，染料的活性基团与纤维发生反应形成共价键结合（简称键合，机理见键合机理）而固着在纤维上的过程。活性染料与纤维发生键合反应可以用多种方法来证明。若活性染料在中性溶液中染纤维素纤维，则大部分上染的染料可以用水洗除，若将此染物在碱性溶液中处理，则染物上的染料就不能用水洗除，说明经碱处理后染料与纤维的结合的方式发生了变化。经直接染料、还原染料染色的棉纤维能用吡啶、N,N-二甲基甲酰胺等剥色，用活性染料染色的纤维不能剥色。如果用保险粉处理经偶氮类活性染料染色的纤维，则染料被还原成两个氨基化合物，其中之一由于含有活性基与纤维发生键合反应，产生共价结合，不能被水洗除，如果将其重氮化（Diazotization），再与另一个偶联剂（Coupling Agents）偶合，则生成一个新的染料，显出另一种颜色。

1. 活性染料的键合机理

活性染料的键合机理随染料活性基的不同而异，一般有亲核取代（Nucleophilic Displacement）和亲核加成（Nucleophilic Addition）两种。

（1）亲核取代键合机理（以二氯均三嗪型活性基与纤维素纤维反应为例）

二氯均三嗪型染料中的均三嗪环中，与氯原子相连的碳原子由于氮原子和氯原子电负性的影响，电子云密度较低，形成较易接受纤维负离子进攻的反应中心，从而发生亲核取代反应。

$$Cell—OH \xrightarrow{OH^-} Cell—O^-+H_2O$$

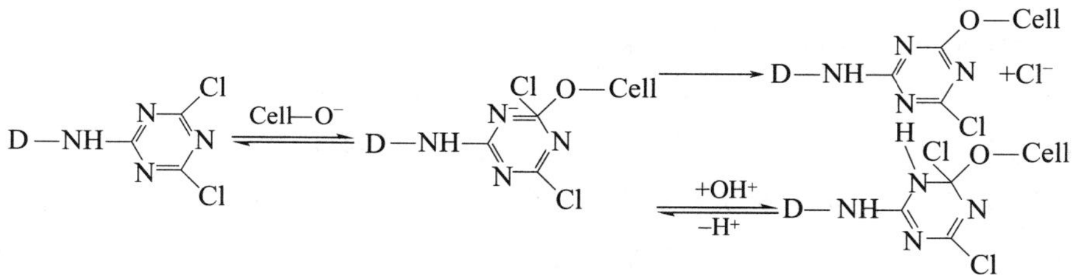

上述的亲核取代反应是分步进行的。第一步为纤维素负离子的亲核加成反应,生成不稳定的中间产物;第二步是碳—氯键的离解反应,氯以氯离子的形式进入溶液,即进行消除反应。

当均三嗪环上的一个氯原子被纤维素取代后,由于纤维素—O⁻的供电性,使得均三嗪环上与另一个氯原子相连的碳原子的电子云密度提高,这个碳原子上的取代反应就不易进行了,但在较高的温度和较强的碱性条件下,还是可能与纤维素分子进一步发生键合反应,生成如下化合物:

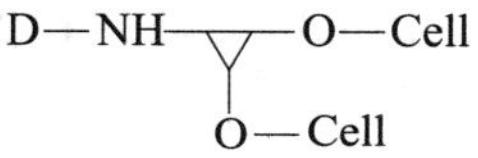

一氯均三嗪型活性染料与二氯均三嗪型活性染料的不同之处,就是以—NHR(或—OR)代替了均三嗪环上的一个氯原子。由于—NHR 的供电子性,使均三嗪环中碳原子上的电子云密度提高而降低了反应性,亲核取代反应需要在剧烈的条件下才能进行。一氯均三嗪型活性染料浸染时固色的温度较高,染液的 pH 也较高。连续轧染汽蒸时间要较长,轧卷染色要堆置较长的时间。同时由于它的反应性较低,染物的储藏稳定性较二氯均三嗪型活性染料好。

(2)亲核加成键合机理(以乙烯砜类活性基与纤维素纤维反应为例)。乙烯砜型活性染料的活性基是β-乙烯砜硫酸酯(β-Sulfatoethyl Sulfone Group)。在碱性条件下,砜基具有较强的吸电子性,使得α-碳原子上的氢比较活泼而容易离解。同时由于硫酸酯的吸电子性,使碳—氢键具有极性,容易断裂,所以会发生消去反应,生成乙烯砜基。反应过程可表示如下:

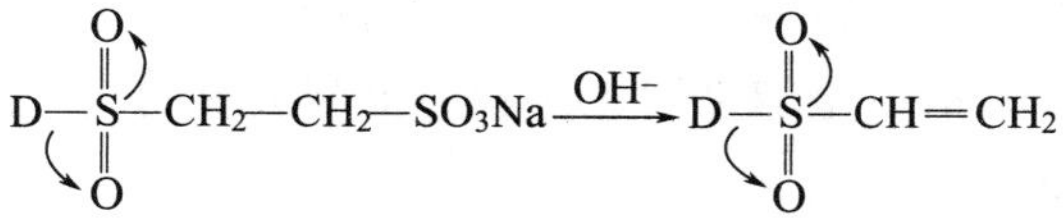

乙烯砜型活性染料由于砜基的电负性较高,β-碳原子的电子云密度较低,容易受到亲核试剂的进攻,发生亲核加成反应。

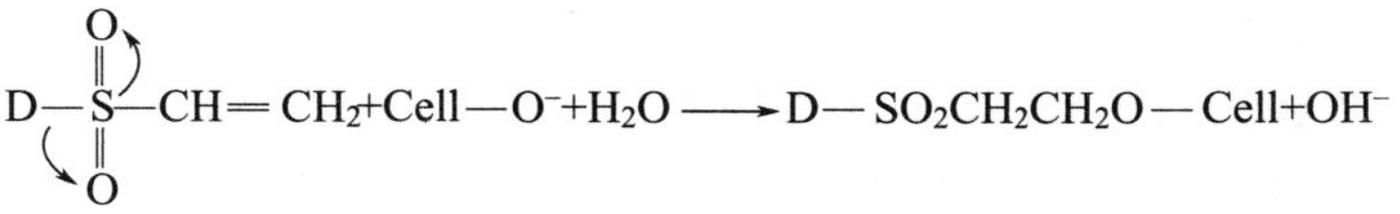

$$D—SO_2CH=CH_2+Cell—O^-+H_2O \longrightarrow D—SO_2CH_2CH_2O—Cell+OH^-$$

2. 活性染料的水解反应

在碱性条件下,染液中及吸附在纤维上的活性染料也能与水中的氢氧根离子发生亲核取代反应或亲核加成反应,生成水解活性染料(Hydrolyzed Reactive Dyes),使其不能再与纤维发生键合反应,从而造成染料的浪费。

由于活性染料的水解反应（Hydrolysis）与键合反应机理、条件相同，因此在活性染料染色过程，水解反应与键合反应总是相随相伴，但键合反应总是比水解反应快得多。以普施安艳红2B为例，当将吸附染料的纤维素纤维在室温下浸入 pH=11 的纯碱溶液中时，染料便能迅速地与纤维发生结合。而染料在同样的纯碱溶液中，经 20min 仅水解 50% 左右。

染料和纤维素的反应之所以优于染料与水的反应，主要是因为：

（1）染料对纤维有亲和力，加之纤维的有效容积又小，因此染料在纤维中的浓度远大于染料在溶液中的浓度。反应速度与反应物的浓度成正比，因而染料与纤维的反应速率远大于染料与水的反应速率。

（2）虽然纤维素和水的电离常数很接近，都为 10^{-14} 数量级，但在染色条件下由于加入了大量中性电解质后，随着纤维内相溶液中 OH^- 浓度的提高，$Cell-O^-$ 浓度不断提高，当染液 pH=7~11 时，纤维素负离子的浓度与水中 OH^- 比例约为 30:1，pH 升高，这一比值下降，但 $Cell-O^-$ 的浓度仍大于 OH^-，所以活性染料与纤维素负离子的反应速率大于与氢氧根离子的反应速率。

（3）纤维素负离子的亲核反应比 OH^- 亲核性强，因此在与活性染料反应时，纤维素负离子将优先反应。

基于上述原因，故在浸染中，虽然水的数量比纤维多得多，但染料与纤维的键合反应总是远远大于染料的水解。

3. 影响活性染料固色率的因素

活性染料只有在纤维上与纤维发生键合反应（即固色）才算真正地被利用，通常将发生键合的染料量占投入染液中染料总量的百分率称为固色率，因此提高活性染料的固色率是活性染料染色的关键。影响活性染料固色率的因素主要有两个方面：其一是染料的性质，如染料的反应性、亲和力、扩散性等；其二是染色的工艺条件，如染色的 pH、温度、电解质用量、浴比等。

（1）染料性质的影响。

①染料反应性的影响：活性染料的反应性不同，其固色率也不同，活性染料的反应性越高，染料的固色速率越大，但水解速率也随之增大，因此，提高染料的反应性并不一定能提高染料的固色率，有时甚至会降低染料的固色率。

影响活性染料反应性的因素主要包括染料结构和外界条件两个方面。

在活性染料结构中（包括染料活性基、母体、桥基），凡能降低中心碳原子上电子云密度的因素，都能提高染料的反应性。反之则降低染料的反应性。

不同的活性基团在相同的母体上呈现不同的反应性。例如各种氮杂环活性基中由于环上氮原子的存在，改变了环上电子云分布的状态，使环上某些碳原子的电子云密度降低，因此容易遭到亲核试剂的进攻，发生亲核取代反应。卤代氮杂环活性基团的反应性，除受到杂环结构的影响外，还与杂环上取代基的性质、数量和位置有关，在杂环上引入吸电子基将降低杂环碳原子的电子云密度，增加活性基的反应性。例如，一氟均三嗪型活性染料由于氟的电负性比氯大得多，所以反应性比一氯均三嗪型活性染料高。同样，二氟一氯嘧啶型活性染料的反应性比三氯嘧啶型高。反之,若引入供电子基(Electron-rich Group),则降低反应性。因此,在杂环上引入氯和氮原子等吸电子基(Electron-deficient Group)可提高活性基的反应性。引入的数目越多,反应性提高越大。

活性染料中活性基相同,染料母体不同,则反应性也不同,同一类型染料反应性约相差 10 倍左右。一般来说,以酞菁结构、金属络合物结构为染料母体的活性染料的反应性较低。

以亚氨基作桥基的染料在碱性介质中,亚氨基会发生离子化:

$$D-NH-\overset{}{\underset{Cl}{\bigtriangledown}}-Cl \xrightarrow{OH^-} D-N-\overset{}{\underset{Cl}{\bigtriangledown}}-Cl$$

使亚氨基的供电子性增加,提高了均三嗪环和反应中心碳原子上的电子云密度,使反应性降低。若用 N-甲亚氨基为桥基,因为它不会发生离子化,所以在碱性条件下的反应性较高。

影响染料反应性的外界条件主要有染液的 pH、固色的温度和中性电解质的浓度等,一般而言,染液 pH 越高、固色温度越高、染液中中性电解质浓度越大,活性染料的反应性越大。

②染料亲和力的影响:染料的上染是染料固色的前提,一般而言,染料的亲和力越大,染料的上染率越高,染料的固色率也越高。但当染料的亲和力过高时会因为染料的扩散性差而影响染料的固色率,同时水解后黏附在纤维上的染料也不易洗除。

③染料扩散性的影响:染料的扩散性越好,染料在纤维上的分布越均匀,染料与纤维发生键合的概率越高,固色率越高。

(2)染色工艺条件的影响。

①染液 pH 的影响:染液 pH 越高,染液的碱性越强,越利于纤维素的离子化,纤维素负离子的浓度增加,纤维的溶胀增大,因此键合反应速率提高,固色率一般也将提高。但当 pH 高于 11 时,随着染液中 pH 的增高,染液中[OH^-]比纤维中[$Cell-O^-$]增加更快,[$Cell-O^-$]/[OH^-]的值减小,水解反应的比例将增加,因此在活性染料固色时,过高的 pH 也是不利的。

②固色温度的影响:一般而言,温度升高,反应速率提高,温度每升高 10℃,反应速率可提高 2~3 倍。提高固色温度虽然可以提高键合反应速率,但由于水解反应速率提高得更快,所以染料水解比例将上升,固色率降低。同时温度升高,平衡上染百分率将降低,也影响固色率。因此实际染色时必须选择合适的固色温度,使其在规定的时间内反应充分,以获得较高的固色率。对反应性高的染料,固色温度应低些;对反应性低的染料,固色温度要高些,否则固色时间就要很长。对固色时间短的工艺(如轧染),则必须用较高的固色温度,例如用汽蒸或焙烘来完成固色。

③中性电解质的影响:染液中存在中性电解质时,纤维内相与外相溶液中[OH^-]分布发生变化,随着溶液中电解质浓度的提高,纤维内相[OH^-]随之提高,从而提高了纤维素的离子化,使[$Cell-O^-$]提高。同时电解质促使被纤维吸附的染料量升高,键合反应速度提高,从而提高了固色率。

④浴比的影响:在其他条件相同时,染色浴比越小,上染率越高,固色率也越高。但染色浴

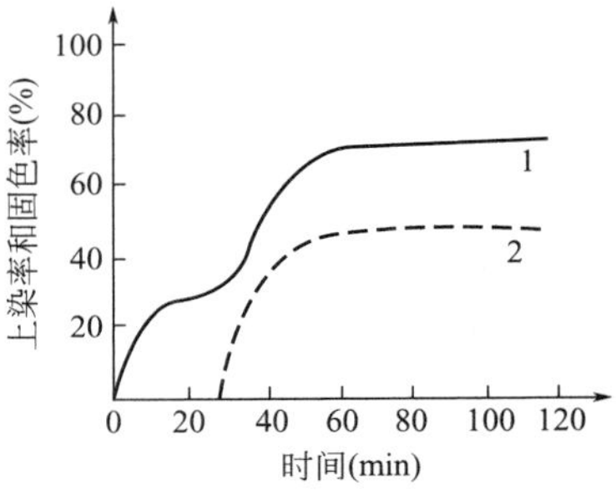

图 4-3　活性艳蓝 X-BR 的
上染速率曲线

（染料浓度 1%，浴比 20：1，染色温度
20℃，固色温度 40℃，食盐 50g/L，上
染 30min 后加入 Na₂CO₃ 10g/L）

1—上染率曲线　2—固色率曲线

比过小会影响染色的匀染性。

在活性染料的染色过程中，染料的上染和固色这两阶段无明确的界限，往往交错进行。如活性染料用于浸染和卷染时，常常先在中性染液中染色一段时间，然后加入碱剂进行固色。如果在中性染液中染色已达到平衡，加入碱剂后染料与纤维发生键合反应，染液中的染料会继续上染纤维。这可从图 4-3 的上染速率曲线看出，在中性染浴染色时，开始上染较快，以后逐渐减慢，最后达到平衡。而加入碱剂后上染的染料量又有很大的提高。上染量提高的原因是染料与纤维发生共价结合，破坏了原来的染色平衡，使平衡向染料上染纤维的方向移动。上染率增高的程度随染料亲和力的不同而不同，亲和力高的染料提高不多，反之则提高很多。

从图 4-3 还可以看出固色率比上染率低，这说明上染纤维的染料并不能全部固着在纤维上，未键合的染料将在后处理过程中被洗除。

（三）染色后处理

上染在纤维上的染料在固色时并不能全部与纤维发生反应，这部分染料包括水解染料、没有活性基的染料和虽有活性基，但并没有与纤维反应的染料。这些染料会影响染色牢度和色泽的鲜艳度，特别是皂洗牢度，因此必须通过染色后处理加以去除。皂洗后处理是用洗涤剂或肥皂等将吸附在纤维上未与纤维结合的染料洗涤去除，以保证染色产品的染色牢度和鲜艳度。

四、活性染料纤维素纤维染色的方法及其工艺

活性染料的染色方法一般有浸染、卷染、轧染、冷轧堆染（Cold Pad-batch Process）等，采用何种染色方法，首先必须考虑织物的组织结构、紧密程度、厚薄等状态，一般来说，紧密厚重的织物不宜采用绳状浸染方法，如喷射溢流染色，紧密厚重的织物宜采用卷染、冷轧堆的染色方法，但这两种染色方法存在间歇式、效率低、缸差难以控制的缺陷。轧卷染色适宜厚重织物的染色。轧染适应性较广，但对一些低特（高支）高密的织物有时较难适应，易产生皱条、擦伤等疵病。浸染一般适于染一些稀薄织物及一些弹力织物。以上考虑并不是说某种染色方法只能染某种织物，而是当采用此种方法时，染出来的产品质量比其他方法更理想。活性染料的种类很多，各类活性染料的反应性和染色条件各不相同，在设计染色工艺时要可能使所采用的染色方法达到固色率高、色光鲜艳、染色时间短、被染织物的匀染性好、染色牢度好的目的。

（一）浸染工艺

纤维素纤维的浸染染色采用的方法大致有以下三种：

（1）一浴一步法，亦称全浴法。是将染料、促染剂、碱剂等在开始染色时全部加入染浴的简便染色方法，此法由于水解的染料较多，不适宜续缸染色。一般应用在棉纱绞纱、毛巾等一些疏松产品的染色。浸染时尽可能让染料迅速上染，每次染色时间为 20min 左右，染色的产量较高，但染料利用率、染色透染性、染色牢度等不及其他方法。

（2）一浴二步法。这种染色方法是先在中性浴中进行染色，让染料上染纤维，并加电解质进行促染，再加入碱剂固色。这种方法主要适用于小批量、多品种的染色，染浴吸尽率较高，织物的染色牢度较好，目前棉针织物、纱线等一般都采用这种方法进行染色。

（3）二浴二步法。这种染色方法也是先在中性浴中进行染色，再在另一不含染料的碱性浴中固色。由于染料的上染与固色是在两个浴中分别进行，因而染料的水解率较低，能续缸使用，染料利用率高。当用于纱线浸染时，染料的给色量和固着率比较稳定，不易产生色差，能最大限度地缓和染料的键合和染料水解之间的矛盾，得到较理想的染色效果。

1. 一浴二步法浸染工艺

大多数纤维素纤维的纺织品（针织物、纱线等）主要采用这一工艺。针织物一般采用绳状染色机，如溢流染色机和喷射染色机进行染色。此法是把染料先配制成染液，让纤维制品浸染吸附染料，并用电解质促染，再加入碱剂，同时升温进行固色，最后再进行皂洗后处理。这种工艺质量较易控制，色差较少，但不能续缸生产。

（1）工艺流程：

练漂半制品→（水洗润湿）→染色→固色→水洗→皂煮→热水洗→冷水洗→脱水→烘干

（2）工艺处方及条件。常用各类染料的染色工艺处方及条件见表4-2。

表4-2　常用各类染料一浴二步法浸染工艺处方及条件

染化料及工艺条件		用　　量
染色	活性染料（owf）	0.2%~8.0%
	无水硫酸钠（g/L）	20~80
固色	纯碱（g/L）	5~30
皂煮	净洗剂（mL/L）	0.5~1.5
工艺条件	浴比	1:（10~12）
	染色温度	视染料类别而定
	染色时间（min）	10~25
	固色温度	视染料类别而定
	固色时间（min）	10~25
	固色pH	9~11
	皂煮温度（℃）	85~95
	皂煮时间（min）	10~15

先用少量的水（X型染料可用冷水，其他染料可用40~50℃热水）将染料调成薄浆，再加适量水（X型可用冷水或30~35℃温水，K型可用70~80℃热水，KN型、M型可用60~70℃热水；对于溶解度较小的染料，如活性嫩黄K-6G、翠蓝K-GL、艳蓝K-GR等可用90℃热水）使染料溶解。然后将染料溶液加入盛有规定水量的染机内搅匀，加热至规定温度开始染色。染色时间取决于染料性能、色泽浓度及染色效果。一般来说，亲和力大而扩散性差的染料，且染料用量大的染色，时间要求长一点。

活性染料染色用水不宜含有铁、铜等金属离子，它们会使染料溶解度降低或使染料色泽萎暗。染色用水中也不宜含有钙、镁离子，因为钙、镁离子不仅会降低染料溶解度，还会与纯碱反应形成沉淀，影响固色速率、色泽鲜艳度以及染色牢度。值得注意的是对一些金属络合染料，不宜用过强的络合剂来软化染色用水，否则会剥除染料分子中的金属离子而造成色变和色牢度下降。

活性染料用于浸染染色时，浴比不宜过大，否则会造成水解染料增多，降低染料的利用率。浴比过小，则不易匀染，故通常采用浴比为 1∶（10～12），并选用亲和力较大的活性染料，以提高染料利用率。

活性染料浸染时若不加电解质，一般只有较低的固色率。所以染色过程中需加入一定量的中性电解质进行促染。工业用盐含杂质较多，故多采用元明粉。在染浴中加入食盐或元明粉主要是提高染料的上染百分率。元明粉的用量取决于染料的溶解度、亲和力和匀染性。溶解度低、亲和力高及匀染性差的染料，元明粉的用量较低；反之较高。此外元明粉的用量也与染料的浓度有关，染料浓度高，加入元明粉量也应较多。但过量的电解质容易造成染色不匀，还会引起染料聚集和沉淀。电解质用量一般为 20～60g/L（无水元明粉的用量约与食盐用量相同，结晶元明粉的用量增加一倍）。为了获得良好的匀染效果，电解质一般是在染色 10min 左右后加入，并宜分 2～3 次加入。

染色温度和固色温度根据染料的类别而定。为了提高活性染料的吸尽率（Exhaustion Rate），往往可采用较低的上染温度，如二氯均三嗪型染料上染温度为室温（20～35℃），固色温度 40℃ 左右；二氟一氯嘧啶、一氟均三嗪以及二氯喹噁啉型染料的上染和固色温度较高，为 40～50℃；乙烯砜类染料上染温度较低，为 20～40℃（一般为室温），固色温度较高，约为 60℃；因 M 型染料为具有一氯均三嗪型和 β-羟基乙烯砜硫酸酯基的双活性基染料，反应性与乙烯砜类的接近，但由于还具有一氯均三嗪基，相对分子质量或亲和力较高一些，上染温度为 60℃ 左右，固色温度为 80～90℃；一氯均三嗪型的上染温度为 40～60℃，固色温度为 80～90℃。固色 pH 一般以 10～11 较合适，固色碱剂通常为纯碱和磷酸钠，少数也可用烧碱。其中纯碱的碱性较弱，磷酸钠次之，烧碱最强。固色温度随碱剂不同也稍有变化，上述的固色温度是在以纯碱为固色剂的温度，如果用磷酸钠和烧碱为固色剂时可降低 5～10℃。纯碱和磷酸钠是强碱弱酸盐，在一定的 pH 时本身具有一定的缓冲作用，随着固色或水解反应的进行，pH 降低较缓慢。染料反应性强的宜用纯碱，反应性较弱的染料宜用磷酸钠，个别情况可用烧碱，染料浓度高，碱剂用量应高些。由于纯碱价廉，目前工厂采用得比较多。碱剂也可以分两次加入，在低温上染时加少量，升温到固色温度，大部分染料上染纤维后再加入其余碱剂。

固色处理后应立即进行热水洗及皂煮处理，可使固色率保持稳定和便于控制缸与缸之间的色差。染色后水洗及皂洗可去除染色物上的助剂及未与纤维素发生键合反应的染料，保证染色物的染色牢度。皂洗一般采用中性合成洗涤剂 1g/L 左右，在 90～95℃ 下洗涤 5～10min。皂洗液内一般不用纯碱，因为染料—纤维键对碱比较敏感，在碱性条件下易引起色光的改变和染色牢度下降。染色织物上的碱剂要充分洗除，以防止在储存过程中发生颜色的改变，即产生"风印"。KN 型活性染料染色的织物，尤其容易发生这种情况。

黏胶纤维有皮层结构,染料的扩散速率较低,一般宜选用扩散性好、反应性较低的染料染色,否则透染性和匀染性较差。

2. 二浴二步法浸染工艺

棉纱线常用二浴二步法染色工艺,染色时先在近中性浴中上染,然后在另一碱性固色浴中固色,上染浴和固色浴都可以续缸使用,固色效率较高。不过用此法染色,由于所加促染剂、碱剂和温度等条件不易控制,易产生色差,质量不够稳定。

(1)工艺流程

练漂半制品→(水洗润湿)→染色(上染)→固色→冷水洗→热水洗→皂煮→热水洗→冷水洗→脱水→烘干

(2)工艺处方及条件。常用各类染料的染色工艺处方及条件见表4-3。

表4-3 常用染料二浴二步法浸染工艺处方及条件

染化料及工艺条件		头缸用量	续缸用量
染色	染料(owf)	0.2%~2.0%	0.15%~1.5%
	无水硫酸钠(g/L)	20~100	适量
固色	染料(g/L)	0.2~2.0	适量
	纯碱(g/L)	5~35	2~8
皂煮	净洗剂(mL/L)	0.75~1.0	0.15~0.2
工艺条件	浴比	1:(15~30)	
	染色温度	视染料类别而定	
	染色时间(min)	15~30	
	固色pH	9~11	
	固色温度	视染料类别而定	
	固色时间(min)	15~20	
	皂洗温度(℃)	85~95	
	皂洗时间(min)	10~15	

调整好染液的浴比及温度等因素后即投入纱线染色,染色温度与时间要严格控制。染色完毕后,将纱线上的残液绞去,使带液率不大于200%,然后投入固色浴中固色。

固色浴主要由纯碱、染料、元明粉组成。如用上染后的残液来配制,只要加纯碱即可,这样配制的固色液所含的染料及元明粉基本上等于上染浴的浓度。也可另行配制固色液,为防止纱线上染料在固色浴中溶落,在固色浴中可加入1~2L染液,还可以加少量的元明粉。固色完毕后,将纱线上的残液绞去,使带液率不大于200%,然后立即进行皂洗后处理。

上染液和固色液均可续缸使用。上染液续缸染料的补充量应根据实际测定的上染百分率,结合具体上染条件(浴比、纱线带液率等),并通过计算求得。最后再根据染色试样的颜色浓淡进行校正。

由于染料在染浴中会发生水解,特别是固色浴中pH较高,水解较快。为抵消染料从纱线上解吸的损失,维持固色率基本一致,应根据染料水解速率和续缸的次数,适当增加染料补充量。而且当固色浴中水解染料含量很高后，不宜再续缸使用，应重新配制，否则因吸附的水解染料量高，增加了后道洗除的困难，对提高染色牢度不利。

固色浴中的纯碱续缸补充量计算较为复杂。因棉纤维会吸附一定的碱剂，同时染料在发生固色反应或水解反应时都要消耗一部分碱剂，而且这还与元明粉的存在有关，元明粉浓度越高，纤维内相溶液中氢氧根离子浓度将越高，固色和水解反应也越快。因此纯碱的补充量不仅与纱线的带液率，还与染料的种类和用量、元明粉用量、固色和水解反应速率等因素有关，可根据实际条件进行测定求出补充量，以保证固色浴中一定的 pH。

固色浴中除了在一开始时可适量加些元明粉外，以后不必补充。因为元明粉对纤维没有亲和力，只要上染浴和固色浴处理后的带液率相同，固色浴中元明粉可以维持不变，基本和上染浴相同。

固色后应立即进行冷水洗、热水洗和皂洗，使纱线上吸附的未反应的染料、碱剂以及水解染料洗去，可使固色率保持稳定，不会因搁置而引起色差。

3. 一浴一步法浸染工艺

此法是将染料、电解质、碱剂等在染色开始时全部加入染浴中，使染色过程的上染、固色同时完成。该工艺较为简单，但染料水解率较高，染色质量稳定性较差，只适宜一些结构较疏松的纤维制品（如纱线），在碱剂较弱的情况下采用，且以染淡、中色为主。

（1）工艺流程：

练漂半制品→染色（上染、固色）→冷水洗→热水洗→皂煮→热水洗→冷水洗→脱水→烘干

（2）工艺处方及条件。常用 X 型活性染料的工艺处方及条件见表 4-4。

表 4-4 常用 X 型活性染料一浴一步法浸染工艺处方及条件

染料及工艺条件		头缸用量	续缸用量
染色	X 型活性染料（owf）	0.2%~3.0%	0.15%~0.8%
	无水硫酸钠（g/L）	20~40	4~10
	纯碱（g/L）	4~10	1~2
皂煮	洗涤剂（mL/L）	3	1
工艺条件	浴比	1:（15~20）	
	染浴 pH	9~10	
	染浴温度（℃）	30~40	
	染色时间（min）	15	
	皂煮温度（℃）	85~95	
	皂煮时间（min）	10~15	

采用此工艺的染料要求以亲和力较高的为宜，染色温度不能高，浴比宜小，元明粉的用量高一些为好。目前主要选用 X 型活性染料染色。

4. 黏胶纤维染色工艺

黏胶纤维有皮层结构，染料的扩散速率较低，一般宜选用扩散性好、反应性较低的活性染料

染色,否则透染性和匀染性较差。黏胶散纤维染色在散纤维染色机上进行,黏胶丝染色则主要用喷射式绞纱染色机,染色工艺多采用一浴二步法工艺。

(1)工艺流程:

黏胶纤维→染色(上染)→固色→水洗→皂煮→水洗→烘干

(2)工艺处方及条件。常用几各类染料的工艺处方及条件见表 4-5。

表 4-5　常用各类染料染色工艺处方及条件

染化料及工艺条件		用　　量
染色	活性染料(owf)	1%~3%
	食盐(g/L)	15~80
固色	纯碱(g/L)	3~20
皂煮	工业皂粉(g/L)	1.5~2.0
工艺条件	浴比	1:(12~15)
	染色温度	视染料类别而定
	染色时间(min)	40~60
	固色温度	视染料类别而定
	固色时间(min)	30~40
	皂煮温度(℃)	90~95
	皂煮时间(min)	15~20

黏胶纤维的无定形区含量高,并具有皮层结构特征,上染速率和固色速率对染色温度和 pH 较棉纤维敏感。电解质一般采用两次加入,使染料上染较为均匀。碱剂一般用纯碱,应先溶解好,降温后缓缓加入染浴,以防引起色花。碱剂用量比棉的略低,但染色温度不宜过低。如黏胶纤维用二氯均三嗪染料染色,可部分或全部用小苏打代替纯碱,染色温度和固色温度可控制在 50℃ 左右。

(二)卷染工艺

卷染染色也属于浸染。染色时通过不断的交替卷染,织物从染浴中带上染液,在卷轴上不断转动,织物所带染液中的染料不断对纤维发生上染,加入碱剂后与纤维发生共价键结合,故染色过程和通常的浸染基本相同,只是染色时的浴比较小而已。

卷染在卷染机上进行,特别适合于小批量、多品种的生产,灵活性很强。卷染工艺条件随染料性能和织物组织结构的不同而不同。一般选用反应性较强的染料,在较低温度下染色,这样不仅可节约能源,还可以减少因温度不匀而引起的色差。如果温度较高,需要选用封闭式卷染机。卷染时织物由一卷轴卷到另一卷轴上的时间不能太长,一般应不超过 15min,否则时间过长,交卷次数少,头尾色差(Tailing)严重,特别是染一些亲和力较高的染料。

卷染与浸染基本相似,但卷染通常采用一浴二步法染色。

(1)工艺流程:

卷染(4~6 道)→固色(4~6 道)→冷水洗(2 道)→70~90℃热水洗(2~3 道)→皂洗(4~6 道,95℃以上)→80~90℃热水洗(2 道)→冷水洗(1~2 道)→上卷

(2)染液组成和染色条件。染液组成和染色条件见表4-6。

表4-6 活性染料卷染工艺处方及条件

处方、工艺条件 \ 染料类型		X 型	K 型	KN 型	M 型
染料		视色泽要求而定			
食盐(g/L)		20~30	25~40	25~40	25~40
碱剂(g/L)	Na₂CO₃ 或	10~20	15~30	15~25	15~25
	Na₃PO₄	4~6	10~20	10~15	10~15
浴比		1:(2~3)			
染色	温度(℃)	室温或30	90	60~65	60~65
	染色道数(道)	4~6	6~8	6~8	6~8
固色	温度(℃)	室温或30	90	60~65	60~65
	染色道数(道)	4~6	6~8	6~8	6~8
皂洗	肥皂(g/L)	5(或用合成洗涤剂)			
	液量(L)	120			
	温度(℃)	95 以上			
	染色道数(道)	4~6			

染料用量视色泽要求确定,染料分两次加入,一般在染色开始加60%染料,第一道末再加余下的40%染料。染浓色时如有必要,染料可分四次加入。食盐、碱剂的用量视染料的用量、染料的亲和力和反应性而定,通常 X 型活性染料多采用纯碱,而 K 型活性染料除了用纯碱外,也可采用磷酸钠。

上染和固色一般可采用相同的温度,以便于控制。X 型活性染料可用 30℃,K 型染料为 90℃,KN 型、M 型为 60~65℃。酞菁母体结构的活性染料一般需用较高的染色和固色温度,如翠蓝 KN-G、M-GB 用 95℃。具体温度根据染料的反应性能而定。

电解质可以在入染前加入染液中,但为了降低染料的初染率,获得均匀的染色效果,通常在经染色一定时间后加入为宜,必要时还可以分次加入。电解质应事先用水溶解后加入染液,并搅拌均匀。

棉、黏胶纤维织物卷染工艺如下:

1. 工艺流程

染色→固色→水洗→皂煮→水洗→上卷

2. 工艺处方及条件

工艺处方及条件见表4-7。

上染和固色温度根据染料类别的不同而不同,基本上与纱线染色相同,反应性强的染料温度低一些,反之高一些。上染和固色时间(道数)取决于染液的染料浓度,浓度高的时间长一些,反之短一些。同时也与染料结构有关,分子结构较小,亲和力较低的染料用量高一些,反之低一些。卷染浴比一般低于1:5,实际卷染时的浴比还要低,染料浓度相对较高,要注意染料的溶解是否良好。

表 4-7　常用各类活性染料卷染工艺

染料及工艺条件		色泽浓度		
		淡色	中色	浓色
染色液	染料(owf)	0.3%以下	0.3~2%	2%以上
	食盐(g/L)	10~20	20~30	30~80
	液量(L)	120~150	120~150	120~150
固色液	碱剂(g/L)	5~15	10~20	15~35
	液量(L)	120~150	120~150	120~150
皂洗液	肥皂(g)	500	500	500
	液量(L)	120	120	120
工艺条件	染色温度	视染料类别而定		
	染色道数(道)	4~8		
	固色温度	视染料类别而定		
	固色道数(道)	4~8		
	冷洗	室温,2道(冷流水)		
	热洗	80~85℃,2~4道		
	皂洗	95℃以上,4~6道		
	热洗	80~90℃,2道		
	冷洗	室温,1~2道(冷流水)		
	上卷	—		

固色碱剂主要为纯碱,也可用磷酸钠,使固色 pH 保持在 10~11,性能较稳定的染料还可以用烧碱和混合碱剂固色。电解质主要用元明粉或食盐,工业食盐一般含杂质较多,对一些染料,例如某些金属络合染料或难溶的染料,易引起变色或沉淀。皂煮可用工业净洗剂来代替肥皂。

染色半制品应不含有浆料及残余氯。因为浆料会和活性染料发生反应,不但降低固色率,还会降低色泽鲜艳度和摩擦牢度。大多数的活性染料耐氯漂牢度较差,故次氯酸钠漂白后脱氯要彻底。棉织物丝光要充足,丝光后要充分去碱,织物上的 pH 应以中性为宜(特别是对 X 型活性染料),入染前应先经水洗润湿,并使织物温度接近染液温度(对反应性强的染料,如 X 型尤应注意)。黏胶纤维有皮层结构,染色的温度可稍高些,以利于染料的吸附与扩散,用碱量应略低些。黏胶纤维薄织物易于收缩起皱,湿强力较低,应选用张力较小的染色设备进行染色。

染色用水的重金属离子含量应低,软化水最好用多磷酸盐,而不能用螯合能力很强的有机螯合剂如 EDTA,以免引起色光和牢度变化。溶解染料多用冷水调成浆状,然后加入染色所需温度的水使之溶解,溶解时水温不能过高,以免引起染料的水解。部分染料难溶时,可加入适量尿素帮助溶解。某些染料,如乙烯砜染料易于与尿素发生反应,所以不能使用。其他染料加尿素后也不能煮沸,以防尿素和染料发生反应。有时也可以采用撒粉法进行溶解,即在快速搅拌下,将染料直接撒入一定温度的水中进行溶解。

染料储存时应防止受潮,使用前必须进行试样,检验染料力份。染液应现配现用,因为存放时间长,染料会逐渐发生水解。为了获得匀染效果,配好的染液可分多次加入。促染用的电解质应先溶解好,并分多次加入(如在第3、第4道分两次加入)。最后一次加入电解质后,至少再染30min,以便染料充分上染。

固色用的碱剂也应事先溶解,并分多次(一般两次)沿卷轴两边染槽壁加入。如果用混合碱剂(如纯碱和烧碱),则应分次并分开加入,先分次加纯碱,在后一次加纯碱30min后,再分两次加入烧碱,并续染30~60min。

如果需要调整色光,则可沿卷轴两边染槽壁追加染液,续染一定时间后再次对色光。染色时按染料类别的不同严格控制染色温度,卷染机最好选择有罩设备,这样既可提高布卷温度,又可减少布卷中间和布边的温差,以防产生色差。一些难上染或分子结构较大的染料更应仔细控制好温度。

固色后须充分水洗、皂煮,以去除浮色和水解染料,提高色泽鲜艳度和染色牢度。皂洗液中不能加碱剂,以减少染料因pH提高而变色或发生断键反应(对乙烯砜类染料来说更不能加碱)。

拼色时选用染色性能(亲和力、反应性等)相近的染料,用前须进行小样试验。活性染料染色后,若用适当的阳离子固色剂处理,可大大提高染色牢度,这种处理尤其适用于设备有限,不能充分洗涤水解染料的情况。经此处理后还可以增加染料与纤维间共价键的稳定性,提高染物储存稳定性。

(三)轧染工艺

活性染料的轧染染色有一浴法轧染和二浴法轧染两种。一浴法轧染是将染料和碱剂放在同一染液中,织物浸轧染液后,通过汽蒸或焙烘使染料固着于纤维。二浴法轧染是将织物先浸轧染液,再浸轧含有碱剂的固色液,然后汽蒸使染料固着。轧染时宜采用亲和力较低的染料,这样对匀染、透染、前后色泽一致均有利,同时也有利于染后沾污在织物的水解染料的洗涤。但必须注意,亲和力低的染料在烘干时更容易发生泳移,需加入抗泳移剂(Anti-migration Agents)。

1. 一浴法轧染工艺

(1)工艺流程:

浸轧染液→烘干→汽蒸或焙烘→冷水洗2格→75~80℃热水洗2格→95℃以上皂洗4格→80~90℃热水洗2格→冷水洗1格→烘干

(2)染液处方及工艺条件。染液组成及工艺条件见表4-8。

表4-8 一浴法轧染染液处方及工艺条件

染料类型 处方、工艺条件	X 型	K 型	KN 型	M 型
染料	视色泽要求而定			
食盐(g/L)	20~30	25~40	25~40	25~40
碱剂(g/L)	NaHCO$_3$ 5~20	Na$_2$CO$_3$ (或 Na$_3$PO$_4$) 10~30	NaHCO$_3$ 5~20	Na$_2$CO$_3$ 10~30
尿素(g/L)	0~30	30~60	0~30	30~60

续表

染料类型 处方、工艺条件	X 型	K 型	KN 型	M 型
防染盐 S(g/L)	0~5			
润湿剂(g/L)	1~3			
抗泳移剂	酌量			
汽蒸温度(℃)	100~103			
汽蒸时间(min)	0.25~1	3~6	1~2	1~2
焙烘温度(℃)	120~160			
焙烘时间(min)	2~4			

碱剂的种类和用量应根据染料的反应性和用量而定,反应性低的染料,需用较强的碱剂,用量要多一些。染料用量高,碱剂的用量也要高。对于反应性高的 X 型活性染料一般采用小苏打作碱剂,染液的 pH 为 8 左右,这样染液中的染料水解较少。在烘干、汽蒸或焙烘时,小苏打分解生成纯碱,提高了 pH,促使染料和纤维发生固色反应。

乙烯砜型活性染料本身及其染料—纤维结合键耐碱性水解的能力较差,一般也采用较弱的碱剂,如采用小苏打或释碱剂三氯醋酸钠。

K 型活性染料的反应性较低,故一般宜用较强的碱剂,如碳酸钠。M 型活性染料可以根据具体情况选用碳酸钠或碳酸钠+碳酸氢钠混合碱剂。

在一浴法轧染中,由于染液内含有碱剂,反应性强的活性染料容易发生水解,制备染液时,碱剂宜临用前加入。染液制备后,放置时间不宜过长,否则水解染料比较多,使染液的利用率降低。

尿素能帮助染液的溶解,使纤维吸湿和膨化,有利于染料在纤维中扩散,提高染料的固色率。但乙烯砜型活性染料焙烘法固色时不能使用尿素,否则固色率会下降。因为在碱性高温条件下,尿素能与乙烯砜型活性染料发生反应,使染料失去与纤维反应的能力。同时尿素也可能会促使已经生成的纤维—乙烯砜染料结合键断裂,所以对于采用焙烘法的 KN 型染料,除酞菁结构的染料外,一般不用尿素。

$$D—SO_2CH =\!\!=CH_2+H_2N—CO—NH_2 \longrightarrow D—SO_2CH_2CH_2NHCONH_2$$

防染盐 S,即间硝基苯磺酸钠,是一个弱的氧化剂,当与还原性物质作用时,分子中的硝基被还原成氨基:

$$O_2N—\!\!\bigcirc\!\!—SO_3Na+6[H] \longrightarrow H_2N—\!\!\bigcirc\!\!—SO_3Na+2H_2O$$

防染盐 S 的作用是防止在汽蒸过程中,因受还原性物质(纤维素纤维在碱性条件下汽蒸时有一定的还原性)或还原性气体的影响,使染料的颜色萎暗。

海藻酸钠糊是一种常用的抗泳移剂,可减少在烘干时织物上的染料发生泳移。也可采用其他的抗泳移剂。

轧槽初染液视染料亲和力的大小加水稀释 5%~20%,以保持前后颜色一致。轧液温度一般为室温,浸轧采用一浸一轧或二浸二轧,轧液率不宜太高。

汽蒸或焙烘的温度和时间主要根据染料的反应性、扩散性而定。对于反应性高的 X 型活性染料,温度应较低,时间也较短;对于反应性低的 K 型活性染料,所用温度应较高,时间应较长。

2. 二浴法轧染工艺

(1)工艺流程及主要条件:

浸轧染液→烘干→浸轧固色液→汽蒸(100~103℃,1~3min)→水洗→皂洗→水洗→烘干

(2)染液、固色液处方。二浴法轧染的染液、固色液处方见表4-9。

表4-9　二浴法轧染的染液、固色液处方

染料类型		X 型	K 型	KN 型	M 型
轧染液	染料	视色泽要求而定			
	尿素(g/L)	0~30	30~60	0~30	30~60
	碱剂(g/L)	$NaHCO_3$ 0~15	Na_2CO_3(或 Na_3PO_4) 10~30	$NaHCO_3$ 0~15	Na_2CO_3(或 Na_3PO_4) 10~30
	润湿剂(g/L)	1~3			
	抗泳移剂	适量			
固色液	碱剂(g/L)	Na_2CO_3 10~20	NaOH 15~25	Na_2CO_3 10~20	NaOH 15~25
	食盐(g/L)	20~30	50~60	20~30	50~60

(四)冷轧堆染色法

冷轧堆染色是织物在浸轧含有染料和碱剂的染液后立即打卷,并用塑料薄膜包好,在缓慢转动下堆放一定时间,使染料完成上染和固着,最后在卷染机或平洗机上进行后处理。此法最适于反应性强、亲和力低、扩散速率快的染料。

活性染料冷堆法染色具有设备简单、能耗低、染料利用率较高,匀染性好等优点,适用于小批量、多品种生产。

1. 工艺流程

浸轧染液→打卷后转动堆置→后处理(水洗、皂洗、烘干)

2. 染液处方及工艺条件

染液处方及工艺条件见表4-10。

表4-10　活性染料冷堆法染色工艺处方及工艺条件

工艺条件	染料类型	X 型	K 型	KN、M 型	KE 型
轧染液	染料(g/L)	视色泽要求而定,一般为 10~50			
	尿素(g/L)	0~50			
	纯碱(g/L)	5~25	—	—	—
	30%烧碱(g/L)	—	25~40	6~10	30~36
	35%水玻璃(g/L)	—	60~70		

续表

工艺条件	染料类型	X 型	K 型	KN、M 型	KE 型
浸轧	轧液率(%)	60 左右			
	浸轧温度	室温			
卷堆	打卷温度	室温			
	堆置温度	室温或保温堆置			
	堆置时间(h)	2~4	16~24	8~10	15~18

轧染液中含有染料、碱剂、助溶剂、促染剂、渗透剂等。同活性染料轧染染色一样,冷轧堆染色法也是通过浸轧使染料吸附在纤维表面,所不同的是它是通过冷堆完成染料的扩散和固色。X 型、KN 型、M 型、K 型等染料均可应用。由于冷轧堆染色法采用的是低温固色,为了提高染料的反应性,往往需要选择较强的碱剂,pH 比卷染工艺高。通过实验测定常用的碱剂强弱顺序是(条件:碱浓 10g/L,温度 25℃):

$$NaOH > Na_3PO_4 > Na_2SiO_3 > Na_2CO_3 > NaHCO_3$$

pH　13.4　　11.4　　10.4　　10.3　　8.4

使用时要根据所用的染料类型选用碱剂。X 型活性染料一般用纯碱,K 型活性染料一般用烧碱;KN 型和 M 型活性染料反应性介于两者之间,可以采用磷酸钠作碱剂,或用混合碱剂,既用硅酸钠加烧碱,也可单用烧碱。使用水玻璃—烧碱法,对提高染液稳定性,消除风印有利,使用时还要根据染料性能、工艺要求等因素调节使用。

由于采用了较强的碱剂,必须采用混合器(比例泵)加料,即在操作时将染料和助剂配成一桶,而将碱剂另配一桶,以减少轧染液中染料的水解。染色时将染液和碱剂通过混合器计量地加入轧槽。轧槽容量应小点,容量太大会造成染液交换不良,使水解染料增加而影响染色质量。

加入食盐或硫酸钠有利于在堆置时纤维对染料的吸附,提高固色率。冷轧堆染色法必须严格地控制轧液率,轧液率以低些为宜,一般控制在 60% 左右。带液过多,固色率低,并且容易产生有规律的深浅横档疵病。浸轧染液后,织物在打卷装置上成卷,打卷要求平整,布层之间无气泡。堆置时布卷要密封,包上塑料薄膜,并不停地缓缓转动,防止布卷表面水分蒸发或染液向下的重力流淌而造成染色不匀。堆置时浸轧在织物上的染料被纤维吸附,并向纤维内扩散和固着。其原理相当于小浴比的卷染。由于堆置的温度较低,堆置的时间较长,染料能够充分地扩散和固着,所以固色率较高,匀染性好,没有在轧染烘干时由于染料泳移而造成的染疵,布面比轧染光洁。堆置时间根据使用染料的反应性和用量,以及所用碱剂的种类和用量而定,一般 X 型活性染料堆置 2~4h,K 型活性染料堆置 16~24h,KN 型、M 型染料堆置 4~10h。酞菁结构的翠蓝染料扩散性差,反应性低,要适当增加碱剂用量和堆置时间。

为了缩短反应性较低的活性染料的堆置时间,也可以采用保温堆置的方法,即在打卷时用蒸汽均匀地加热织物,成卷后放入保温蒸箱中堆置。堆置后可在平洗机上进行后处理,工艺同轧染。

五、活性染料对新型纤维素纤维的染色

(一)活性染料染 Tencel 纤维

Tencel 纤维是一种新型的高科技溶剂纺纤维素纤维,该纤维结合了天然纤维与人造纤维的优点,强力近似于涤纶,弹性适中,触感柔和,悬垂性好,有抖动飘逸及丝绸般优雅的光泽,穿着舒适,易于洗涤。原纤化是 Tenecl 纤维的一个主要特征。当 Tenecl 纤维经湿处理,特别是绳状加工或受机械作用力时,纤维会分裂成更细小的微纤维,因此由 Tenecl 纤维制成的织物,原纤化后手感特别柔软,并使织物表面形成桃皮绒效果。

Tencel 纤维纵向的高结晶比、高定向性,使无定形区的自连接少,产生沿纤维轴向规则排列的空穴,这种性质使 Tencel 纤维在水中的溶胀性质与普通黏胶纤维有明显的区别。因此,Tencel 纤维织物在染整加工中由于纤维的溶胀度高,且存在原纤化倾向,用常规的方法加工 Tencel 纤维织物,存在下水后织物变硬、有擦痕,容易起皱等问题,必须采取适当的方法加以克服,才能生产出合格的 Tencel 纤维面料,特别是由于其特有的原纤化特性,可以通过机械处理、酶处理及各种助剂的协同作用,可以创造出各种在手感和外观上独特的、时髦的效果,以满足不同客户的要求。

一般来说,Tencel 纤维织物的染整加工可以分成两大类型:即表面光洁织物的加工和表面需要产生绒毛的桃皮绒织物的加工。对于表面光洁的织物主要是 Tencel A-100 纤维的织物,TencelA-100 是一种防止原纤化的新型 Tencel 纤维,它是在普通 Tencel 纺丝后,加上 AXIS 助剂处理焙烘而成,通过处理避免了原纤化的问题,且光泽更好,主要用于生产布面光洁的针织物和机织物,染整加工过程与普通黏胶纤维织物基本相似。以下为普通型 Tencel 纤维织物的染整加工工艺:

1. 工艺流程

烧毛→前处理→初级原纤化→酶处理→染色→次级原纤化→脱水→(抛松处理)

2. 工艺说明

(1)烧毛。烧毛主要是去除织物表面的短纤维,有助于提高后道工序中去除原纤的效率。烧毛采用气体烧毛机,一正一反或二正二反,烧毛要求应达 3~4 级。

(2)前处理。前处理是染整加工的基础,良好的前处理可使织物退浆彻底,白度、吸湿性提高。这样才能使织物得色量、匀染性、重现性提高,是加工高质量产品的保证。退浆处理最好在平幅状态下进行,并添加适量的润滑剂。退浆剂可以根据织物上的浆料类型(如淀粉浆、PVA、CMC 浆等),分别选用淀粉酶退浆,氧化剂退浆或碱加净洗剂退浆。

(3)初级原纤化。织物表面的短纤维,虽然在烧毛工序中被去除了一部分,余下的裸露于织物表面,接触摩擦后产生原纤,它们一般都较长,易相互缠绕起球,必须加以去除。初级原纤化的设备选择很重要,为了达到搓揉的目的,必须采用绳状加工,最好在气流喷射染色机内进

行。常用的气流式染色机主要有德国 THEN 公司的 Then Airflow AFS 气流染色机,德国 THIES 公司的 Thies Air-stream 气流染色机等。这样一方面织物能经受充分的摩擦使其原纤化;另一方面织物在气流染色机中能不断频繁地交换接触面,可有效地防止折痕的形成,使原纤化作用比较均匀,并有良好的重现性。为了获得最佳效果,应同时使用润滑抗皱剂来降低织物所受的机械张力和摩擦力,可有效地防止折痕的产生。

(4)酶处理。经初级原纤化后织物表面的纤维由于溶胀并受机械作用力作用,单根原纤沿纤维表面裂开,这种绒毛较长,贴在织物表面或相互纠缠,影响织物外观,必须通过纤维素酶处理加以去除。由于 Tencel 纤维的特殊结构与性能,一般的纤维素酶通常得不到良好的效果,需选用高活性的、对 Tencel 纤维作用明显的特殊纤维素酶制剂。对混纺织物如 Tencel/棉、Tencel/麻织物则情况更加复杂。因为对 Tencel 纤维有效的酶可能导致棉、麻的过度降解,而使织物脆损,因此需选用专用的纤维素酶并在严格的工艺条件下操作。在酸性酶、中性酶和碱性酶中,以酸性酶对纤维素的作用激烈,且价格较低。适用于 Tencel 织物加工的纤维素酶制剂有丹麦 Novo Nordisk 的 Cellusoft Plus L,美国 Genencor 的 Primafast T100 和 Indiage RFW 等。酶处理使用的设备与初级原纤化设备相同。不同的纤维素酶均有其最适使用的温度和 pH,生产中应很好地控制这两个工艺条件。酶处理后,通过加入碱并加温的方法使酶失活。另外,酶的品种、用量、处理时间,避免织物强力的较大损失,同时还要保证去原纤化的效果。

(5)染色。Tencel 纤维属再生纤维素纤维,一般棉用活性染料都可用来染色。在染色设备上可选用平幅设备或绳状设备,在加工光洁织物时应首选平幅设备,如卷染、冷轧堆、轧染等,织物不易产生原纤化和皱印,但织物回流少,手感较差。而采用绳状染色设备,如气流染色机、溢流喷射染色机等,在染色时易产生纤维原纤化,并且若操作不当,工艺参数控制不合理,或未加染浴润滑剂等,则易产生折痕。对要求产生桃皮绒风格的织物,采用绳状染色可促使纤维原纤化,尤其是在用高温型单官能活性基团的染料加碱固色的情况下更是如此。这样可减少次级原纤化所需时间,甚至可在染色的同时完成次级原纤化。

在染料的选用方面,需考虑染色牢度、染色成本、染色工艺条件等工艺因素,还要考虑染料对酶处理和原纤化或防止原纤化等的影响。由于 Tencel 纤维的聚合度和结晶度比传统的黏胶纤维高,若采用低温或中温染料染色,染料渗透和扩散性差,易造成表面浮色和色花,重现性差。而且织物下水后,染色温度低,织物硬度大,绳状染色易产生擦伤、死折痕。所以应选用高温型活性染料进行染色。

对于先染色再经酶处理或染色与酶处理同浴进行的,则要考虑染料对酶的抑制作用。根据资料介绍,同一类型的染料中相对分子质量越大,对酶的抑制作用也越大;双活性基团的活性染料对酶的抑制作用大于单活性基因的活性染料;活性染料对酶的抑制作用大于直接染料;织物上的染料浓度越大,对酶的抑制作用越大。所以在染料的选用、酶处理的工序安排等方面应综合加以考虑。

另外,对于要求获得桃皮绒风格的织物,在染色后需加上一道次级原纤化。如果在染色时选用了某些可以在纤维素分子链间形成交联的双或三活性基团的活性染料,那么这种交联对纤维原纤化有抑制作用(防原纤化作用),严重时将影响次级原纤化过程中织物表面的绒效应,并使织物的柔软性有一定程度的降低,尤其是染深色时更为突出。

对于要求光洁的织物,应选用多活性基团的活性染料,再结合树脂整理,将有效减轻织物在服用及洗涤过程中的原纤化和起毛起球现象,减轻服装在穿着洗涤后的陈旧感。

①染色工艺流程:

前处理半制品→染色→固色→皂煮→脱水→烘干

②染液处方及工艺条件:

活性染料(owf)	$x\%$
浴中宝C	0.1~0.2g/L
无水硫酸钠	20~80g/L
浴比	1:(5~12)
染色温度	视染料类别而定
染色时间	10~25min
固色纯碱	5~30g/L
固色温度	视染料类别而定
固色时间	10~25min
皂煮净洗剂	0.5~1.5mL/L
皂煮温度	85~95℃
皂煮时间	10~15min

(6)次级原纤化。若加工的成品要求有绒面效果,染色后应进行次级原纤化,也称二次原纤化。与初级原纤化不同,此时次级原纤化主要发生在纱线交叉点处,原纤较短,分散在交叉点四周,不会起球。由于原纤很细,虽然得色量相同,但反射率高,视觉上颜色浅,使织物产生砂洗或桃皮绒的"霜花"效果。

(二)活性染料染 Modal 纤维

Modal 纤维是由奥地利 Lenzing 公司生产的一种环保型纤维素纤维。该纤维柔软、顺滑,具有真丝一般的光泽和质感,染色性能好,吸湿率比棉纤维高50%,吸湿速率快,可使皮肤保持干爽、舒适的感觉,是高质量针织内衣的理想纤维原料。以 Modal 针织汗布为例,其染整生产工艺为例:

1. 工艺流程

坯布→配缸→前处理→染色→脱水→烘干

2. 染液处方及工艺条件

活性染料(owf)	$x\%$
非离子表面活性剂	0.2g/L
浴中宝C	0.1~0.2g/L
无水硫酸钠	20~80g/L
浴比	1:(10~12)

染色温度	视染料类别而定
染色时间	$10 \sim 25 min$
固色纯碱	$5 \sim 30 g/L$
固色温度	视染料类别而定
固色时间	$10 \sim 25 min$
皂煮净洗剂	$0.5 \sim 1.5 mL/L$
皂煮温度	$85 \sim 95℃$
皂煮时间	$10 \sim 15 min$

根据染色加工所选机器的加工能力来配发投染织物的匹数和重量,并打印缸号,且确保清楚明确。染料的选用以 B 型活性染料为主,该染料分子结构中含有两个活性基团,其中一个是一氯均三嗪活性基团,耐碱性较好;另一个是 β-硫酸酯乙基砜型活性基团,耐酸性较好。这样不仅可以提高染料的固色率,而且染色牢度也较高。

Modal 汗布染色加工时最容易产生的疵病是折印,为了克服这一缺点,首先对染色机械应加以选择。一般以选用溢流染色机为好,染色时染液从浸渍槽底部抽出,经热交换器加热后进入溢流槽。由于染液的流速较织物运动快,溢流的染液带动织物做同向运动,织物在液流中处于松弛状态,所受张力较小,得色均匀、手感柔软。

六、活性染料的染色牢度

(一)耐晒牢度

影响活性染料耐晒的因素很多,染料的母体结构、染料与纤维的结合状况、染物上的染料浓度,染料在纤维上的物理状态、染色工艺以及纤维的性能等对耐晒牢度都有一定的影响。染中、深色时,经过选择的金属络合、蒽醌、酞菁和部分偶氮结构为母体的染料有较高的耐晒牢度。但也有一些活性染料的耐晒牢度不够理想。

染物上已经键合的染料比未键合染料和水解染料的耐晒牢度要高,这可能是由于活性染料与纤维成键后能将能量从染料激发态转移到纤维上,从而减少了染料的光化学降解率,提高了染料的耐光性,但羊毛、聚酰胺等纤维上两者相差甚小。当染物上含有较多的水解及未键合活性染料时,则染物的染色牢度会下降。

染料在纤维内充分扩散,渗透均匀,耐晒牢度较高。同一染料用不同染色方法染色,所得的耐晒牢度亦有差异,通常轧卷—堆置法染物耐晒牢度较高,一浴法轧染焙烘固色法染物耐晒牢度较低。

(二)耐洗牢度

活性染料—纤维结合键对碱的稳定性直接影响染物的耐洗牢度。同时耐洗牢度还与染物上的水解染料或未键合的活性染料是否去除干净有关。提高染物的耐洗牢度首先应该选择染料—纤维结合键耐碱稳定性好的染料,染色后应充分洗去浮色,染物上一般不能带碱,故皂洗时以采用中性洗涤剂为宜。活性染料的染物在皂洗水洗后用固色交联剂处理,使染料和纤维之间发生进一步交联,可提高固色率和耐洗牢度。

（三）耐氯漂牢度

不少活性染料的耐氯漂牢度较低，在含有有效氯 20mg/kg，pH=8.5，温度 20℃±2℃下浸渍 4h，即发生严重的褪色。

活性染料的化学结构与氯漂牢度之间的关系目前尚不清楚，一般认为，以染料母体结构的影响为主。以吡啶啉酮为母体的活性染料嫩黄品种，如活性嫩黄 X-6G、K-6G、M-5G 等，耐氯性能都很差，其氯漂牢度仅 1~2 级；以溴氨酸为母体的活性染料，其耐氯性能也很差，氯漂牢度大多仅 1~2 级；以酞菁为母体的活性染料氯漂牢度中等，可达 3 级；在采用偶氮结构的母体染料时，在适当的分子结构排列组成下，可获得耐氯性能好的品种。例如，活性艳橙 K-2G 的偶合组成是迫位酸，就具有较好的耐氯漂牢度。

具有相同母体的活性染料，若活性基不同及水溶性基团变化，则其耐氯性能也不一样。例如，活性艳蓝 X-BR、K-GR、M-BR、K-NR 具有相同的母体结构，仅活性基和水溶性基团不同，前三个染料的氯浸牢度较差，而艳蓝 K-NR 的氯浸牢度则较好。

（四）烟褪牢度

烟褪牢度表示染色织物耐氧化氮气体的性能。部分活性染料容易引起烟气褪色，其中尤其以溴氨酸为染料母体的蓝色染料，如活性艳蓝 X-BR、K-GR、K-3R、M-BR 等烟褪牢度特别差。在这些染料分子中具有游离氨基或亚氨基，在氧化氮气体的作用下会发生重氮化和亚硝化反应，接着又发生一系列的其他反应，引起色泽的变化。为了提高耐氧化氮的稳定性，往往避免在染料分子上留有游离氨基，使其不易受氧化氮的攻击。

学习任务 4-3　还原染料染色

一、还原染料的特点

还原染料（Vat Dyes）的分子结构中不含有水溶性基团，不能直接溶解于水。但其分子结构中含有两个或两个以上的羰基，染色时在强还原剂和碱性的条件下，使染料还原成为可溶性的隐色体钠盐（Leucosalts），它对纤维具有亲和力，能上染纤维。隐色体上染纤维后再经氧化，又转变成原来不溶性的染料而固着在纤维上。

还原染料的品种较多，色谱较全，色泽鲜艳，染色牢度好，有较高的耐洗和耐晒牢度。但其价格较高，红色品种较少，特别缺乏鲜艳的大红色。染色工艺比较复杂，部分染料染浓色时摩擦牢度较低。某些黄、橙色染料在日光作用下会促进纤维氧化损伤而具有光敏脆损作用。

还原染料主要用于棉及涤/棉纺织品的染色，也可用于黏胶等纤维素纤维、维纶等纤维的染色。由于还原染料的价格较高，染色工艺较复杂，有些染色品种已逐步被活性染料取代，因此近年来还原染料的应用呈现下降趋势。

二、还原染料的主要性能及其分类

还原染料按照化学结构可分成蒽醌类和靛类两大类，近年来还出现一些新的衍生物。

（一）蒽醌类还原染料

蒽醌类还原染料（Anthraquinone Vat Dyes）是还原染料中最重要的一类。凡是以蒽醌或其衍生物合成的还原染料以及具有蒽醌结构的染料，都属于这一类。

蒽醌类染料各项坚牢度都比较良好，色谱比较齐全，色泽较鲜艳，对棉纤维亲和力高，但染料的合成步骤复杂，原料昂贵，因此价格较高，一般只用于高档织物的染色。色谱中红色较少，而且都不鲜艳，染色时要求的技术条件较高，制造时公害严重，治理困难。

蒽醌类还原染料按其结构不同可分成以下几类，见表4-11。

表4-11 蒽醌类还原染料类型及典型结构举例

分 类	典型结构举例	主 要 特 点
酰胺蒽醌类	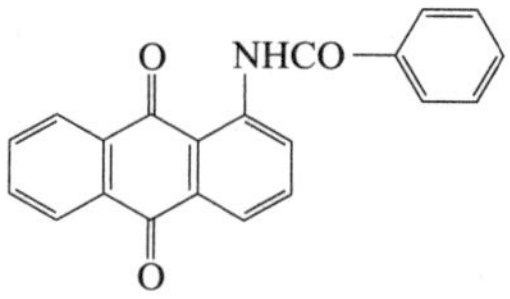 还原黄WG	有良好的匀染性，耐氯、耐洗牢度好。在强碱介质、较高温度下还原时容易发生水解，一般只能在较低温度和烧碱浓度较低的条件下进行还原和染色
亚胺类蒽醌类	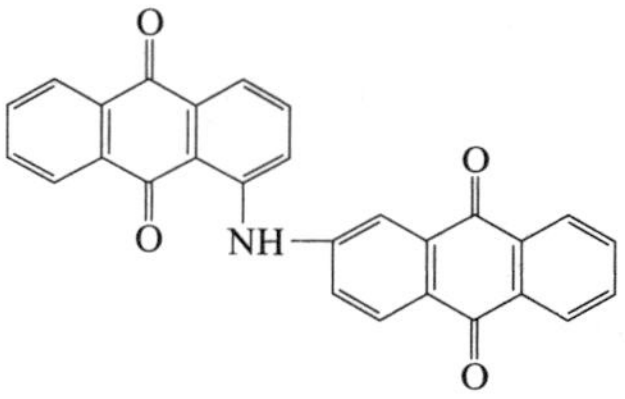 还原橙6RTK	在热碱溶液中也容易发生水解
咔唑类蒽醌类	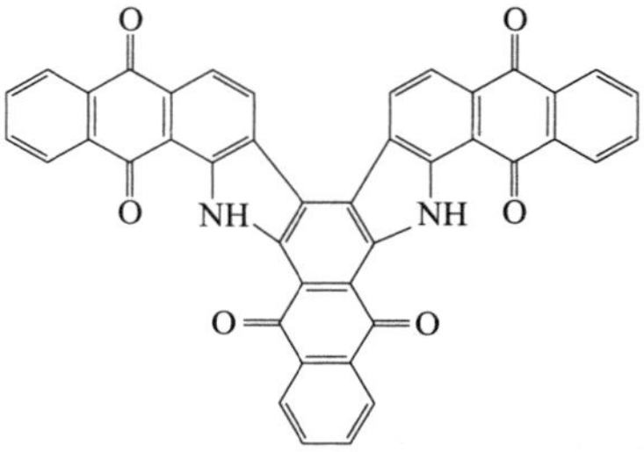 还原棕BR	对纤维素纤维有非常大的亲和力，有很高的染色牢度
蓝蒽酮类	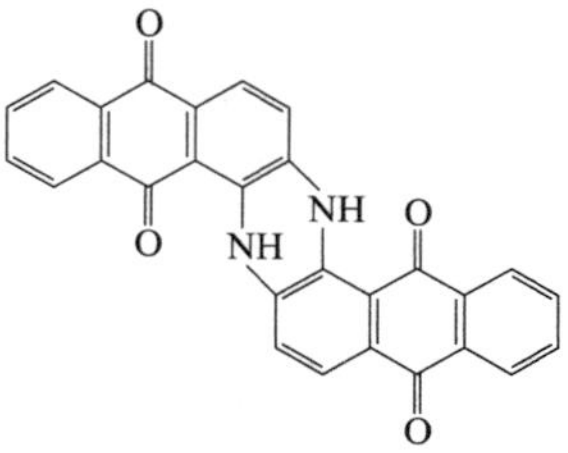 还原蓝RSN	各项牢度很高，这一类染料色泽鲜艳，染色牢度高，耐晒牢度可达8级

续表

分　类	典型结构举例	主　要　特　点
黄蒽酮类	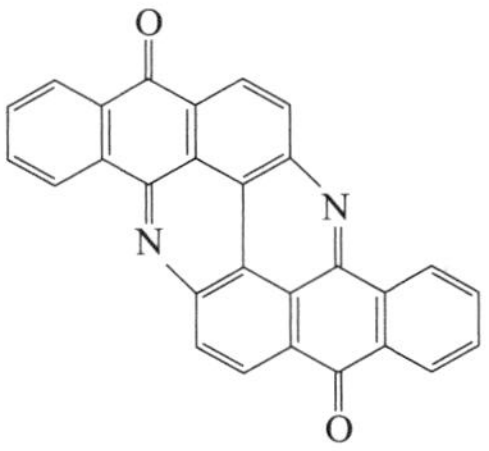 还原黄G	黄蒽酮及其衍生物大部分为黄色，染色性能良好，耐漂牢度较好，耐晒牢度中等
芘蒽酮类	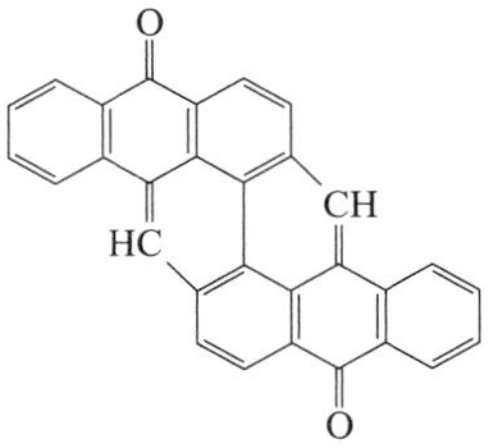 还原金橙G	芘蒽酮及其衍生物大部分为橙色，颜色鲜艳，各项染色牢度差不多都达到最高的等级
二苯嵌蒽酮类	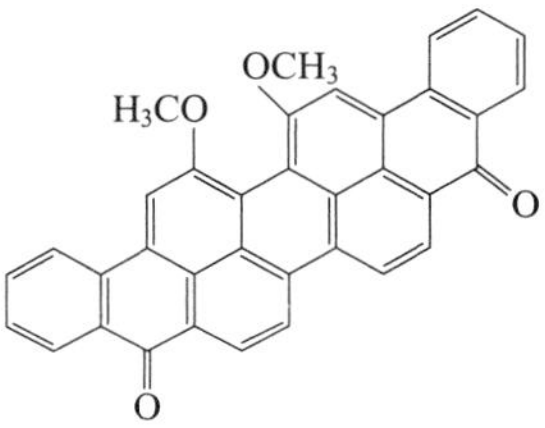 还原艳绿FFB	具有鲜艳的绿色和紫色染料，具有良好的染色牢度，对纤维素纤维的亲和力高，大都适宜在较高温度和碱浓较高的条件下染色
含噻唑结构类	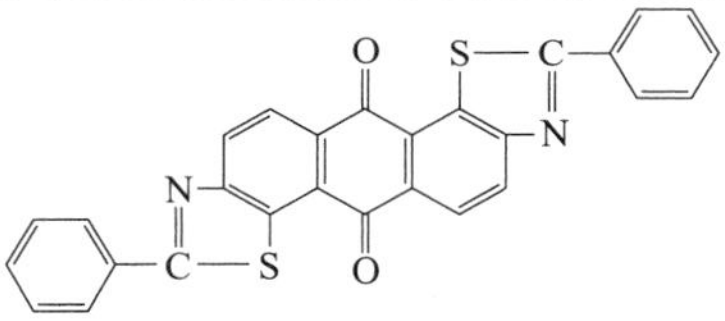 还原黄GCN	这类染料大多数是黄色，少数是红色和蓝色，对纤维素纤维有较好的直接性。大多数黄色染料对纤维素纤维有光敏脆损作用

（二）靛类还原染料

靛类还原染料（Indigoid Vat Dyes）包括靛蓝及其衍生物，硫靛及其衍生物，具有靛蓝和硫靛混合结构的对称或不对称染料以及半靛结构的染料等。

靛类还原染料的结构分类及性能见表 4-12。

表 4-12　靛类还原染料类型及典型结构举例

分　类	典型结构举例	主　要　特　点
靛蓝结构类	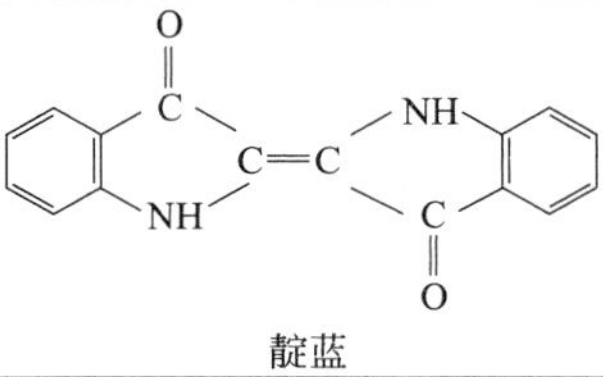 靛蓝	染色牢度好，色泽萎暗，隐色体对纤维的直接性小。卤化后的靛蓝色泽比较明亮，对纤维素纤维的直接性较大

续表

分　类	典型结构举例	主　要　特　点
硫靛结构类	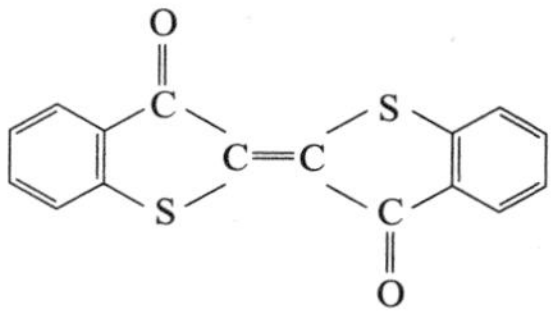 还原红5B	颜色鲜艳,染色牢度比较好
靛蓝—硫靛混合结构类	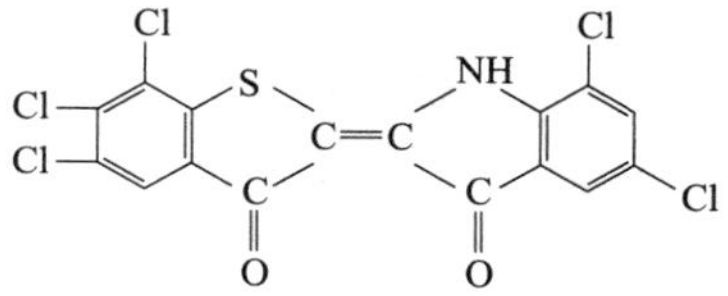 还原紫BBF	色泽大部分为紫色
半靛结构类	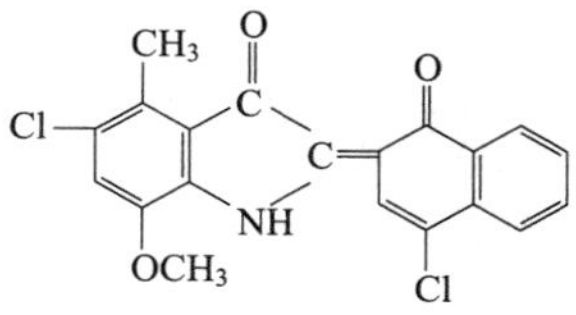 还原印花蓝2G	一般为靛蓝结构或硫靛结构,另一半为醌结构

三、还原染料的染色过程

(一)还原染料的还原溶解

1. 还原反应

还原染料不溶于水,在碱性溶液中可在还原剂的作用下,将染料分子中的羰基还原成为可溶性的隐色体钠盐(简称隐色体)而上染纤维素纤维。最常用的还原剂是连二亚硫酸钠,俗称保险粉。最常用的碱剂是烧碱。为了能在纤维上采用还原染料染色,首先必须使染料得到正常的还原。

以蒽醌类还原染料为例,当受到氢氧化钠和保险粉的作用时,所生成的隐色体在碱性介质中就可能完全成为电离的钠盐状态:

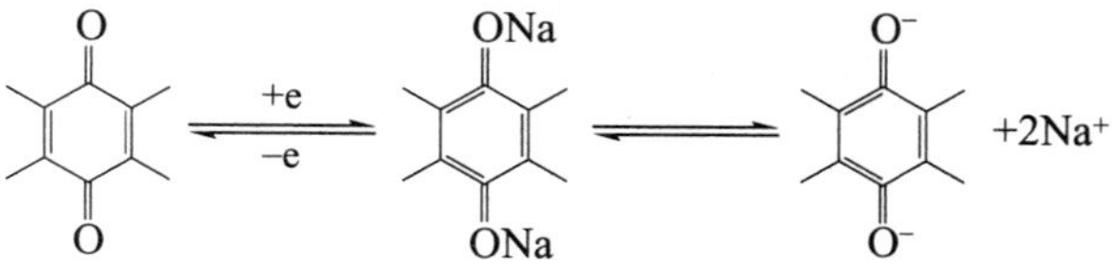

染料变成隐色体后,结构发生了变化,因此颜色也发生相应的变化。靛系还原染料的隐色体颜色通常比染料本身的颜色浅,一般是黄绿色或黄色。蒽醌还原染料隐色体的颜色一般较染料深。这种不同的现象可以用蒽醌和靛蓝的对比来说明。

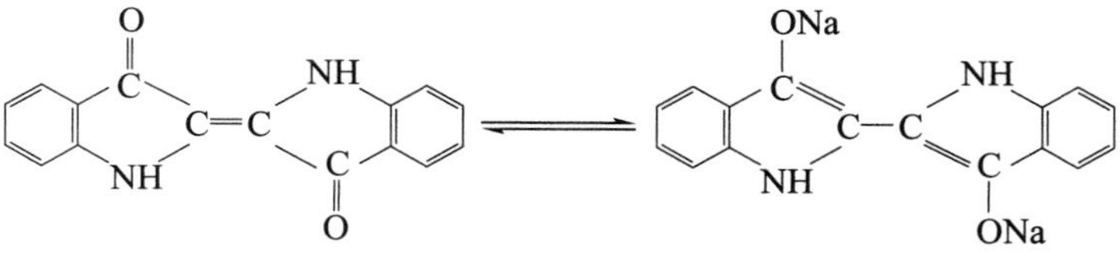

靛蓝(暗蓝色)　　　　　隐色体(黄色)

蒽醌(浅黄色)　　　　　蒽醌隐色体钠盐(红色)

靛蓝处于内盐形式时,处于高度的极化状态。整个分子共轭双键贯通,但当它还原成隐色体钠盐时,共轭双键减少,并失去了吸电子基团,因此吸收波长向短波长方向移动,颜色变浅。蒽醌本身两个苯环之间共轭双键不贯通,经还原成隐色体后,整个分子共轭双键贯通,因此吸收波长向长波方向移动,颜色变深。蒽醌隐色体的深色效应,可以代表所有蒽醌还原染料在还原浴中的深色现象,因为绝大多数蒽醌类还原染料成为隐色体后,都能增加共轭双键。

2. 还原性能

(1)隐色体电位。隐色体电位是指在一定条件下,用氧化剂(赤血盐)滴定已还原溶解的还原染料隐色体,使其开始氧化析出时所测得的电位。隐色体电位表示还原染料还原的难易程度。还原染料隐色体电位为负值,它的绝对值越小,表示染料越容易被还原,还原时可采用较弱的还原剂,且还原状态比较稳定;如果染料的隐色体电位绝对值大,表示该染料较难被还原。只有当还原剂的还原电位绝对值大于该染料隐色体电位时,才能使染料还原溶解。由于保险粉的还原能力强,例如 0.055mol/L $Na_2S_2O_4$ 和 0.5mol/L NaOH 溶液,60℃时的还原电位是−1137mV,足以还原所有的还原染料,所以保险粉是最常用的还原剂。

一些还原染料的隐色体电位如表 4−13 所示。

表 4−13　一些还原染料的隐色体电位

还原染料名称	隐色体电位(mV)	还原染料名称	隐色体电位(mV)
黄 G	−640	深蓝 BO	−830
蓝 2B	−690	绿 3B	−830
紫 RH	−720	蓝 RSN	−850
桃红 R	−730	黄 GC	−860
灰 M	−760	绿 GG	−860
棕 RRD	−770	绿 FFB	−865
金黄 GK	−770	紫 RR	−870
橙 RF	−780	灰 BG	−910
黄 6GK	−790	橄榄 R	−927
蓝 GCDN	−815	—	—

注　测定条件:染料浓度 0.5%,NaOH 4g/L,$Na_2S_2O_4$ 4g/L,60℃。

　　一般来说,靛系还原染料的隐色体电位绝对值较低,易还原。蒽醌类还原染料中的大多数隐色体电位绝对值较高,难还原。同一母体结构的染料,若环上含供电子基,则难还原;若环上含吸电子基,则易还原。

　　(2)还原速率。还原速率是表示还原染料被还原时的快慢,即反应速度的大小。还原速率一般用半还原时间($t_{1/2}$)来表示,即染料还原达到平衡浓度一半量时所需要时间。半还原时间越长,表示染料还原的速率越慢;反之,半还原时间越短,表示染料还原的速率越快。

　　还原速率与染料隐色体电位都是用来表示染料还原性能的。一般规律是靛蓝染料的隐色体电位负值较小,但它们的还原速率却很缓慢;蒽醌类染料的隐色体电位负值较高,但还原速率却很快。例如还原橙 RF(靛类),它的隐色体电位是-780mV,在测定条件为 NaOH 20g/L、$Na_2S_2O_4$ 20g/L、40℃时,半还原时间长达 50min;而还原橙 9 号(蒽醌类)的隐色体电位虽为-892mV,半还原时间却只有 36s。

　　还原速率除取决于染料的分子结构外,还与染料颗粒的大小、还原时的条件等因素有关。染料颗粒越大,单位重量染料的表面积越小,即与溶液的接触面(反应面积)越小,还原速率越低。染料的结晶性质也影响还原速率的大小。若染料形成结晶,则还原速率降低,故染色时以采用超细粉还原染料为佳。

　　(3)还原剂。还原染料在还原剂和碱剂的作用下被还原,生成隐色体钠盐而上染纤维,因此在还原染料的应用中,还原剂是最重要的助剂。

　　保险粉(连二亚硫酸钠,Sodium Hydro Sulphite),分子式为$Na_2S_2O_4$,结构式为

$$
\begin{array}{c}
\quad\;\; O \quad\;\; O \\
\quad\;\; \| \quad\;\; \| \\
Na{-}O{-}S{-}S{-}O{-}Na
\end{array}
$$

　　商品形式有两种:一种是不含结晶水的,呈淡黄色粉末状;另一种含两分子结晶水,为白色细粒状,富有流动性。保险粉易溶于水,有很强的还原能力,在空气中很不稳定,受潮会被迅速氧化,甚至会燃烧起来;遇酸则发生剧烈分解,放出二氧化硫;在 pH 为 10 时较稳定,要避光防潮密封储存。在染色时,染液温度越高,循环速度越快,接触空气的机会越多,则保险粉分解损耗越多。实际上,染色中用的保险粉大部分是被空气氧化和自身分解而消耗掉的。

　　在碱性条件下,保险粉按下式反应放出电子,染料接受电子被还原成隐色体:

$$S_2O_4^{2-}+4OH^- \longrightarrow 2SO_3^{2-}+2H_2O+2e$$

$$2\;{>}C{=}O+2e \longrightarrow 2\;{\Large\diagdown}C{-}O^-$$

　　染色时,烧碱和保险粉的用量随所用的染色方法、染料种类、染色浓度等不同而异,染色过程中常常需补加一定量的保险粉,以使染料保持良好的还原状态。

　　二氧化硫脲(Thiourea Dioxide,简称 TDO)也是一种优良的还原剂,它与保险粉相比具有稳定性好、还原能力强、储藏安全、用量少和无污染性等优点。但对蓝蒽酮类染料容易造成过度还原以及色泽变化剧烈,其还原速度较慢,如果掌握不好,往往造成得色较淡。所以在生产中应用有一定的限制。

　　(4)还原方法。还原染料的还原方法按还原条件及操作方法的不同一般有全浴还原法和干缸还原法两种。

①全浴还原法。全浴还原法是直接在染浴中进行染料还原的方法，也称养缸还原法。操作过程是：将还原染料用分散剂和少量温水调成均匀薄浆，再加适量温水稀释、搅匀；染缸中按浴比加足水量，加入规定量的烧碱，滤入调好的染液，并加热至规定温度，搅拌后加入规定量的保险粉，进行还原10~15min后即可染色。全浴法具有还原浴比大，烧碱、保险粉浓度相对较低，还原条件相对温和的特点。一般适用于还原速率较快，隐色体溶解度低或在高浓度保险粉和烧碱浓度下容易产生碱性水解、过还原、脱卤等副反应的染料，如还原大红R、蓝RSN、蓝BC、蓝GCDN、湖蓝3GK等。

②干缸还原法。干缸还原法又称小浴比还原法。还原时染料及助剂不直接加入染缸，而先在另一较小的容器中进行还原，然后将还原好的染料隐色体滤入加有规定液量的染缸中再进行染色。干缸还原法的具体操作是：将染料用少量助剂及水调匀，每千克染料约用50L水稀释（干缸时染料与水量之比称为干缸浴比，一般为1∶50，对易产生不正常还原的染料可扩大至1∶100），加入2~3L 30%（36°Bè）烧碱，搅匀，升温至还原温度，缓缓加入0.5~0.75kg保险粉，保温还原10~15min。染缸内加入规定量的水，升温至染色温度，加入余下的烧碱、保险粉，将已还原好的隐色体溶液滤入染缸，搅匀后开始染色。干缸还原法具有还原浴比小，烧碱、保险粉浓度相对较高，还原条件相对剧烈的特点。一般适用于还原速率较慢、隐色体溶解度高的染料。

（5）不正常的还原现象。还原染料还原过程中，因条件控制不当，有时会产生不正常的还原现象，这些现象比较复杂，主要有以下几种。

①过度还原。一些含有氮杂苯结构的还原染料，主要是黄蒽酮和蓝蒽酮类还原染料，它们分子结构中的羰基在正常情况下并不全部被还原，如果还原液的温度过高或烧碱—保险粉的浓度过高，就会引起过度还原。例如还原蓝RSN，因分子内形成氢键，在正常60℃还原时，只有两个羰基被还原，得到的隐色体亲和力较高，染物色光较好。但如果还原条件激烈温度在70℃以上时，使四个羰基都被还原，共轭双键被—NH—所阻断，则染物的得色萎淡。在更剧烈的条件下，进一步过度还原，则染料几乎完全丧失对纤维的亲和力，同时氧化后也不能再回复到原来的染料。

正常还原，呈暗（蓝）色

过度还原，呈棕色，亲和力大大降低　　　　　严重过度还原，失去亲和力

②脱卤。在还原染料制造时,常常用卤化来改进染料的色光和染色性能。分子中含有卤素基的染料,在高温、浓碱下还原容易发生脱卤现象。例如生产上广泛使用的还原蓝 BC,高温还原会使分子中两个氯原子脱落,变成为卤化的蓝蒽酮的隐色体,氧化后色光变红,产品的耐氯牢度下降。

正常还原　　　　　　　　不正常还原

③分子重排。染料被还原后,若烧碱量不足,有些染料会发生分子重排。例如还原蓝 RSN,正常还原得到的隐色体是暗蓝色,若烧碱浓度太低,就会生成难溶的紫色蒽酚酮化合物。

分子重排后,即使再添加烧碱,也难以恢复成正常的隐色体。分子重排现象以蓝蒽酮类染料最容易发生,酰胺类、噻唑类还原染料也有可能发生这种现象。

④水解。一些酰氨基结构的还原染料,在温度和碱浓度较高的情况下会发生水解,使色光、染色性能和染色牢度发生变化,例如还原橄榄绿 R、还原棕 R、金橙 3G 等。

还原橄榄绿R

⑤结晶。染料隐色体浓度太高时,有可能发生隐色体的结晶和沉淀现象,因而不能进行正常染色。

在采用隐色体浸染法染色时,只要根据染料隐色体电位、还原速率和染料的其他特性,选择合适的还原条件,不正常还原现象是可以防止的。但采用悬浮体轧染法染色时,由于还原条件难以控制,有一些染料就难免产生不正常的还原现象,特别容易发生的是过度还原、脱卤和水解。

（二）还原染料隐色体上染

1. 隐色体上染特点

还原染料隐色体相当于阴离子染料，通过范德华力和氢键力被吸附在纤维表面，然后再向纤维内部扩散。

实验证明，还原染料隐色体上染，具有"两高一低"的特点。"两高"是指初染率高，平衡上染百分率高；"一低"是指匀染性低。造成"两高"的主要原因是还原染料隐色体的亲和力高；染液中电解质浓度过高。造成"一低"的原因是还原染料隐色体的亲和力高，染色温度低，染料扩散性能差。因此，还原染料隐色体上染过程需要解决的首要问题是匀染问题，一般需在染液中加入骨胶、平平加 O 等匀染剂，否则易产生色差、色花和环染等染色疵病。

2. 隐色体染色方法

由于各还原染料隐色体具有不同的性能，因而需采用不同的染色方法。常用的染色方法有如下几种。

甲法：此类染料的分子结构较复杂，隐色体的聚集倾向较大，亲和力较高，扩散性能差，要在较高的染色温度（60℃左右）下和较高烧碱浓度下染色，不加促染剂。这类染料的匀染性较差，染色时可用缓染剂。

乙法：这类染料的性能介于甲法和丙法染料之间，在较低温度（45~50℃）和较低的烧碱浓度下染色。在染中、浓色时，要加适量促染剂，以提高上染百分率。在染淡色或再生纤维素纤维时，可以不加促染剂。

丙法：这类染料的分子结构较简单，亲和力较低，扩散性较好，匀染性较好，在低温（25~30℃）和碱浓度低的条件下染色。染色时要加促染剂，以提高上染百分率。

特别法：此类染料一般还原速率特别慢，不易发生副反应。如硫靛结构的还原染料。通常需在较高的温度（70℃左右）、较高的保险粉和烧碱浓度下进行还原、上染，一般不加促染剂。

上述分类也不是绝对的，有的染料只能用一种方法进行染色，有的染料可适用几种方法。但拼色时，应注意选用同种染色方法的染料。各染色方法和工艺条件如表 4-14 所示。

表 4-14　还原染料隐色体染色方法及工艺条件

染色方法		甲法	乙法	丙法	特别法
还原温度（℃）		55~60	45~50	20~30	70~80
染色温度（℃）		55~60	45~50	25~30	50
染色时间（min）		45~60			
浴比		1:（3~6）			
淡色	染料（owf）	0.3%以下			
	30%（36°Bé）烧碱（mL/L）	20	7~8	7~8	6~20
	保险粉（g/L）	3~5	3~5	3~5	3~5
	元明粉（g/L）	—	0~6	0~6	—

续表

染色方法		甲法	乙法	丙法	特别法
中色	染料(owf)	0.3%~2%			
	30%(36°Bè)烧碱(mL/L)	25	8~12	8~12	10~25
	保险粉(g/L)	5~8	5~8	5~8	5~8
	元明粉(g/L)	—	6~12	6~18	—
浓色	染料(owf)	2%~4%			
	30%(36°Bè)烧碱(mL/L)	30	10~20	12~18	20~30
	保险粉(g/L)	8~12	8~12	8~12	8~12
	元明粉(g/L)	—	12~20	18~25	—

注　特别法又可分为甲特法、特别法Ⅰ和特别法Ⅱ：
　　甲特法：烧碱用量为甲法的150%,保险粉用量及染色温度与甲法相同,适用于隐色体聚集倾向大、初染速率高的染料。
　　特别法Ⅰ：主要用于硫靛结构的还原速率特别慢的染料,除还原桃红R外,还有红青莲RH、RRN等。还原温度较高(70~80℃),用干缸还原,染色温度接近乙法。
　　特别法Ⅱ：又称黑色法,适用于黑色还原染料品种,还原温度60℃,还原时间20~30min。染灰色时可按甲法染色,染黑色时按特别法Ⅱ。染色过程是60℃染15min,在15min内升温至80℃,续染45min。

(三)还原染料隐色体的氧化

上染到纤维上的染料隐色体必须经过氧化,使它在纤维内回复成原来的不溶性的还原染料。

还原染料隐色体的氧化可以通过冷水淋洗(即水中氧气氧化)、透风(即空气氧化)或浸轧氧化液氧化,选用何种方式氧化主要取决于染料隐色体的氧化速率。常用的氧化剂有过硼酸钠、双氧水等。

有些染料在剧烈的氧化条件下会发生过度氧化现象,使颜色发生改变。例如还原蓝RSN在剧烈的氧化条件下,会生成吖嗪结构的化合物,颜色变暗并带绿光。靛类染料过度氧化能生成靛红。

与还原蓝RSN结构相似的染料,如还原蓝5G、蓝BC等也会发生这种现象。这一类染料若发生过度氧化,用稀的保险粉溶液处理,仍可回复原来的色泽,但并不是所有的染料都能用这种方法来补救。对于容易过度氧化的染料,应避免用重铬酸盐或其他强烈的氧化剂处理,并在氧化前尽量用水冲洗,以除去染物上残余的烧碱,避免在带碱的情况下氧化。

(四)染色后处理

染料隐色体被氧化后,接着进行水洗、皂煮处理。皂煮的目的是除去附在纤维表面的不溶性染料颗粒,即所谓"浮色"。"浮色"的去除能提高染色物的洗涤和摩擦牢度,同时还能改变纤维内染料微粒的聚集、结晶等物理状态,获得稳定的色光,并提高某些染料的耐日晒牢度。

"浮色"主要是由于染物表面的残液未充分去除即被氧化而形成的。它们在纤维表面呈高度的分散状态,皂煮前最好用温水冲洗,去除部分浮色。若氧化后立即进行高温皂煮,纤维表面高度分散的染料会凝聚黏附在纤维上,反而不容易去除。

皂煮后某些染物的色光会发生变化,有的很明显。许多染料如还原蓝 2B、深蓝 BO,橄榄 R、橄榄 B、棕 RRD、紫 2R、蓝 RSN 等只有通过皂煮才能获得稳定的色光,同时耐晒牢度有所提高。若皂煮不足,在以后洗涤过程中就容易发生色变。皂煮之所以有这样的作用,主要是因为染料分子在纤维中的物理状态发生了变化。在染色时,染料隐色体分子吸附在纤维中孔隙的壁上,并沿着纤维分子链定向排列,氧化以后,染料隐色体转变成不溶性的染料,它们和纤维之间的吸引力较小,处于高度分散的状态,在皂煮过程中热和湿的作用下,染料分子发生移动,形成聚集,甚至形成微晶体,染料分子的取向也从原来与纤维链的平行状态趋向于纤维分子链垂直状态,这就引起染料吸收光谱或颜色的改变。皂煮前后染料分子在纤维中的状态如图 4-4 所示。

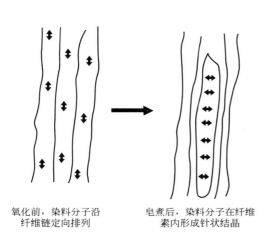

氧化前,染料分子沿纤维链定向排列

皂煮后,染料分子在纤维素内形成针状结晶

图 4-4 皂煮前后染料分子在纤维中的状态

四、还原染料的染色方法及其工艺

还原染料的染色方法一般有还原染料隐色体染色法、隐色酸染色法和悬浮体轧染法等,其中最常见的是还原染料隐色体染色法和悬浮体轧染法。

(一)还原染料隐色体染色工艺

还原染料隐色体染色法是传统的染色方法。这种染色方法是将染料用氢氧化钠和保险粉预先还原为隐色体染浴,然后通过浸染使染料上染纤维,再进行氧化、皂煮而成。此法可采用浸染或卷染,设备投入少,操作较麻烦,匀染性、透染性较差,易出现"白芯"现象,一般宜选用匀染性较好的染料。

1. 一般工艺流程

染料预还原→浸染或卷染→水洗→氧化→皂洗→水洗

2. 工艺说明

(1)染料还原方法的选择。在进行染料预还原时应根据染料的性能选择适当的还原方法,对于还原速率低,染料隐色体溶解度高,在高浓度保险粉和烧碱条件下不易发生副反应的染料,可选用干缸还原法还原;反之,应选用全浴还原法还原。部分还原染料的还原方法如表 4-15 所示。

表 4-15　部分还原染料的还原方法及还原温度

染料名称	还原方法	还原温度(℃)	染料名称	还原方法	还原温度(℃)
还原金黄 RG	干缸	50	还原蓝 RSN	全浴	60
还原艳橙 RK	干缸	50	还原蓝 BC	全浴	55~60
还原艳桃红 R	干缸	80~90	还原深蓝 BO	干缸	60
还原大红 R	全浴	50	还原棕 BR	干缸	40~50
还原艳紫 2R	干缸	60	还原棕 RRD	干缸	75~80
还原绿 FFB	干缸	60	还原灰 M	干缸	55~60
还原橄榄绿 B	干缸	60	还原黑 BB	干缸	60

　　(2)染色方法的选择。在采用浸染或卷染法进行染料隐色体上染时,应根据染料隐色体的性能选择合理的染色方法。

　　各种还原染料的隐色体在染浴中有不同程度的聚集。聚集倾向较大的染料需要在氢氧化钠浓度较高的染液中才能较好地溶解,而且它们的扩散速率较低,染色时必须适当提高温度,以加速上染过程。反之,聚集倾向较小的染料,则需要适当降低氢氧化钠浓度,同时由于它们的扩散速率较高,上染温度应降低。用这种染料染色,如果在常规的染色时间内升高温度,反而会导致上染率的降低。由于各种染料的隐色体聚集倾向不同,它们对促染剂的效应也大不相同。聚集度小的,可在染浴中添加氯化钠或硫酸钠,以提高上染效率;聚集度大的,在一般条件下,上染率原来就不低,不需要再添加这些促染剂。一般而言,对于聚集度大的染料宜采用甲法染色;对于聚集度小的染料宜采用丙法染色。常用染料所适用的染色方法可查阅染料手册,部分还原染料的染色方法见表 4-16。

表 4-16　部分还原染料隐色体染色方法

还原染料名称	染色方法	还原染料名称	染色方法
还原黄 6GK	丙法	还原蓝 BC	甲法
还原黄 GCN	甲法	还原深蓝 VB	甲法
还原黄 G	甲法	还原艳绿 FFB	甲法
还原金黄 RK	丙法	还原绿 GG	甲法
还原黄 3RT	乙法	还原绿 F4GH	甲法
还原橙 GR	甲特法	还原橄榄 B	甲法
还原大红 R	乙法	还原橄榄 R	乙法
还原红 FBB	乙法	还原橄榄 T	甲法
还原紫 2R	甲法	还原红棕 5RF	乙法
还原蓝 RSN	甲法	还原棕 R	乙法
还原蓝 2B	甲法	还原灰 BG	乙法

(3)氧化方法的选择。不同的染料应根据其氧化速率的大小选用不同的氧化方法。对于氧化速率大的染料应采用水洗、透风氧化;对于氧化速率小的染料应采用水洗、氧化液氧化。

常见氧化液氧化的工艺是:过硼酸钠 2~4g/L,30~50℃,10~15min;或双氧水 0.6~1g/L,30~50℃,10~15min。

(4)皂煮工艺。皂煮是在 3~5g/L 肥皂和 3g/L 纯碱配制的皂煮液中进行的,一般需在95℃以上处理 5~10min。

染料隐色体的卷染法在目前生产中应用较为普遍。这种方法能够适应小批量、多品种生产,适合消费者需要,但是劳动生产效率较低。近年来在结构上有了很多改进,例如减小染浴容量,自动调向,自动调速以降低织物的张力,以及加盖密封和外套钢筒,进行高温高压染色等。卷染染色一般在 45~60min 内完成,如每道需 8min 左右,则需 6~8 道。卷染时染色作用并不仅仅是在织物通过染浴时发生,而且也发生在织物带了染浴而进行卷绕的过程中,这时候染液的移动为匀染提供了保证。染色浴比一般是 1:(3~5),但也有采取 1:2 的浓浴染色的。卷染时染浴中的氢氧化钠与保险粉的浓度较高。

3. 还原染料隐色体卷染法的工艺实例

(1)织物:43.5tex/43.5tex 纯棉平布,蓝布,每卷(轴)58~59kg,长度 480m(12 匹)。

(2)染色处方:

染液组成:

还原蓝 RSN(53%)	1560g
还原紫 2R(120%)	54g
氢氧化钠	染料量的 2.8~3.2 倍
保险粉(85%)	染料量的 1.4~1.8 倍

(其中 60% 用于还原,40% 在上染过程中分 3 次追加)

碳酸钠	250~300g
消泡剂	适量
染浴总量	220~260L

氧化浴组成:

过硼酸钠	300~500g
浴量	220~260L(pH 控制在 10~11)

皂煮浴组成:

丝光皂(60%)	800~1000g
碳酸钠	400~500g
浴量	150~200L

(3)工艺流程:

染色(6~10 道)→室温水洗(4 道)→氧化(4 道)→皂洗(4~6 道)→热水洗(2 道)→冷水洗(1 道)→上卷

（二）还原染料悬浮体轧染工艺

由于还原染料隐色体初染率高和移染性差的特点，因此棉织物采用隐色体染色法较难获得匀染和透染的效果。如果将还原染料制成很细的颗粒，在扩散剂的作用下制成一种还原染料的悬浮液，借助轧辊的作用将这种悬浮体液均匀地分布在织物上，这时织物上的染料对纤维并无直接性，仅是机械地附着。然后再通过还原剂的碱性溶液，在高温汽蒸条件下将染料还原成隐色体，而与纤维发生染色作用。最后通过水洗、氧化、皂煮等完成染色过程，这种方法称为还原染料的悬浮体轧染法（Pigmentation），采用这种方法染色的织物表面比较光洁，均匀度较好，同时又能获得较好的透染效果，改善了"白芯"现象。

1. 一般工艺流程

浸轧染料悬浮液→烘干→浸轧还原液→汽蒸→水洗→氧化→皂煮→水洗→烘干

2. 工艺说明

（1）浸轧染料悬浮液。制备稳定的染料悬浮液是获得悬浮体轧染染色成功的关键因素，一般要求染料颗粒（或至少有80%以上）的直径小于 $2\mu m$ 以下，且无大的颗粒存在。染料颗粒越小，染料悬浮液越稳定，对织物的透染性越好，还原速率越快；染料颗粒太大，会产生沉降或还原不充分，从而造成色差、色点，降低染料利用率。

染料颗粒细度的测定方法一般有两种，即显微镜测微法和滤纸渗圈法。显微镜测微法是将研磨过的染料配成为 0.5g/L 的浓度，滴在一玻璃片上，然后盖上另一块玻璃片，用显微镜观察，从标尺可直接读出颗粒直径，并与标样进行对比，这种方法测定的精确度较高。滤纸渗圈法是将已磨好的染料配成 5g/L 的浓度，取 0.2mL 滴在滤纸中央，染料随水向四周扩散成圆形，晾干后观察染料的扩散情况，根据"染料扩散性能测试样卡"（渗圈标样）评定等级，5 级最好，1 级最差。研磨后的染料一般要求达到 4~5 级，这时渗圈的情况一般为：扩散形成的圆形直径有 3~5cm，圆内无水印，圆心无色点、色圈，染料扩散均匀，外圈有一圈深色。滤纸渗圈法操作简便，亦能得到较好的效果，在实际生产中应用较多。

商品染料有粉状和液状两种，粉状染料又有粗粉状、细粉状和超细粉状三种。其中粗粉状不符合要求，需进行研磨。

由于商品化染料中均加有分散剂，因此使用时可视具体情况补加一些或不加。

悬浮体参考处方如下：

	淡色	中色	浓色
染料	10g/L 以下	11~25g/L	25g/L 以上
分散剂	0.5~1g/L	1~1.5g/L	1.5g/L

为提高悬浮液的润湿渗透性，可加入渗透剂 T、JFC 等。为了减少在浸轧染液后的烘干过程中染料的泳移，在染液中可加入适量抗泳移剂。

浸轧染料悬浮液时，一般采用一浸一轧的浸轧方式，因为染料悬浮体对纤维无直接性，只是机械地附着，所以不需多浸多轧。轧液率一般要求在 60%~70% 以下，以减少烘干时染料的泳移。轧槽容积宜小，一般在 30~40L，容积过大，不利于新旧染液的交换，染料颗粒易沉淀；但容积过小，液位不易控制，也容易造成色差。轧槽内染料悬浮液应保持较低的温度，不宜超过 40℃，温度太高，染料易凝聚，容易产生色差、色点等疵病。

（2）烘干。浸轧后织物烘干时要尽量保证织物受热均匀，以防止染料产生泳移，一般可先用红外线或热风预烘，再用烘筒烘干。烘干后的织物应先冷却，再进入还原液，以避免还原液温度上升，导致保险粉分解损耗。织物在进入还原液及还原汽蒸以前应严防水滴。

（3）浸轧还原液。为了保持还原液的稳定，还原液应保持较低温度（30℃），为此，还原液轧槽应具有夹层冷却装置，内通流动冷水。织物浸轧还原液后应立即进入蒸箱，以免织物长期暴露在空气中造成保险粉氧化受损。还原液槽容积宜小，以便于保持还原液的新鲜。初开车时，由于蒸箱内有空气，故轧槽中初始液要多加一些保险粉和烧碱。织物经过还原液时，附着在纤维上的染料颗粒会溶落入轧槽，导致初开车时得色较淡，为了改善这一现象，在实际生产中，常在还原液槽内先加入一些染料悬浮液和食盐。为防止外界的空气进入蒸箱，还原蒸箱进出布口应采用液封口，一般进布口用还原液封口，出布口用水封口，即放入流动冷水，它兼有洗去织物上尚未上染的染料、烧碱和保险粉的作用。蒸箱顶部应装有蒸汽夹板，以防止水滴滴下造成疵病。还原蒸箱内温度应保持在 102~105℃，压力约为 980Pa（10cmH$_2$O），多数染料在汽蒸中还原、溶解并与织物染着的作用进行得很快，如果染料颗粒适合，一般只需 30s，但在实际生产中，由于颗粒大小不匀，汽蒸时间控制在 50s 左右。蒸箱内应充分排除空气，以免过多地消耗保险粉，影响染料的正常还原。

还原液中烧碱和保险粉的浓度根据染料的浓度、设备条件等因素而定，其参考用量见表 4-17。

表 4-17 染料浓度与还原液浓度关系

染料浓度（g/L）	还原液浓度（g/L）			
	补充槽		还原槽	
	NaOH（100%）	Na$_2$S$_2$O$_4$（85%）	NaOH（100%）	Na$_2$S$_2$O$_4$（85%）
25~40	16~20	16~20	14~18	12~16
11~24	12~14	12~14	10~12	8~10
10 以下	10~12	10~12	8~10	6~8

烧碱和保险粉用量比例一般是 1∶1。烧碱用量过大，隐色体的溶解度大，得色淡；用量过小，则不利于染料的还原和隐色体上染，得色淡而萎暗。

（4）氧化和皂煮。由于悬浮体轧染连续化工艺，氧化和皂煮时间较短，所以除很淡的颜色外，一般均用氧化剂氧化，常用的氧化剂是双氧水 0.5~1.5g/L 或过硼酸钠 3~5g/L，温度为 40~50℃，织物在平洗槽中浸轧氧化液后透风，以延长氧化时间，使染料隐色体充分氧化。

皂煮一般在加盖的平洗槽中或皂蒸箱中，在近沸的条件下进行。某些对皂煮要求高的颜色，若皂煮不充分，会使染物色光不稳定，并且影响染色牢度。

3. 还原染料悬浮体轧染工艺的生产实例

（1）织物：47.5tex/47.5tex 深棕丝光纱卡。

（2）染色处方：

轧染液：

    还原棕 BR   25.6g/L

    扩散剂 N   1.5g/L

还原液：

    烧碱   20g/L

    保险粉(85%)   24g/L

氧化液：

    双氧水(30%)   1g/L

皂洗液：

    肥皂   5g/L

    纯碱   3g/L

（3）工艺流程：

浸轧悬浮体染液(二浸二轧,室温)→烘干(红外线或热风,80~90℃)→浸轧还原液(一浸一轧,30℃以下)→汽蒸(102℃,45~60s)→水洗→氧化(40~60℃)→皂煮(90~95℃)→热水洗(70~85℃)→冷水洗→烘干

五、可溶性还原染料染色

由于还原染料不溶于水,必须经碱性还原剂还原成隐色体而染色,使用不便,且不适于与蛋白质纤维的染色,匀染性也较差。若将还原染料还原,并酯化而生成隐色体的硫酸酯钠盐或钾盐,就具有水溶性和一定程度的稳定性,即成可溶性还原染料。1921 年巴德(Bader)和丝德(Sunder)首先将靛蓝的隐色酸制成了稳定的硫酸酯盐,在 1924 年,同样将蒽醌类还原染料隐色酸制成了硫酸酯盐。靛族染料制成的隐色酸硫酸酯盐称为溶靛素,稠环酮类还原染料制成的隐色酸硫酸酯盐称为溶蒽素,两者统称为印地科素(Indigosol)。

可溶性还原染料的名称,仍采用原来的还原染料字尾,只是在溶靛素和溶蒽素后面再加入 I、H 等字母,以表示其牢度等级。I 表示具有较高染色牢度,H 表示牢度较差。对靛蓝类可溶性还原染料,在名称尾注中以字母 O 表示,硫靛类则以 T 表示。

与还原染料相对应的可溶性还原染料如表 4-18 所示。

表 4-18　常用的可溶性还原染料和所对应的还原染料

可溶性还原染料	对应的还原染料	可溶性还原染料	对应的还原染料
溶蒽素金黄 IGK	还原金黄 GK	溶靛素橙 HR	还原橙 RF
溶蒽素金黄 IRK	还原金黄 RK	溶靛素桃红 IR	还原桃红 R
溶蒽素艳橙 IRK	还原艳橙 RK	溶靛素 O	靛蓝
溶蒽素蓝 IBC	还原蓝 BC	溶靛素 O4B	溴靛蓝
溶蒽素绿 IB	还原艳绿 FFB	溶靛素棕 IRRD	还原棕 RRD
溶蒽素棕 IBR	还原棕 BR		

可溶性还原染料分子中由于含有硫酸酯基，因而能溶于水，染色较还原染料简便，染液较稳定，并对纤维素纤维有亲和力，与相对应的还原染料隐色体相比，它的亲和力较小，但扩散性好，并有较好的匀染性。可溶性还原染料的价格较高，提升率低，因此一般仅用于中、淡色的染色。

可溶性还原染料依靠范德华力和氢键上染纤维素纤维，上染后在酸及氧化剂的作用下显色，在染物上转变成相应的母体染料而固着。由于显色一般采用酸浴/亚硝酸钠法，但产生的亚硝酸对环境有危害，所以可溶性还原染料目前已极少使用。

（一）可溶性还原染料的染色性能

1. 溶解度

可溶性还原染料可溶于水，溶解度和染料分子结构中水溶性基团的多少，或水溶性基团在整个分子中所占的比例大小有关。例如，溶蒽素蓝 IBC、红 IFBB 的分子中含有四个硫酸酯基，溶解度较大。可溶性还原染料的溶解度因卤化而降低，例如溶靛素 O4B 和 O6B 分别是溶靛素 O 的四溴和六溴化物，它们的溶解度次序是：溶靛素 O>溶靛素 O4B>溶靛素 O6B。由于可溶性还原染料一般用于淡色，所以它的溶解度对于实际生产中的影响较小。大多数可溶性还原染料在水溶液中聚集倾向性小，对染色是有利的。

2. 对纤维的亲和力

由于在还原染料隐色体的分子上增加了水溶性基团，虽提高了染料的水溶性，但隐色体中的羰基转换成硫酸酯基后，使共轭效应和生成氢键的能力减弱，使染料对纤维的亲和力与染料母体相比已大为减弱。所以在可溶性还原染料的浸染和卷染中，一般都要用中性电解质促染，以提高上染率。

可溶性还原染料的亲和力大小主要取决于分子结构的同平面性、共轭双键的多少、取代基的性质和硫酸酯基数及其在分子中所占的比例等。通常，相对分子质量高、同平面性好、共轭系统长的染料亲和力较高。若卤素、烷氧基、氨基等连在共轭系统上，通常能增加染料对纤维的亲和力。分子中硫酸酯基的数目越多，在分子中所占的比例越大，则染料对纤维的亲和力越低。

可溶性还原染料按其对棉纤维的亲和力大小，大致可以分成五类。第一类亲和力最低，第五类亲和力最高，如表 4-19 所示。拼色时应选用同类或相邻近的染料。

表 4-19　可溶性还原染料的分类

分类	染料名称
Ⅰ	溶靛素 O、黄 V、大红 HB、桃红 IR、红青莲 IRH、蓝 IBC、印花黑 IGG、蓝 IRS
Ⅱ	艳橙 IRK、橙 HR、大红 IB、红 IFBB、紫 IRR、棕 IRRD、灰 IT
Ⅲ	金黄 IGK、青莲 IBBF、蓝 AZG、绿 I3G
Ⅳ	溶靛素 O4B、溶靛素 O6B、橄绿 IB、灰 IBL、金黄 IRK、棕 IBR
Ⅴ	绿 IB、绿 IGG、紫 I4R

3. 稳定性

可溶性还原染料的染液比还原染料稳定,但是它对酸、氧和光比较敏感,容易发生反应,回复到母体结构,因此在使用中要注意控制。

(1)酸和酸性盐的影响:可溶性还原染料分子中的硫酸酯键对无机酸很不稳定,容易发生水解,生成还原染料隐色体,再经氧化成还原染料而沉淀。随着水解程度的不同,酯基可能是部分水解,或是全部水解。

影响水解速率的因素有:溶蒽素染料的水解速率一般比溶靛类染料快。如果无氧化剂存在,一般认为只能发生部分水解。强酸的水解作用较弱酸强。若溶液中有亚铁离子、铜离子、钒酸根离子(VO_3^-)存在,能使染料加速分解。酸性盐的存在也会使染料部分水解。温度越高则水解越快。所以在可溶性还原染料的储存及显色之前的使用过程中,应避免和酸或酸气接触,以免水解而失去使用价值。

(2)光和氧的影响:空气中氧气和二氧化碳的存在,会使可溶性还原染料显色。在光的作用下,染料对大气的稳定性更差,会使原来无色或很浅颜色的染料粉末转变成相应的母体还原染料的颜色,因此可溶性还原染料一般应避光密封保存。可溶性还原染料对光的敏感度各不相同,溶靛素类染料一般对光敏感,溶蒽素类染料则敏感性较低。对光敏感的染料有溶靛素橙 HR、桃红 I3B、大红 IB、红 HB、红紫 IRH、紫 IRR、紫 IBBF、棕 IRRD、蓝 O4B、蓝 O4G,溶蒽素红 IFBB。

(3)热的影响:可溶性还原染料的热稳定性,在很大程度上取决于酸及氧化剂是否同时存在,如果在隔绝空气的情况下将可溶性还原染料溶液加热到100℃,维持很长时间也不会分解而产生沉淀。如果有空气或强酸存在,则在 80℃ 以上维持 1h,就开始有颜色的转变及沉淀析出。

(4)碱和碱性盐的影响:可溶性还原染料中的酯键对碱有很高的稳定性,一般浓度的碱在通常温度(20~100℃)下,不会使染料分子中的酯键断裂,相反由于碱或碱性盐的存在,可以抵抗酸性气体对染料的影响,提高染料的稳定性,所以在可溶性还原染料的染液内常常加入少量纯碱。

(5)还原剂的影响:还原剂对可溶性还原染料不发生影响,通常应用的还原剂,如保险粉、雕白粉、重亚硫酸钠及硫化钠等与染料共存时,还可以提高染料的稳定性。

(二)染色原理

可溶性还原染料的染色属于两步反应。第一步是染料对纤维的上染,第二步是染料在纤维上水解—氧化。然后与还原染料一样进行皂煮处理。染料在纤维上的水解—氧化,通常称为显色。

当织物与染液接触时,由于染料对纤维具有亲和力而使染料被吸附,并扩散到纤维内部。可溶性还原染料在纤维上的扩散速率较高。由于水溶性基团的存在和染料对纤维亲和力的降低,染色时一般要加入食盐或元明粉进行促染。

第二步在酸性介质中氧化是染色的关键。可溶性还原染料的水解和氧化是不能分割的,如果没有氧化剂存在,染料难以水解,也难以氧化,因此酸和氧化剂都是显色的必要条件。染料的显色过程的全部反应比较复杂,显色的机理往往也因氧化剂不同而不同。一般为:

$$NaO_3SO—D—OSO_3Na \xrightarrow[\text{(水解)}]{H^+,H_2O} HO—D—OH+2NaHSO_4$$

$$HO—D—OH \xrightarrow[\text{(氧化)}]{[O]} O=D=O+H_2O$$

显色方法以酸浴/亚硝酸钠法应用最广泛,其适应性广且色泽鲜艳,亚硝酸钠是较温和的氧化剂,将其加在碱性染液中,染料不会被氧化,染液十分稳定。在酸浴中的亚硝酸钠反应为:

$$2NaNO_2+H_2SO_4 \longrightarrow 2HNO_2+Na_2SO_4$$

$$2HNO_2 \longrightarrow H_2O+NO·+NO_2$$

其中游离基 NO· 是具有活性的氧化剂,基本上可以将所有的可溶性还原染料很快氧化。

可溶性还原染料的显色难易与它们的分子结构有关,相对分子质量大、稠环多、含供电子基较多的染料较易显色。靛蓝及硫靛结构的染料一般难显色,在它们的分子中引入卤素等吸电子基后更难显色。

常用可溶性还原染料的氧化难易性分类如表4-20所示。

表4-20　常用可溶性还原染料的氧化性

氧化性	显色温度(℃)	所属品种
容易	20~25	溶靛素橙 HR、大红 IB、棕 IRRD、蓝 O、蓝 R、蓝 IGG、灰 IBL、青莲 IRR、溶蒽素金黄 IRK、IGK、蓝 IBC、绿 I3G、IB、棕 IBR、橄绿 IB
困难	60~70	溶靛素桃红 I3B、IR、红 HR、(蓝)O4B、O6B、青莲 IBBF、红青莲 IRH、溶蒽素绿 AB

注　工艺条件:$NaNO_2 1g/L,H_2SO_4 36g/L,15min$。

(三)可溶性还原染料的染色方法及其工艺

1. 可溶性还原染料的卷染工艺

(1)卷染工艺。棉织物采用可溶性还原染料卷染,一般是淡色轻薄品种。由于可溶性还原染料有上染率低和匀染性好的特性,因此可以采用小浴比进行生产。

卷染液由染料、纯碱、分散剂、食盐、亚硝酸钠等组成。

染色工艺过程:

染色(8~10道,第4、第5道追加食盐)→显色(2~3道)→冷水洗(3~4道)→纯碱中和(1~2道)→皂煮(5~6道)→水洗(3~4道)

染料可分次加入,食盐起促染作用,其用量根据染料的亲和力、用量和溶解度而定;纯碱可抵消空气中酸性气体的影响,有利于染液稳定、分散剂,如分散剂 NNO 可以增进透染和匀染。

染色温度根据染料的亲和力、匀染性和溶解度而定。对亲和力较低的染料,为了获得较高的上染率,宜采用较低温度(如 20~30℃ 或 30~40℃)染色;溶解度低的染料,应适当采用较高的温度。对于亲和力较高的染料,宜采用较高的染色温度(如 60~70℃ 或 90~95℃),有利于透染和匀染。60~70℃ 染色时,上染百分率虽较低,匀染性和布面光洁度却较好,实际染色时可根据具体情况有目的地掌握。例如,对亲和力中等的染料可在 60~70℃ 染色,对直接性高的染料可以先在 90℃ 染两道(或沸染),然后关闭加热蒸汽,续染自然冷却,最后一道温度降低至 60℃,兼顾上染率与匀染性。

显色液一般为硫酸溶液,硫酸的浓度视染料用量和显色性能而定,一般为 20~40g/L。对于显色较慢的染料,硫酸浓度和温度要适当高些。某些可溶性还原染料在氧化条件过于剧烈时,会产生过度氧化现象。一般来说,在染料分子中含有氨基和亚氨基的染料,在过量酸和亚硝酸钠的作用下,可能会发生重氮化或亚硝化反应,并进一步分解,使染料结构发生改变。对于这些染料若已发生过氧化,可在染后用保险粉 4~5g/L,45~50℃ 处理 15~25min,然后水洗。

显色后的织物先冷水洗(3~4 道),然后用纯碱溶液处理(2 道),中和织物上的残余酸,防止织物上的残余酸带入皂液液使肥皂呈脂肪酸析出,影响皂煮效果。纯碱的浓度视织物上残酸的多少而定,一般为 2~4g/L。皂煮的作用与还原染料染色时的皂煮作用相同,可以提高染色牢度,获得稳定的色泽。

(2)生产实例。

①织物:棉府绸(14.5tex/14.5tex),540m,60kg,青灰色。

②染色处方:

染浴组成:

纯碱	200g
平平加 O	30g
印地科素灰 IBL	100g
亚硝酸钠	400g
食盐	2500g
总量	100L

氧化浴:

硫酸[98%(66°Bé)]	1.5L
亚硝酸钠	100g
结晶硫酸钠	500g
总量	100L

中和液:

纯碱	400g

皂煮液:

肥皂	1000g

③工艺过程：

染色(8~10 道,第 4、第 5 道追加食盐)→显色(2~3 道)→冷水洗(3~4 道)→纯碱中和(1~2 道)→皂煮(5~6 道)→水洗(3~4 道)

可溶性还原染料卷染时,如受到日光直接照射或间接照射,布边容易过早显色,加入纯碱后就可抑制这种现象产生,但纯碱用量不宜过多,否则影响氧化。

2. 可溶性还原染料的轧染工艺

(1)轧染工艺。可溶性还原染料连续轧染工艺,适用于大批量生产、染淡色棉织物。由于染色时间短,一般来说,轧染所得的布面光洁度和匀染性比卷染稍差,颜色越浓,表现越突出。必要时可适当延长轧染后的透风时间或加入少量匀染剂加以改善。但染制浅色产品时,轧染能得到较好的染色效果。

轧染工艺流程：

浸轧染液→烘干(或透风)→显色(浸轧显色液→透风)→水洗→中和→皂洗→水洗→烘干

轧染液一般含有染料、亚硝酸钠、纯碱、分散剂等。亚硝酸钠的用量根据染料浓度及其显色性能而定,一般是 4~10g/L,亚硝酸钠与轧染液同浴。若加亚硝酸钠于显色液中,必然会产生大量的亚硝酸,亚硝酸易分解放出一氧化氮和二氧化氮气体,既浪费了亚硝酸钠和硫酸,又对劳动保护不利。分散剂的用量为 1~2g/L。为了提高轧染液的稳定性,可加入适量纯碱,一般用量为0.5~1g/L。为了减少烘干时染料的泳移和显色时织物上染料溶落至显色液中,可在轧染液中加入适量的抗泳移剂,但用量过多会影响透染性和摩擦牢度。

轧染液温度一般为 50~70℃。二浸二轧,轧槽容积 50~80L,轧液率为 70%~80%。始染液必须加水冲淡,加水量根据染料的直接性而定,在 20%~40%之间。

织物浸轧染液后,烘干显色。显色液是硫酸溶液,织物通过硫酸溶液时,硫酸和被织物吸收的亚硝酸钠一起使染料显色。显色液中硫酸的浓度一般为 25~40g/L,温度为 50~70℃。为避免过氧化和大量逸出二氧化氮气体,除适当控制显色温度、硫酸浓度和亚硝酸钠用量外,还可在轧染液和显色液中加入适量尿素或硫脲。

浸轧显色液后的透风是为了延长显色时间,使染料充分显色,透风时间一般是 10~20s。显色的织物经水洗后用纯碱中和织物上的残余酸,纯碱的浓度为 5~8g/L,温度 50~60℃,皂煮对于染物的色光和染色牢度有很大的影响。皂煮的条件是:纯碱 3~5g/L,工业皂 5~7g/L,温度为95℃以上。

(2)生产实例：

①工艺流程：

浸轧染液(二浸二轧,轧液率 70%~80%)→烘干(或透风)→显色(一浸一轧,轧液率100%)→透风(10~20s)→水洗→中和(60℃)→冷水洗→皂洗(90~95℃)→热水洗(70~80℃)→冷水洗→烘干

②染色处方：

轧染液：

染料	x
渗透剂	0.2~0.5g/L
亚硝酸钠	5~10g/L
纯碱	0.5~1g/L

氧化显色液：
硫酸［98%（66°Bè）］	10~20mL/L

中和液：
纯碱	2~5g/L

皂洗液：
阴离子表面活性剂	3~5g/L
纯碱	2~3g/L

学习任务 4-4　硫化染料染色

一、硫化染料的特点

硫化染料（Sulphur Dyes）是以芳烃的胺类或酚类化合物为原料,用硫黄或多硫化钠进行硫化而制成的,因分子结构中含有硫键,故称硫化染料。

硫化染料不溶于水,在硫化钠溶液中,被还原成隐色体而溶解。硫化染料隐色体对纤维素纤维有亲和力,上染纤维后再经氧化,在纤维上重新生成不溶性的染料而固着。

硫化染料制造简便,价格低,水洗牢度高。耐晒牢度依染料而异,如硫化黑可达 6~7 级,硫化蓝达 5~6 级,棕、橙、黄等色一般为 3~4 级。大部分硫化染料的耐氯漂牢度非常差。硫化染料的色谱不全,品种有黄、橙、蓝、绿、棕、酱红、黑等颜色,缺少红、紫色,且颜色不够鲜艳,由于染淡色牢度较差,所以硫化染料主要用于染深浓色。应用最多的是蓝、黑、棕等色泽。

硫化染料在纤维素纤维的染色中应用较多,主要用于棉、麻、黏胶纤维以及维纶的染色。硫化染料染色的纺织物在储存过程中纤维会逐渐脆损,使强力下降,甚至完全失去使用价值,尤其以硫化黑的储存脆损现象较严重,其原因是硫化染料中含硫,又用硫化钠还原,染后纺织品上有残留硫,在长期存放中,遇湿热会生成硫酸,对棉纤维引起酸水解而降低强力。为避免脆损现象,硫化染料染后应加强水洗,或增加防脆处理。

硫化还原染料,也称为海昌染料,比一般硫化染料有更好的耐氯牢度。

液体硫化染料是为了方便加工而研制生产的一种新型硫化染料,它是在原硫化染料基础上加适量的还原剂精制而成的一种隐色体染料,内含一定量的硫化钠还原剂,是一种可溶性硫化染料。

二、硫化染料的结构特点及类型

硫化染料的化学结构十分复杂,产品也往往是由硫化反应程度不同而性质相近的混合物组成，且很难分离得到纯品，所以目前其结构仍不明确。

根据以往的研究可以知道，当硫进入有机物后，有的呈环状含硫杂环结构，有的则呈含硫的链状结构。环状含硫杂环结构决定染料的颜色，链状结构决定染料的还原、氧化等性能。黄、橙、棕色硫化染料含有硫氮茂（噻唑）结构，黑、蓝、绿色硫化染料含有硫氮蒽（噻嗪）结构，红棕色硫化染料除含硫环外，还含有对氮蒽（吩嗪）结构。

硫化染料分子中的含硫链状结构主要有巯基（—SH）、硫键（—S—）、二硫键（—S—S—）、多硫键（—S$_x$—）或其他的含硫基团。

硫氮茂　　　　　　　硫氮蒽　　　　　　　对氮蒽

常用的硫化染料主要可有以下四种类型。

（一）硫化黑

硫化黑（Sulphur Black）是硫化染料中最常用的染料，有青光硫化黑（硫化黑 BN）、红光硫化黑（硫化黑 RN）、青红光硫化黑（硫化黑 BRN、B2RN）等品种。它的耐日晒牢度和耐皂洗牢度都很好，耐日晒牢度可达 6~7 级，耐皂洗牢度可达 5 级，最大的缺点是染棉纤维有储存脆损现象。

（二）硫化蓝

硫化蓝（Sulphur Blue）的耗用量在硫化染料中仅次于硫化黑，硫化蓝的耐日晒牢度可达 5~6 级。蓝色硫化染料有青光（硫化蓝 BN）、红光（硫化蓝 RN）、青红光（硫化蓝 BRN）等品种，此外，蓝色硫化染料还有硫化蓝 CV，蓝 3G、深蓝 3R 等。

（三）硫化还原染料（海昌染料）

硫化还原染料的分子结构和制造方法与一般的硫化染料相似，而染色性能和染色牢度介于一般硫化染料和还原染料之间。在应用分类中，硫化还原染料较难还原，染色时要在碱性条件下用保险粉、硫化钠或葡萄糖作还原剂。这类染料的色光较一般硫化染料为佳，染色牢度尤其是氯漂牢度也较一般硫化染料高。硫化还原染料的品种有硫化还原蓝 RNX（海昌蓝 RNX）、硫化还原黑 CLN、硫化还原蓝 B 等。

（四）液体硫化染料

液体硫化染料在加工过程中由于添加了增溶物质和经过多道过滤，除去了不溶性的杂质，因此染料相当纯净，具有高的给色量和好的稳定性。现国内应用较多的有 Sulphol 染料（英国鲁宾逊公司）和 Sodyesuls 染料（山德士速得高公司），色泽较为丰富。

三、硫化染料的染色过程

硫化染料能被硫化钠等还原剂还原成隐色体，对纤维素纤维具有亲和力，但比还原染料隐色体低得多。隐色体的颜色一般为黄、黄绿或暗绿色。硫化染料隐色体是阴离子染料，其上染性能在很多方面与直接染料相似，如可用食盐或元明粉促染，用阳离子固色剂或金属盐后处理，以提高染色牢度等。另一方面，硫化染料又与还原染料相似，染料首先还原成隐色体，上染后在纤维上再氧化。不过,硫化染料较易还原,故只需较弱的硫化钠作为还原剂,不必采用碱性保险粉溶液。此外,由于采用硫化钠作为还原剂,染色时不易产生过度还原现象,同时隐色体和硫化钠在高温时也较稳定,所以可进行高温浸染,温度可达 80~100℃,这样可大大提高扩散速率,改进透染程度。

(一) 染料的还原

硫化染料本身对纤维没有亲和力,必须还原成隐色体后才能上染纤维。硫化染料用还原剂还原溶解时,一般认为是染料分子中的二硫键或多硫键被硫化钠还原成巯基,在碱性溶液中生成隐色体钠盐而溶解。

染料的反应过程可表示如下:

$$D\!-\!S\!-\!S\!-\!D' \underset{[O]}{\overset{[H]}{=\!=\!=}} D\!-\!SH + D'\!-\!SH$$

$$\overset{\displaystyle O\quad O}{\underset{\displaystyle \parallel\quad \parallel}{D\!-\!S\!-\!S\!-\!D'}} \underset{[O]}{\overset{[H]}{=\!=\!=}} D\!-\!SH + D'\!-\!SH + 2H_2O$$

$$D\!-\!SH + NaOH \longrightarrow D\!-\!SNa + H_2O$$

硫化染料的隐色体电位的绝对值较低,还原比较容易,采用还原能力较弱、价格较低的硫化钠作为还原剂,同时也是碱剂。硫化钠在染浴中可发生以下反应:

$$Na_2S + H_2O \longrightarrow NaHS + NaOH$$

$$2NaHS + 3H_2O \longrightarrow Na_2S_2O_3 + 8H^+ + 8e$$

$$或 \quad 2NaHS \longrightarrow Na_2S + 2H^+ + S + 2e$$

硫化钠是褐黄色的固体,工业用硫化钠称为硫化碱,它的有效成分(以硫化钠计算)一般为50%左右,染色时硫化钠用量一般为染料量的 50%~250%,随染料品种和染色浓度而定。用量太少则染料的还原和溶解都不能完全,染浴混浊,染色不匀,且造成染料的浪费。用量过多,又会影响染料上染,降低得色量。硫化钠比较稳定,高温时分解损耗少,比保险粉更适应硫化染料高温还原和染色的要求。

硫化染料的还原速率较慢,隐色体在高温时比较稳定,可在温度高的条件下还原。为了提高染浴的碱性,使染料隐色体更好地溶解,必要时可加一些烧碱。

各种硫化染料在一般染色浓度下都能充分溶解,必要时可加助溶剂和渗透剂。

(二) 染料隐色体上染纤维

硫化染料的隐色体在染液中以阴离子状态存在,它对纤维素纤维具有亲和力。一般硫化染料隐色体对纤维素纤维的亲和力较低,因此可采用小浴比,并加入适当的电解质促染,常用的促染剂是食盐和元明粉。

硫化染料染色时一般采用较高的染色温度,以降低硫化染料隐色体的聚集,提高吸附和扩散速率,使其在常规的染色时间内,提高上染率和匀染性。此外较高的温度可以加速硫化钠的水解,增强还原能力,提高还原速率。

为了增强硫化钠的还原作用,防止隐色体过早氧化,在染液中可加入小苏打,小苏打能中和染液中产生的部分烧碱,有利于硫化钠的水解,或与硫化钠直接反应生成硫氢化钠,从而提高硫化钠的还原能力。

$$Na_2S+NaHCO_3 \longrightarrow NaHS+Na_2CO_3$$

但小苏打也是一种电解质，加多了会促使硫化染料隐色体的聚集，从而使隐色体不易扩散入纤维或织物内部，虽然看起来得色较浓，但成品透染差，白芯严重，摩擦牢度较低。

硫化染料隐色体与钙、镁离子生成沉淀，使染料损耗并造成深色染斑，所以在染液中常加入少量纯碱，起软化水质的作用。

（三）隐色体氧化

硫化染料上染纤维后，必须经过氧化使其转变成不溶性的染料而固着在纤维上。硫化染料隐色体的氧化过程比较复杂，一般认为是巯基被氧化变成二硫键。硫化染料还原成隐色体，使染料发生分裂，而在氧化时又缩合成相对分子质量较大的染料分子。

$$D—SH+D'—SH \xrightarrow{[O]} D—S—S—D'+H_2O$$

硫化染料隐色体的氧化难易和速率不一，有些能被水中和空气中的氧所氧化，因此染色后只要水洗和透风就可以完成氧化，如硫化黑。有些要用氧化剂处理才能充分氧化，如硫化蓝、硫化红棕 B3R 等。隐色体氧化速率快的染料，在染色时，若染物暴露在空气中，或硫化钠用量不足，往往会因过早的局部氧化而造成染斑。最早都采用红矾（重铬酸钠）为氧化剂，后因它造成水质严重污染，近年来已基本被淘汰。目前通常采用空气、过硼酸钠、双氧水、碘酸钾、溴酸钠、亚氯酸钠等。过硼酸钠和双氧水的氧化作用较温和，不会损伤纤维，颜色较鲜艳，但染物的湿处理牢度较差，适用于较浅及较鲜艳的颜色。

（四）染后处理

染后处理包括净洗、上油、防脆、固色等。

硫化染料染后一定要充分水洗，以减少织物上残留的硫，防止织物脆损，硫化黑染物在50℃以上皂洗容易产生染斑，故一般不经皂洗处理。为了防脆，可采用醋酸钠、磷酸钠或尿素等微碱性药剂，以中和织物上的残留硫氧化成的硫酸。

硫化黑染后用红油处理，可以改善色泽和手感。红棕色硫化染料染后用硫酸铜处理，可提高日晒牢度，但硫酸铜残留在织物上，对纤维的脆损有很强的催化作用，处理后要充分水洗。固色后的色光有一定变化，应加以注意。硫酸铜对硫化黑脆损纤维有催化作用，因此用硫化黑或硫化还原黑染色的染物不能用硫酸铜法固色。

四、硫化染料染色工艺

硫化染料价格低廉，有较好的染色牢度，一般适合于染较浓色泽的棉制品，可以用来染棉纱、织物。染色方式有卷染、轧染及浸染多种，一般根据产品结构及批量大小来决定。

（一）卷染

1. 卷染工艺

卷染的一般工艺流程是：

制备染液→染色→水洗→氧化→水洗→皂洗→水洗

硫化染料对纤维的亲和力低，上染率不高，染料的利用率低，染后残液中还含有一定的染料,为提高染料的利用率,浓色卷染可采用续缸染色。

制备染液时将染料用热的硫化钠溶液调匀后(必要时可加些太古油),加到用纯碱软化的水中,搅拌并加热约 15min,使染料充分还原溶解,必要时可高温沸煮。

硫化钠的用量随染料而定,一般为染料量的 100%~200%,在染浴中加入纯碱,使染料隐色体更好地溶解,并防止硬水中的钙、镁金属离子与隐色体生成沉淀。染中、淡色时,可加入食盐或元明粉促染,提高给色量。

为获得较高的上染百分率及较好的匀染效果,大都采用沸染或近沸染色。某些硫化染料隐色体(如硫化蓝)易过早氧化,造成红筋、色斑、色暗等疵病,染液温度控制在 50~60℃较好。但染色温度过低,染料隐色体的扩散和透染差,影响染物的染色牢度。染色时间长,有利于染料隐色体的上染和扩散,染深色时时间应长些,如 40~45min,染黑色则时间应更长些。染中、淡色时,时间可适当短些,一般为 20~30min。

隐色体染色以后,一般先经水洗,使染物上的还原剂和碱的含量降低后,再透风氧化。这种氧化方法容易掌握,质量较稳定,应用最广。

隐色体氧化速率较慢的染料,水洗后要用氧化剂氧化,双氧水是最常用的氧化剂,处理条件为:双氧水 1%~2%(owf),温度为 50~70℃,10~15min,氧化后充分水洗。

2. 工艺举例

(1)织物:坯布 29tex/29tex,幅宽 160cm,长 300m,硫化蓝。

(2)工艺处方:

染色:

硫化蓝 BRN(150%)	1800g
硫化青 B2RN(200%)	300g
硫化碱	5000g

氧化:

双氧水(30%)	700mL

(3)工艺流程:

染色(200L,95℃,8 道)→水洗(4 道)→氧化(60℃,6 道)→水洗(2 道)→水洗(4 道)

硫化蓝由于早期氧化,故上轴要齐,防止出现红边。如果出现红边,可以采用染液浇边的办法来解决。

(二)轧染

1. 轧染工艺

硫化染料颗粒较大,杂质含量较多,还原速率慢,一般采用隐色体轧染,而不宜采用悬浮体轧染。硫化染料隐色体轧染是先将染料用硫化碱还原溶解,织物浸轧染料的隐色体溶液。

轧染加工工艺流程为:

浸轧染液→湿蒸→干蒸→水洗→氧化→水洗→皂洗→水洗→(固色)→烘干

轧染液组成一般为:

染料	视颜色要求而定

硫化钠	100%~250%(owf)
纯碱	1~3g/L
润湿剂	适量

浸轧时应采用较长的浸渍时间,轧液率在70%左右,轧液温度70~80℃。轧槽中的染液浓度约为补充液的70%,即轧槽初始液一般要加水30%。

湿蒸是在蒸箱底部放有一定浓度染料和适当硫化钠的染液,液量为800~1200L,汽蒸温度为105~110℃,时间为30~60s。织物在蒸箱内经高温浸渍及汽蒸,有利于染料的扩散和透染。湿蒸箱内的染料浓度约为轧槽补充液浓度的15%~30%,硫化碱用量为染料量的150%~200%。织物出湿蒸箱后进入干蒸箱,干蒸可采用一般的还原蒸箱,可采用汽封口,温度102~105℃,时间45~60s。干蒸使硫化染料隐色体进一步扩散渗透至纤维内部。

2. 轧染工艺举例

(1)织物:30 tex/30tex,灰色棉平布。

(2)工艺流程:

浸轧染液(二浸二轧,轧液率75%,70~75℃)→汽蒸(100~102℃,1min)→冷水洗(2格)→氧化(50℃,2格)→热水洗→皂洗(2格)→热水洗(2格)→冷水(1格)→烘干

(3)工艺处方:

染液处方:

硫化蓝 BR	3.2g/L
硫化黑	2.2g/L
硫化碱	15g/L
小苏打	10g/L
润湿剂	5g/L

氧化液处方:

红矾钠	2g/L
硫酸(98%)	2.5mL/L

皂洗液处方:

肥皂	2g/L
纯碱	2g/L

(三)硫化还原染料的染色

硫化还原染料染色大多卷染法,若采用悬浮体轧染法,由于染料粒子较粗,易产生色点。其染色方法与硫化染料、还原染料均有相同之处,其还原方法主要有烧碱—保险粉法、硫化碱—保险粉法两种。

例如丝光海昌蓝卡其的卷染处方及工艺如下:

染色处方(烧碱/保险粉法):

	头缸	续缸
海昌蓝 RNX	1200g	1060g

渗透剂	500mL	400mL
烧碱(30%)	6000mL	3600mL
保险粉	(1500+500×2)g	(1200+400×2)g
液量	180L	180L

工艺流程：

打卷→染色(60~65℃,第4、第7道各加保险粉500g,共10道)→水洗(5道)→氧化(50℃,4道)→冷流水洗(2道)→皂煮(95℃,4道)→热水洗(4道)→冷水(2道)

氧化可用2~3g/L过硼酸钠和4mL/L醋酸(98%)代替。

硫化还原染料可以与还原或硫化染料拼色以增加色谱,满足需要。

(四)液体硫化染料的染色

液体硫化染料染液一般有染料、硫化碱、抗氧剂、软水剂和润湿剂组成。硫化碱用来补充染料中还原剂的量,一般5~10g/L,浓色可以不加。抗氧剂一般是多硫化物,它比硫化钠更耐空气氧化,用以防止染液过早氧化而出现泛红等染疵。抗氧剂用量一般与染料用量成反比,染料用量少时应多加,以防止染料稀释后,染液还原能力的不足。软水剂用来防止钙、镁等金属离子与染料形成不溶性化合物。

化料方法:染缸内先放2/3的水,加入适量的软水剂,升温至要求温度,一般染料为70℃,黑色为95℃。然后加入所需的渗透剂、抗氧剂及染料,搅拌均匀,加水至液量,升温至所需温度。

液体硫化染料一般分为卷染法与连续轧染法,近年来,国内较多地应用在轧蒸法中。以涤/黏32tex×2/32 tex×2,232根/10cm×161根/10cm,160cm平纹呢为例,前处理后染色,色泽深棕,采用分散硫化两浴法,先染分散染料,然后用液体硫化染料套染。

工艺流程为：

浸轧染液(室温)→汽蒸(103~105℃,2~3min)→冷水洗(1格)→温水洗(2格,50~60℃)→氧化(2格,70℃,pH 3.5~4)→冷水洗(高效平洗2格)→烘干

工艺处方：

染色：

液体硫化棕 CRCF	29g/L
液体硫化黑 S-R	13g/L
液体硫化红棕 5RCF	10g/L
抗氧剂	26g/L

氧化：

双氧水(30%)	3.8L
醋酸(98%)	3.2L

五、硫化染料染色织物的储存脆损

用黄、棕、黑色等硫化染料染后的织物,在储存过程中会发生脆损现象,使织物强度严重下降,以硫化黑为最严重。

硫化染料的储存脆损,主要是由于染料的不稳定性引起的,硫化染料的分子中含硫量较高,分子中一些不太稳定的硫(主要是多硫结构中的硫,这种不太稳定的硫又称活泼硫),在一定的温度、湿度条件下,容易被空气中的氧所氧化,生成磺酸、硫酸等酸性物质,纤维在酸的作用下发生水解,使强力降低而脆损。因此硫化染料染物在储存过程中应避免受热受潮。

由于脆损是酸造成的,所以抑制酸的产生或者中和生成的酸就可以防止脆损的发生。

抑制酸的产生的方法是改变染料分子的结构,目前效果较好的是防脆硫化黑,它的制造方法与普通硫化黑相似,只是在普通硫化黑的反应完成以后,降温到100℃左右,先后加入一氯醋酸钠和甲醛,一起反应1h左右制成。一氯醋酸钠和甲醛能与普通硫化黑分子中的活泼硫起反应,因此减少了染料分子中活泼硫的含量,减少了储存时酸的产生。防脆硫化黑的还原速率、上染速率、隐色体的氧化速率比普通硫化黑慢。染液稳定性比普通硫化黑好,易于操作,染色时不易过早氧化。染色牢度和普通硫化黑相同,但溶解性能较差,色光偏黄。防脆硫化黑较适宜用浸染或卷染染色,染色后宜先用冷水洗。

中和硫化黑染物储存中所生成的酸,一般使用称为防脆剂的碱性物质。常用的防脆剂有醋酸钠、磷酸钠、碳酸钠、亚硫酸钠、尿素等。

浸染防脆处理举例如下:

尿素	1.8%~2.2%(owf)
醋酸钠	0.9%~1.1%(owf)
浆纱膏	0.1%~0.2%(owf)

室温处理10min,脱水,烘干。浆纱膏可提高染物的柔软度和颜色乌黑度。

知识拓展

活性染料、还原染料、硫化染料染色常见疵病及染色质量控制

一、活性染料染色常见疵病及染色质量控制

活性染料染色常见疵病及质量控制如表4-21所示。

表4-21　活性染料染色常见疵病及质量控制

常见疵病	产生原因	预防措施
色花	大量色花主要是练漂不匀或工艺有问题	加强练漂,研究练漂工艺及操作方法,找出原因进行改进
	氯漂或氧漂后布上残留的化学品未除净	前处理加强水洗或染前在机内热洗一次
	促染剂加入太多或不均匀	盐或元明粉少加或溶解后分批加入
	固色剂加入太多、太快或不均匀	纯碱或磷酸钠最好溶解后分批加入
	染机转速太慢	提高染机及布循环的速度
	布在机内打结或停机时间过长	操作人员应把布匹理好入机,防止打结,停机要及时处理
	水质硬度过高	加入软水剂六偏磷酸钠0.5%或改用软水染色

续表

常见疵病	产生原因	预防措施
色差(同机色差)	机内加热不匀	改进机内加热管,使加热均匀
	同机每匹布的长短差异较大	要尽量使布的长短差异减少
	加料不匀	应均匀加料
缸差(机差)	工艺条件控制不一,如浴比、温度、时间等没有严格控制	严格按工艺条件操作,掌握每一机台的浴比、温度、时间,各批之间要一致
	盐和助剂用量不一	纯碱和匀染剂要按布的重量计算,并正确称重
	前处理的坯布白度不一	加强练漂,使布的白度前后一致
	后处理的肥皂或净洗剂用量不一或工艺条件控制不一	不能忽视后处理的重要性,要严格控制工艺条件
	染化料的质量差异	加强进厂染化料的检验,用时通知操作人员采取措施
水洗牢度差	水洗不净	应充分水洗,将残留在布上的皂液除尽
	使用的染料质量差或堆放不好,使之水解变质	加强进厂染料的检验,堆放时间过长的染料应采取相应措施
风印	染色后未能及时烘干	染好的布要及时烘干,不能久堆不烘,尤其对翠蓝KN-G更要特别注意
	烘干后未能均匀冷却	烘干后不能堆在风中吹冷风
	固色后水洗不尽	固色后应充分洗尽

二、还原染料染色常见疵病及染色质量控制

还原染料染色常见疵病及质量控制如表4-22所示。

表4-22　还原染料染色常见疵病及质量控制

常见疵病	产生原因	预防措施
深头、深边	卷染时,头子布较短,使用次数太多	加长头子布,注意更换
	卷染时,布边露出部分局部氧化	布卷应卷齐入染,并可用保险粉—烧碱液浇边
色光不一	染浴中烧碱、保险粉含量不一致。还原温度不同,氧化、皂洗条件控制不良	加强工艺条件控制
	不同纤维批号,各批工艺如控制不一致,造成染色后色光不一	印染厂应加强小样试验
皱条	部分导辊不平整,机械清洁、保养不良	应加强设备的清洁和保养
	织物运转过程中,张力控制不当	应加强设备参数的检查
	卷染用接头布与待染织物厚薄差距较大	选择的接头布与待染织物厚薄相差较小

常见疵病	产生原因	预防措施
斑渍、色点	在染色过程中，布上隐色体局部氧化而造成	可在染液中适当增加染液内烧碱、保险粉的用量，如已形成，可用烧碱—保险粉液处理后再氧化
	染料细度较差，扩散不良，温度过高等产生凝聚	测定染料细度与染液扩散情况，控制轧染槽染液至适宜温度
	轧染设备，红外线预烘用的导辊等表面沾污	应认真做好换色时的清洁工作与合理控制红外线温度
	轧染时，由于散纤维、杂物等带入轧染槽、还原槽而造成	要做好清洁工作，防止杂物等带入
	浸轧染液、预烘、烘燥、浸轧还原液、蒸化等过程中，滴水造成水渍斑	要做好全机防雾、防水滴工作
色差	卷染时染浴还原不良或小导布辊滚动失灵所造成	做好机械保养维修
	轧染时上、下轧辊软硬相差过大，轧辊左右加压不匀、轧辊不平、因布边厚而造成压力不匀等	检查导辊运转灵活情况
	浸轧染液和预烘、还原过程中擦伤	烘干温度均匀，可加防泳移剂
	轧染时，染液、还原液、氧化液等加入左右不匀	严格工艺上车与检查
	红外线热风烘燥时，温度不均匀或急烘引起泳移	控制烘燥温度
	皂洗不充分，使局部发色不足，并影响染色牢度	充分皂洗，充分发色
	还原液浓度、带液量、汽蒸时间、温度未严格控制	严格控制工艺参数

三、硫化染料染色常见疵病及染色质量控制

硫化染料染色常见疵病及预防措施如表4-23所示。

表4-23　硫化染料染色常见疵病及预防措施

常见疵病	产生原因	预防措施
边渍	染浴内硫化碱用量较少	应按染料性能调整用量
	染坯带碱较重	注意染前去碱
	布卷不齐	应将布边拉齐入染
色档	缝头处叠层太厚，所带染液较多	可采用平接式缝头，并注意缝线张力，避免产生叠层
	丝光后，折叠风干及缝头处带碱较重	应防止局部风干，并注意去碱程度
	染坯去杂不净而固定搁置的时间过长，染前又未洗净所致	应避免布卷放置过久，否则染前应充分水洗，若严重时，则无法纠正

续表

常见疵病	产生原因	预防措施
色斑	染料还原溶解较差	可调整染浴内硫化碱含量
	染色温度较低	应控制温度
	染后硫化碱未充分净洗	应注意水洗
	半制品退浆不净	应加强退浆处理
深头	布卷两端水洗不净	水洗时布卷调头不可过早
	染后水洗道数太多,产生染料过早氧化	水洗道数应适当
	接头布与染坯组织差异太大	选用合适的接头布
深浅边和阴阳面	卷染机上个别导布辊失灵,或蒸汽管接触布面	加强设备检查、维护和调节
	上下辊硬度相差过大	
	轧辊左右压力不均	

👉 复习指导

1. 直接染料按其应用特点可分为甲类、乙类、丙类、混纺类、交联类五类。其中,甲类染料结构简单,聚集性小,匀染性好,盐效应差;乙类染料结构较复杂,聚集性较大,匀染性较差,盐效应好;丙类染料结构复杂,聚集性大,匀染性差,盐效应差;混纺类染料与分散染料相容性好,对涤纶沾色少;交联类染料分子结构中反应性基团,染后采用配套的反应性阳离子固色剂固色。

2. 直接染料结构中含水溶性基,能直接溶于水,但较易聚集,可加温或加纯碱助溶;不耐硬水,需用软水或对水进行软化处理。对纤维素纤维有较高的亲和力,加入中性电解质时有促染效果,但促染效果与染料结构有关。染色温度对染料上染率影响较大,应根据染料结构选择染色温度。

3. 直接染料染纤维素纤维时可采用浸(卷)染、轧染等方法,其中浸(卷)染法应用较为广泛。浸(卷)法染色时,只需将被染物放入染液中,在 70 ~ 100℃的温度下染 30 ~ 60min(或 4 ~ 8 道)即可,具体染色温度与时间应根据染料的类型及颜色的深浅确定。染液通常由染料、软水剂、助溶剂、促染剂等组分组成。

4. 直接染料除可用于纤维素纤维染色外,还可用于蚕丝、锦纶、羊毛等纤维的染色,染色时,染液一般控制在中性或弱酸性。

5. 为提高直接染料染后的耐洗牢度,通常可在染色后采用金属盐或固色剂进行固色处理,固色处理后的染物其耐洗牢度一般可提高 0.5 ~ 1 级。

6. 活性染料是一类能与纤维形成共价键结合的染料,它通常有染料母体、活性基、水溶性基和架桥基四部分组成。

7. 活性染料按活性基种类不同分可分为均三嗪类、β-乙烯砜类、嘧啶类、双活性基类等类型;按固色条件不同可分为冷固型、热固型和中温型等类型。目前,我国生产的活性染料主要有

X 型(二氯均三嗪活性基,冷固型)、K 型(一氯均三嗪活性基,热固型)、KN 型(β-乙烯砜活性基,中温型)和 M 型(双活性基,中温型)等。

8. 活性染料的染色过程一般包括染料的上染、固色和染后处理等步骤。活性染料上染具有亲和力低、扩散性高、匀染性好、上染率较低、趋向上染平衡时间短等特点,可采用电解质促染、低温染色、小浴比染色等措施提高其上染率。活性染料的固色通常有亲核取代和亲核加成两种机理,取决于活性基的类型,影响活性染料固色率的因素主要有染料的性质和染色条件两个方面,其中染料性质包括染料的反应性、亲和力、扩散性等;染色条件包括染色 pH、温度、浴比、电解质用量等。

9. 活性染料染色的方法主要有浸(卷)染、轧染、轧卷堆染等,其中浸(卷)染有一浴一步法、一浴两步法、两浴法等工艺;轧染有一浴法、两浴法工艺。目前应用最为广泛的是一浴两步法浸(卷)染工艺,它是将被染物先投入染液中完成染料上染后,再加入固色剂进行固色,这样可以尽量避免染料的碱性水解,提高染料的固色率和利用率。

10. 活性染料除可广泛地应用于棉、麻、黏胶等纤维素纤维的染色外,还可用于 Tencel、Modal 等新型纤维素纤维,蚕丝、羊毛等蛋白质纤维及锦纶等纤维的染色。

11. 还原染料的结构分类有蒽醌类和靛类两类。蒽醌类染料各项坚牢度都比较良好,色谱比较齐全,色泽较鲜艳,靛类还原染料包括靛蓝及其衍生物,硫靛及其衍生物。

12. 还原染料的染色过程包括还原染料的还原溶解、隐色体上染、隐色体的氧化和染色后处理四个过程,其中还原溶解过程与染料的还原性能(隐色体电位、还原速率)、还原剂的选择,还原方法等有关。还原染料隐色体上染具有"两高一低"的特点,即初染率高、平衡上染百分率高、匀染性低。还原染料隐色体的氧化可采用空气氧化和氧化剂氧化,染色后处理能去除浮色,获得稳定的色光。

13. 还原染料的染色方法最常用的是还原染料隐色体染色法和悬浮体轧染法。隐色体染色法是将染料用氢氧化钠和保险粉预先还原为隐色体染浴,然后通过浸染使染料上染纤维,再进行氧化、皂煮而成。此法可采用浸染或卷染,具有设备投入少,操作较麻烦,匀染性、透染性较差,易出现"白芯"现象,一般宜选用匀染性较好的染料。

14. 悬浮体轧染法是将还原染料制成很细的颗粒,在扩散剂的作用下制备成一种还原染料的悬浮液,借助轧辊的作用将这种悬浮体液均匀地机械地附着分布在织物上,然后在通过还原剂的碱性溶液,在高温汽蒸条件下将染料还原成隐色体,而与纤维发生染色作用。最后通过水洗、氧化、皂煮等完成染色过程。采用这种方法染色的织物表面比较光洁,均匀度较好,同时又能获得较好的透染效果,改善了"白芯"现象。

15. 可溶性还原染料是将还原染料还原,并酯化而生成隐色体的硫酸酯钠盐或钾盐的形式,具有一定的水溶性和稳定性。该染料染色简便,对纤维素纤维的亲和力较小,但扩散性好,并有较好的匀染性,提升率低,因此一般仅用于中、淡色的染色。可溶性还原染料目前已极少使用。

16. 常用的硫化染料主要可有硫化黑、硫化蓝、硫化还原染料、液体硫化染料几种类型。

17. 硫化染料较易还原，只需较弱的硫化钠作为还原剂还原成隐色体，染色时不易产生过度还原现象，对纤维素纤维和蛋白质纤维具有亲和力，隐色体是阴离子染料，其上染性能与直接染料相似，如可用食盐或元明粉促染，隐色体和硫化钠在高温时也较稳定，可进行高温浸染，提高扩散速率，改进透染程度。硫化染料隐色体的氧化通常采用空气、过硼酸钠、双氧水、碘酸钾、溴酸钠、亚氯酸钠等。过硼酸钠和双氧水的氧化作用较温和，不会损伤纤维，颜色较鲜艳，但染物的湿处理牢度较差，适用于较浅及较鲜艳的颜色。硫化染料染色后处理包括净洗、上油、防脆、固色等。

18. 硫化染料价格低廉，有较好的染色牢度，一般适合于染较浓色泽的棉制品。染色方式有卷染、轧染及浸染多种。

19. 硫化染料染后的织物，在储存过程中会发生脆损现象，使织物强度严重下降，以硫化黑为最严重。目前效果较好的是防脆硫化黑染料，制备时加入一氯醋酸钠和甲醛，减少了染料分子中活泼硫的含量，减少了储存时酸的产生。也可浸轧碱性防脆剂，如醋酸钠、磷酸钠、碳酸钠、亚硫酸钠、尿素等。

思考题

1. 直接染料除可用于棉纤维的染色外，还可用于哪些纤维的染色？

2. 直接染料分子结构有什么特点？染色时与纤维之间通过什么方式结合？

3. 直接染料染色时为什么要加入食盐和纯碱？

4. 直接染料染色后可采取哪些固色措施？

5. 常用的国产活性染料有哪些类型？它们的分子结构有什么特征？

6. 简述 K 型和 KN 型活性染料与纤维素纤维键合的反应机理。

7. 当活性染料在碱剂存在下染色时，通常会发生哪些反应？在一般情况下哪个反应占优势，为什么？

8. 试述活性染料的上染特点，存在的主要问题及解决的主要措施。

9. 为了提高活性染料的上染率，在上染过程中采取下列措施可否，为什么？

(1) 加入电解质促染；

(2) 提高染液温度；

(3) 采用小浴比染色。

10. 试比较活性染料一浴一步法、一浴两步法和两浴法染色的优、缺点。

11. 为防止活性染料轧染后汽蒸时织物受到还原性气体的影响而使颜色变得萎暗，可采取什么措施？

12. 试述活性染料的染色过程及电解质和碱剂的作用。

13. 还原染料有哪些类型？它们各有什么特点？

14. 简述还原染料的染色机理。

15. 还原染料染色有哪些常用的方法？其各有哪些特点？

16. 还原染料染色常见疵病有哪些？如何控制？

17. 可溶性还原染料与还原染料结构上有什么不同？其染色性能如何？

18. 简述硫化染料的染色机理。

19. 如何防止硫化染料的储存脆损？

20. 液体硫化染料有哪些特点？

21. 硫化染料染色常见疵病有哪些？如何控制？

学习情境 5　蛋白质纤维及其制品染色

蛋白质纤维的基本单元是氨基酸,根据其来源分为天然蛋白质纤维和人造蛋白质纤维两种。天然蛋白质纤维来自于动物的毛发或分泌物,如羊毛、蚕丝等,人造蛋白质纤维有牛奶纤维、大豆纤维等。蛋白质纤维由于其结构特点,都具有两性性质,但等电点都在酸性范围,在染色时可选用酸性染料、酸性媒染染料、酸性含媒染料或活性染料进行染色。其中,酸性媒染染料染色时需用铬盐进行媒染处理,易产生重金属污染,逐步已被淘汰。

学习任务 5-1　酸性染料染色

一、酸性染料的结构分类

酸性染料按化学结构不同可分为偶氮类、蒽醌类、三芳甲烷类等类型。偶氮类酸性染料品种最多,其产量占酸性染料总量的 50% 左右,其次为蒽醌类和三芳甲烷类,各占 20% 左右。

1. 偶氮类酸性染料

偶氮类酸性染料(Azoic Acid Dyes)大多为单偶氮结构和双偶氮结构的染料,以黄、橙、红等浅色品种为主。三偶氮结构的染料虽然湿处理牢度较好,但色泽比较灰暗,匀染性较差。举例:

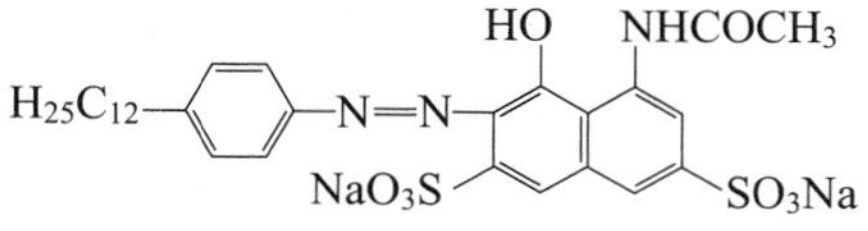

弱酸桃红 BS(C. I. Acid Red 138)

2. 蒽醌类酸性染料

蒽醌类酸性染料(Anthraquinone Acid Dyes)在色谱上弥补了偶氮类酸性染料,以深色为主,大多为紫、蓝、绿及黑色等,具有良好的耐光牢度。例如:

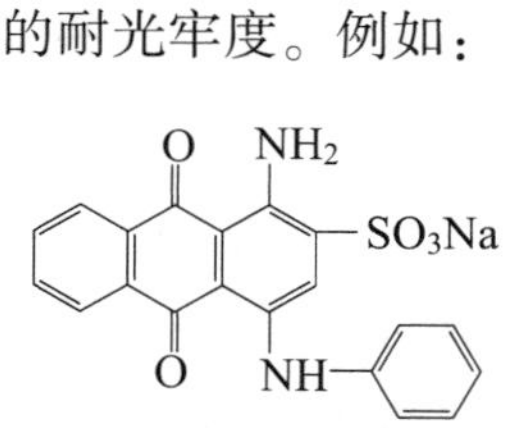

酸性蓝 A(C. I. Acid Blue 25)

3. 三芳甲烷类酸性染料

三芳甲烷类染料(Triphenylmathane Acid Dyes)是在含季铵正离子基的三芳甲烷及咕吨结构中引入两个以上磺酸基而成的,以蓝、绿、紫色为多,其特点是色泽浓艳,但耐光牢度差,溶解度也较低。例如:

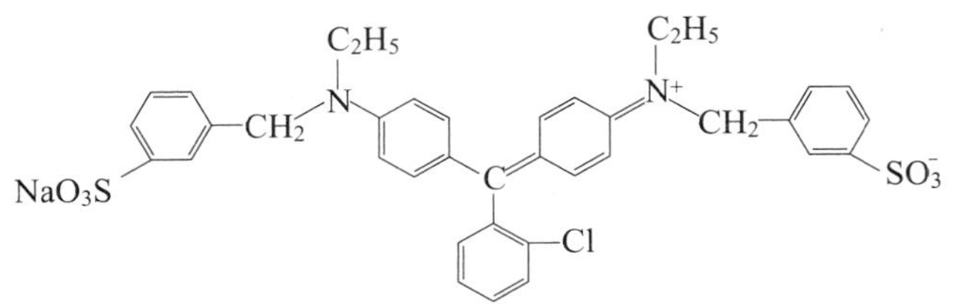

酸性艳绿 B(C. I. Acid Green 9)

二、酸性染料的染色原理及其影响因素

1. 酸性染料染色的基本原理

酸性染料染色时,染料在染液中电离成 D—SO$_3^-$ 和 Na$^+$,而羊毛、蚕丝、聚酰胺等纤维中含有一定数量的氨基和羧基(一般羧基稍多于氨基),因此具有两性性质,当加入醋酸或硫酸后,氨基结合 H$^+$ 而使纤维带上正电荷,因而能吸引染料负离子上染。纤维中的 NH$_3^+$ 可与 D-SO$_3^-$ 以离子键结合:

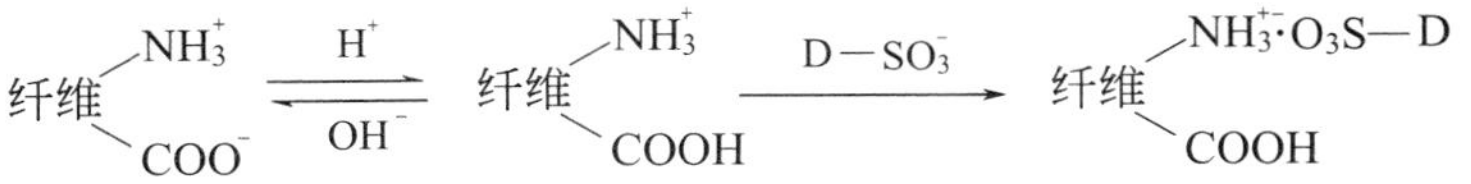

同时,纤维与染料间也存在着范德华力和氢键的作用。当染浴酸性较强时,纤维中的 NH$_3^+$ 数量增多,离子键起主要作用,当染浴酸性较弱时,范德华力和氢键起主要作用。

2. 影响酸性染料染色的主要因素

(1)染液 pH 的影响。在酸性条件下,纤维上的 NH$_3^+$ 与 D—SO$_3^-$ 形成定位吸附,所以常把 NH$_3^+$ 称为吸附染料的"染座"(Dye Sites)。纤维上的"染座"数量随着 pH 的降低而增加,染浴的酸性越强,纤维上的 NH$_3^+$ 越多,对染料阴离子的吸引力就越大,因此在染色过程中,加酸有明显的促染作用。通过控制染浴的 pH 可控制酸性染料的上染速率和得色量。为了在提高上染率的同时达到匀染,可将酸分几次加入,并根据染料与纤维的结合力不同选用不同的酸,如强酸浴染色用硫酸,弱酸浴染色用醋酸,中性浴染色采用醋酸铵或硫酸铵。

(2)中性电解质的影响。酸性染料染色时,在 pH 不同的染浴中加入电解质有着不同的作用。

当染浴 pH 在等电点以下时,染料与纤维主要以离子键结合,加入电解质,起缓染作用。例如,当酸性染料在硫酸存在下染羊毛时,染浴中加入食盐或元明粉后,无机阴离子 Cl$^-$ 或 SO$_4^{2-}$ 以及染料阴离子都能与纤维阳离子"染座"产生静电引力,由于无机阴离子相对染料阴离子来说,体积小、扩散速度快,所以先被纤维阳离子"染座"所吸附。随着染色过程的继续进行,当染料阴离子靠近纤维时,由于它与纤维之间除静电引力外,还存在较大的范德华力和氢键等其他作用力,所以就可以取代无机阴离子与纤维结合。

图 5-1 所示,染液 Cl$^-$ 浓度先快速降低,而后又逐渐上升的变化就表明了这一过程。如果加入较多电解质,使"染座"上吸附大量无机阴离子,必然延缓染料阴离子的交换作用,因此起缓染作用。由于 SO$_4^{2-}$ 对纤维的亲和力较 Cl$^-$ 大一些,所以加元明粉的缓染作用比加食盐

更大一些。通过这种缓染作用,可提高染料的移染性,获得匀染效果,但加入量过多,会降低上染率。

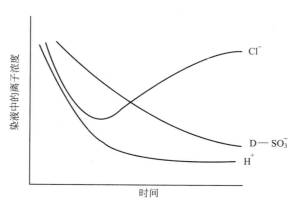

图 5-1　酸性紫红 6P 染羊毛时各种离子浓度随时间的变化(所加酸为盐酸)

当染浴 pH 高于等电点时,纤维上的阳离子"染座"较少,与染料之间主要以范德华力和氢键结合,此时加入电解质可减少染料与纤维间的静电阻力,起促染作用。

(3)染色温度和时间的影响。随着温度的升高,染料在染液中的聚集程度下降,同时,纤维的膨化程度提高,染料在纤维表面的吸附和向纤维内部扩散的速率加快。所以,要根据染料的聚集倾向大小和扩散性、移染性能高低来控制合适的初染温度、升温速率和染色时间,才能达到染匀染透的目的。

三、酸性染料的种类及其染色性能

酸性染料按应用性能不同可分为强酸性浴酸性染料和弱酸性浴酸性染料、中性浴酸性染料三大类。强酸性染料在强酸性介质中可染羊毛及皮革,也称酸性匀染染料。强酸性染料分子结构简单,相对分子质量低,含磺酸基比例高,溶解度高,匀染性能好,在染浴中主要以阴离子状态存在,可在强酸性条件下与羊毛纤维以离子键结合。其缺点是湿处理牢度很差,难以染浓色,不耐缩绒,且染色后羊毛强度有损伤,手感不好。弱酸性染料的分子结构比强酸性染料复杂,相对分子质量增大,对羊毛的亲和力较大,能在弱酸性介质中染色,又称酸性耐缩绒染料。染料与纤维间以离子键和分子间力及氢键共同作用相结合,离子键不起主要作用,可用于羊毛、蚕丝和聚酰胺纤维的染色,染色牢度比强酸性染料好。中性染料可在近中性条件下染色,中性染料相对分子质量大,磺酸基所占比例小,溶解度降低,聚集倾向大,染料主要以胶体状态分散在染液中,只有采用较高的起染温度来降低这种聚集倾向,在近沸点染色才能较为充分地解聚并均匀上染,所以强酸性染料初染温度一般在 30～40℃,弱酸性染料初染温度为 50～60℃,中性染料初染温度为 60～70℃。对于强酸性染料,由于其移染性能较高,上染过程中如发生不匀现象,可通过延长沸染时间来补救。而对于弱酸性染料和中性染料来说,必须要靠严格控制初染温度和升温过程来达到匀染的目的。各类酸性染料的染色性能比较如表 5-1 所示。

表 5-1　不同种类酸性染料染色性能比较

染色性能	强酸性染料	弱酸性染料	中性染料
湿处理牢度	较差	较好	好
染色用酸	硫酸	醋酸	硫酸铵或醋酸铵
染液 pH	2~4	4~6	6~7
匀染性	好	一般	差
染料溶解性	好(相对分子质量小)	稍差(相对分子质量较大)	差(相对分子质量大)
与纤维结合形式	离子键	范德华力、氢键、离子键	范德华力、氢键

四、酸性染料对羊毛纤维的染色工艺

羊毛的氨基含量为 0.8~0.9mol/kg,羊毛(角质)的等电点 pH 为 4.2~4.8,同时羊毛表面有鳞片层,耐酸性较好,所以,羊毛纤维可以在强酸性、弱酸性及中性条件下用酸性染料染色。

1. 强酸性染色工艺

(1)染色处方(owf):

酸性染料	x
硫酸(98%)	2%~4%(pH=2~4)
结晶元明粉	10%~20%
浴比	1:(20~30)

硫酸起促染作用,染深色时用量应大些,可分次加入或初染时改用醋酸,以避免染色不匀。元明粉起缓染作用,有利于匀染,染浅色时应多加,也可加入阴离子或非离子表面活性剂起缓染和匀染作用。

(2)染色工艺过程:染色升温曲线如图 5-2 所示。

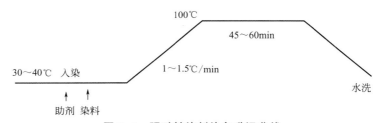

图 5-2　强酸性染料染色升温曲线

染料用冷水、温水或醋酸打浆,再用温水或沸水稀释、过滤。染液升温至 30~40℃ 入染,采用缓慢升温以控制上染速率。沸染时间应根据染料的扩散性、透染性、上染率、移染及匀染性来确定。沸染时间太短,透染性差,影响染色牢度,而且不利于通过移染来消除染色不匀。沸染时间过长,会使某些染料色光变浅变萎暗,织物易发毛,毛线易毡并。染深色时,可适当延长沸染时间。

(3)染色实例。强酸性染料纯毛绒线染军绿色。

①染色处方(owf):

酸性黄	1.43%
酸性红	0.06%

酸性蓝	0.44%
硫酸(98%)	2%
元明粉	4%
平平加 O	0.1%

②染色升温曲线：

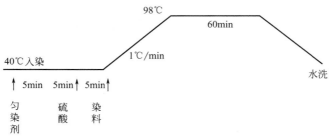

图 5-3　强酸性染料染色实例升温曲线

2. 弱酸性染色工艺

(1)染色处方(owf)

弱酸性染料	x
醋酸(98%)	0.5%～2%(pH=6～4)
结晶元明粉	10%～15%
匀染剂	0～0.5%
浴比	1:(20～40)

醋酸用来调节 pH,染浅色或匀染性差的染料,pH 应适当高些,并分两次加入醋酸,也可用部分硫酸铵代替醋酸。元明粉起促染作用,应在染色一段时间后加入,染浅色时可不加。可加入阴离子或非离子表面活性剂(如平平加 O 等)起缓染和匀染作用。

(2)染色工艺过程。染色操作过程基本与强酸性染料相同,因染料聚集倾向较大,入染温度比强酸性染料高,对匀染性差的染料应适当减慢升温速率,并保证足够的沸染时间,以使纤维染匀、染透。

染色升温曲线如图 5-4 所示。

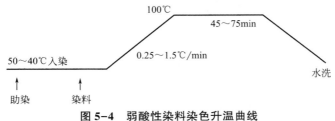

图 5-4　弱酸性染料染色升温曲线

(3)染色实例：

弱酸性染料纯毛染色：

①染色处方：

弱酸黄 5GN	0.12%
弱酸艳蓝 RAW	0.08%
冰醋酸	1%
元明粉	3g/L

②染色升温曲线:

3. 中性染色工艺

(1)染色处方(owf):

中性染料	x
硫酸铵	1%~2%
或醋酸铵	2%~4%(pH=6~7)
匀染剂	0~0.5%
浴比	1:(20~40)

硫酸铵在染液中发生水解,使染液带微酸性,当温度较高时,氨挥发逸出,使染液 pH 逐渐降低,在匀染的同时达到较高的上染率。对深色可加 10%~15%结晶元明粉起促染作用,应在染色一段时间后分次加入。

因羊毛有一定的还原能力,使有些对还原作用较敏感的染料,沸染后会泛红,色光萎暗,可加入少量氧化剂加以克服,如加 0.25%~0.5%重铬酸钠,用量不宜过高,染色温度不宜超过 95℃。

(2)染色工艺过程:染色升温曲线如图 5-5 所示。

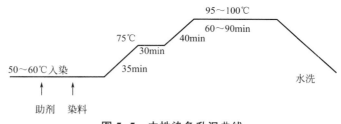

图 5-5　中性染色升温曲线

染色操作过程基本与弱酸性染料相同,因染料聚集倾向较大,匀染性较差,移染性差,要求较高温度始染,并适当减慢升温速率或采用分段升温。

五、酸性染料对其他纤维的染色工艺

酸性染料除了用于羊毛染色外,还常用于蚕丝、锦纶、大豆等纤维等的染色。

1. 酸性染料蚕丝染色工艺

（1）蚕丝纤维的染色性能特点

蚕丝和羊毛同属蛋白质纤维，分子中既含有氨基，又含有羧基，具有两性性质，所以，酸性染料是蚕丝染色的主要染料。但蚕丝丝素中氨基的含量为 $0.12 \sim 0.20 mol/kg$，比羊毛的氨基含量低。丝素等电点的 pH 为 $3.5 \sim 5.2$。而且，丝素对酸的稳定性比羊毛差，在强酸性条件下染色时，蚕丝的光泽、手感、强力都受到影响。因此蚕丝通常用弱酸性染料染色，染液 pH 一般控制在 $4 \sim 6$，用醋酸调节，随着酸用量的增加，上染速率和上染率均增加，但易造成染色不匀，可在染色中分次加酸。也可在近中性的条件下进行染色，匀染性较好，并可与直接染料及中性染料拼色染色。加入中性电解质起促染作用，可加阴离子及非离子表面活性剂起缓染作用。对酸比较敏感和移染性差的染料染色时，可使用释酸剂代替加酸，释酸剂一般为有机酯类化合物，随着染浴温度上升发生水解逐步释放出 H^+，使染浴 pH 由中性向酸性移动，产生促染作用。

蚕丝织物一般比较轻薄，对光泽要求较高，表面容易擦伤，织物长时间沸染，部分丝素会溶解，影响手感，织物之间相互摩擦，易造成局部"灰伤"（Defective Nap）。所以，染色时一般不宜沸染。由于蚕丝表面没有鳞片层组织，无定形区比较松弛，在水中膨化较剧烈，染料在纤维中比较容易扩散，上染速率较快，温度越高，上染越快，易造成染色不匀，宜采用逐步升温的工艺。

酸性染料在蚕丝上颜色较鲜艳，但湿处理牢度比在羊毛上低，染色后一般要经阳离子固色剂处理，以提高湿处理牢度，尤其是深色产品，大多数要用固色剂处理后才能获得较好的染色牢度。但固色剂处理后，往往使颜色鲜艳度变差。常用的固色剂有固色剂 Y 等含甲醛阳离子树脂类固色剂和新型的无甲醛环保固色剂。固色剂 Y 为双氰胺与甲醛的缩合物，已有很长历史，固色效果较好，但织物上游离甲醛含量高，不符合环保要求，正逐步被不含甲醛的环保固色剂替代，无甲醛固色剂一般为阳离子性的多烯胺或季铵盐树脂，有的还带有环氧基等反应性基团，固色效果好，固色后织物色光变化小，如环保固色剂 ZS-201、无醛固色剂 HWS 等。

（2）蚕丝织物酸性染料染色工艺。蚕丝用弱酸性染料染色常用浸染、卷染等方法。现以绳状染色机、卷染机、方形架和星形架染色机染色工艺为例，说明如下。

①绳状染色机染色工艺。真丝乔其、双绉等轻薄织物常用绳状染色机染色。现以真丝乔其染橘红色为例：

a. 工艺流程：

织物入槽（每档放置一匹织物，进绸后将织物头尾缝接）→前处理（50℃温水处理 10min）→染色→后处理→出槽

b. 染色处方：

弱酸艳橙 2R	1.8%（owf）
弱酸桃红 BS	0.14%（owf）
平平加 O	0.3g/L
食盐	0.5g/L
浴比	1∶30（浴量 1600L）

c. 升温曲线：

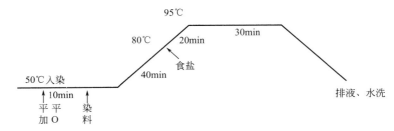

d. 后处理:先以流动冷水冲洗一次,继以40℃温水和冷水洗,再经固色处理。

固色处方:

环保固色剂 ZS-201	3%(owf)
平平加 O	0.1g/L
冰醋酸	0.2mL/L
温度	40~50℃
时间	20~30min

固色后可冷水洗5min或直接出机。

②卷染机染色工艺。卷染机染色能保持绸面平整,不易使织物擦毛受伤,但有一定张力,适用于要求平整光洁和光泽要求高的绸缎织物。现以真丝电力纺染桃红色为例介绍染色工艺。

a. 工艺流程:

上轴→前处理(95℃、2 道)→染色(60℃、4 道,80℃、4 道,95℃、4 道)→水洗(60℃、1 道,40℃、1 道,室温 1 道)→固色(45℃、4 道)→水洗(室温、1 道)→上卷

b. 工艺处方:

前处理:

平平加 O	1g/L

染色:

弱酸桃红 BS	0.4%(owf)
平平加 O	0.5g/L(染色开始时加入)
冰醋酸	0.5mL/L(在染色 5、6 道时各加一半)
浴比	1:(3~5)
浴量	150L(织物每卷 600~800m)

固色:

环保固色剂 ZS-201	2%(owf)
平平加 O	0.2g/L
冰醋酸	0.1mL/L

③方形架和星形架染色工艺。方形架和星形架染色是在织物完全松弛状态下进行的,能避免织物的损伤,星形架染色机还可通过染液循环促使织物染匀染透。但由于浴比较大,染化料利用率低,一般采用续缸染色。

a. 工艺流程:

挂绸上架→吊架入槽→前处理→染色→后处理→出槽、下绸、脱水。

b. 前处理：

平平加 O	0.2g/L
温度：	50℃
时间：	15min

染色处方：

	清水桶	连桶补加
弱酸艳蓝 5GM（owf）	3%	2.1%
弱酸嫩黄 G（owf）	0.85%	0.66%
平平加 O	0.2g/L	0.04g/L
食盐	1g/L	0.6g/L
浴比		1∶（100~200）

c. 升温曲线：

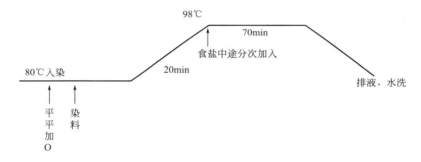

d. 后处理：先 45℃ 水洗，然后 45℃ 固色 15~30min。

固色处方：

环保固色剂 ZS—201	2%~6%（owf）
冰醋酸	1mL/L
平平加 O	0.25g/L

2. 酸性染料对大豆纤维的染色

大豆蛋白纤维是由大豆豆渣中提取的大豆蛋白质和聚乙烯醇按一定比例共混，通过湿法纺丝经缩醛化反应制得的一种再生蛋白质纤维。具有单丝细度小、相对密度轻、强伸度高等特点，而且具有棉纤维般的优良吸湿性、羊绒般的柔滑性以及真丝般的优雅光泽。

与羊毛和蚕丝相似，大豆纤维也具有两性性质，其酸性氨基酸含量大于碱性氨基酸，等电点介于 4~5。所以，弱酸性染料是大豆纤维的主要染料，在 pH=6 以下时有较好的染色性。由于大豆纤维中碱性氨基酸和羟基氨基酸的总含量远低于羊毛和蚕丝，且纤维取向度较高，有皮层结构，所以，弱酸性染料染大豆纤维的表面色深一般比羊毛和蚕丝低。

可采用弱酸性染料的常规工艺进行染色，染色均匀性、覆盖性良好，透染性优异，染后光泽、亮度较好，染色工艺简单，手感柔软。

学习任务 5-2　酸性含媒染料染色

一、酸性含媒染料的类型及其性能

酸性媒染染料的染色牢度好,但染色工艺复杂,若将染料预先与金属离子络合,就制成了酸性含媒染料。酸性含媒染料分子中已具有金属络合结构(大多数含铬,少数含钴、铜、镍),染色时不需再经媒染处理,但络合作用没有酸性媒染染料充分,湿处理牢度较强酸性染料好,但不如酸性媒染染料。按络合时金属离子与染料的比例不同,分为1:1型和1:2型两类。

(一)1:1型酸性含媒染料(1:1 Premetallized Acid Dyes,也称酸性络合染料)

这类染料为金属离子与邻羟基偶氮结构染料以1:1比例络合的染料。染色方法与强酸性染料相似。为了防止在上染过程中染料中的金属离子过早与纤维上氨基形成配位键而造成染色不匀,染色时需加较多硫酸,在强酸性染浴中进行,使纤维上的氨基离子化,并抑制羧基的电离,从而暂时不能形成配位结构,起匀染作用。当上染完毕经水洗去除硫酸后,纤维上的氨基和离子化的羧基可与染料中的金属离子形成配位键而使染料与纤维牢固地结合在一起,最终的结合状态与酸性媒染染料相似,但络合作用不如酸性媒染染料强。由于染色pH低,仅用于羊毛染色。

(二)1:2型酸性含媒染料(2:1 Premetallized Acid Dyes,也称中性染料)

金属离子与染料分子以1:2的比例络合,染料仍带负电荷。与1:1型酸性含媒染料相比,1:2型染料各项牢度较好,特别是耐日晒牢度更佳。但由于染料相对分子质量大,其匀染性较差。此外,色泽没有1:1型酸性含媒染料鲜艳,色光偏暗。

1:2型酸性含媒染料染蛋白质及聚酰胺纤维时,由于染料分子中的金属离子已与染料完全络合,故不能再与纤维上的供电子基形成配位键结合,其染色原理与中性浴染色的弱酸性染料十分相似。当染浴近中性时,染料与纤维间的氢键和范德华力起主要作用,染浴pH较低时,由于离子键的作用,染料上染速率较快,易造成染色不匀。所以,1:2型酸性含媒染料染色pH宜控制在中性或弱酸性,故又称其为中性络合染料,简称中性染料。可用于羊毛、蚕丝、锦纶、维纶等纤维的染色。

二、酸性含媒染料的染色工艺

(一)1:1型酸性含媒染料的染色工艺

1. 处方

染色处方(owf):

酸性络合染料	x
硫酸[98%(66°Bé)]	4%~4.5%
非离子型匀染剂	1.5%~2%
浴比	1:30

中和处方(owf):

  纯碱   1%~1.5%

  或醋酸钠   2%~3%

  或25%氨水   2%~2.5%

2. 染色过程

35~40℃开始染色,以每1~1.5min升高1℃的速率升温至沸腾,沸染90~120min,逐渐降温至40℃,清洗至pH 4~5,再升温至50℃,加碱中和20~30min,并清洗至洗液pH 6~7。

(二)1∶2型酸性含媒染料的染色工艺

1. 羊毛染色工艺

(1)染色处方(owf):

  中性染料 x

  醋酸铵   2%~4%(调pH 6~7)

  平平加O   0~0.5%

  元明粉   0~10%

(2)染色过程:40~50℃开始染色,在30~60min内升温至沸腾,沸染60~90min,逐步降温清洗。

2. 蚕丝织物染色工艺

(1)染色处方:

  中性染料 x(owf)

  硫酸铵(浅色不加)   1%~2%(owf)

  平平加O   0.2~0.5g/L

  浴比:浸染1∶50,卷染1∶(3~5),绳染1∶(20~30)。

(2)染色过程:40~50℃开始染色,在30~60min内升温至95~98℃,保温45~60min,以温水和冷水清洗。中、浓色织物可经固色处理,固色工艺可参照弱酸性染料染色。

3. 锦纶织物染色工艺

(1)染色处方:

  中性染料 x(owf)

  平平加O   0.5~1g/L

  硫酸铵   1%~2%

(2)染色过程:30~40℃开始染色,30~60min内升温至沸腾,沸染60~90min,水洗。为提高染色牢度,染色后可用净洗剂LS 0.5%~1%在40~50℃下处理20min。

一般染浴pH控制为:浓色7~7.5,淡色7.5~8。由于锦纶6比锦纶66染色能力强,所以锦纶6染色时,pH要稍高一些为好,必要时可加入磷酸钠,调高染浴的pH,以避免染花。对上染率低的染料或染浓色,可在沸染一段时间后加80%的醋酸0.5%~1%进行促染。此外,对匀染性较差的染料可加净洗剂LS 0.5%~1%与平平加O并用,可加强缓染作用。中性染料染锦纶时,可以和直接染料、弱酸性染料拼色。

知识拓展（一）

酸性染料、酸性含媒染料染色常见疵病及染色质量控制

一、酸性染料、酸性含媒染料染色常见疵病

酸性染料、酸性含媒染料染色常见的疵病和产生原因见表5-2。

表 5-2　酸性染料、酸性含媒染料染色常见疵病

疵病名称	现象	产生原因
色花	表面出现不规则条状或块状的色泽不匀	①弱酸性染料、1∶2 型酸性含媒染料染色 pH 偏低，上染速率过快 ②1∶1 型酸性含媒染料染色 pH 过高，染料渗透扩散不充分，过早络合 ③始染温度过高，初染速率过快，或沸染保温时间不足，移染作用不够 ④染料溶解打浆不匀，用水太少，染料未充分溶解，在染浴中分布不匀 ⑤溶解度较低，低温时易凝聚的弱酸性染料、中性染料等，始染温度过低，染料凝聚造成色点、色斑 ⑥弱酸性染料染色时，促染剂加得过快，或加促染剂时未关闭蒸汽
色差	在相同原料和染相同色号情况下，缸与缸之间产生色泽差异	①部分对还原敏感的弱酸性染料染羊毛时沸染温度过高引起色光变化 ②每缸染色时浴比、温度、时间、助剂用量不相同
耐摩擦和耐洗牢度差	摩擦和皂洗时沾色严重	①染料选择不当 ②染色时间不够，扩散不充分，表面浮色多 ③水洗不充分，表面浮色多 ④酸性染料固色处理不当

二、染色质量控制方法

1. 加强前道工序的质量控制

毛织物的洗呢、缩呢的均匀性、洗液温度、用碱量和冲洗情况均会影响匀染性和重现性，坯布残留碱性高，对某些染料易造成色花。蚕丝织物脱胶精练质量也会影响染色的均匀性。可通过坯布和半成品的检验分档，根据不同的坯布和半成品状况制订合适的染色工艺。由于中性染料染色时不加酸，所以纤维上残留的碱更易引起染色疵病，因此对染前织物一定要洗匀洗净。

2. 选择合适的染料

根据不同的纤维种类和牢度要求选用染料类型，对拼色染料要选用上染速率相近、移染性、溶解度和对染浴 pH 要求相近的染料，以防产生色花和色差。

3. 采用适当的化料方法

弱酸性染料、1∶2 酸性含媒染料，要用冷水打浆后再用沸水稀释，或沸煮数分钟，有时可加适量扩散剂助溶，以防化料不充分造成色点。

4. 控制适当的 pH 和加酸的方法

弱酸性染料、1:2 酸性含媒染料的染色 pH 不宜过低,以防染色不匀,如需提高吸尽率,可分几次加酸或使用释酸剂,逐渐降低 pH。1:1 酸性含媒染料的染色 pH 不宜过高,以利于充分扩散,防止过早络合。

5. 严格控制染色温度

对上染速率较快的染料宜采用较低的始染温度均匀上染,对易凝聚的弱酸性染料和中性染料始染温度不宜过低,以防染料凝聚。要控制升温速率,避免上染速率过快。要保证足够的保温时间,使染料充分扩散和移染,提高匀染性和色牢度。

6. 严格按工艺规程操作

应按各类染料的工艺规定进行操作,染化料的加料顺序、织物的缝头、卷绕和堆置方式和时间、设备的清洁、水质要求等各方面都要严格要求,才能确保染色质量的稳定。

知识拓展(二)

其他染料对蛋白质纤维及其制品的染色

一、直接染料染色

直接染料除可用于纤维素纤维的染色外,还可用于蚕丝、锦纶、羊毛等纤维的染色。

1. 对蚕丝织物的染色

蚕丝织物也可用直接染料进行染色,但光泽、颜色鲜艳度、手感往往不及酸性染料染色,很少单独应用,一般仅用来弥补酸性染料和活性染料色谱的不足,如黑、翠蓝、绿等,特别是黑色,用酸性染料和活性染料染色比较困难,而直接黑得色较深。为了改善直接黑的染色牢度,在实际生产中常与酸性染料或活性染料拼染。

直接染料染蚕丝织物可在弱酸性或中性条件下进行,以中性浴染色较多,其上染类似于直接染料对纤维素纤维的上染,即纤维对染料吸附和扩散,但在纤维上的固着机理却类似于酸性染料。染液中加入酸,有利于蚕丝分子中— NH_2 形成— NH_3^+,抑制了羧基的电离,降低了纤维表面的负电荷,提高了对染料的吸附速度。有些直接染料在中性条件下上染较差,往往可在染液中加入少量醋酸,从而获得较好的上染。直接染料染蚕丝的工艺与染纤维素纤维相似,举例如下(织物重量 25kg,黑色):

染色处方:

直接耐晒黑 GF	1.8kg
平平加 O	750g
食盐	20kg
浴比	1:100

染色设备采用星形架或方形架染色机。染色时将清水升温至沸后,加入预先溶解好的平平加 O、食盐和染料,搅匀后开始染色。在近沸下保温染色 60min,因为蚕丝织物一般比较轻薄,若经长时间沸染,会引起纤维表面的擦伤,有损纤维的光泽,所以不宜在沸腾的情况下染色。染色

后以 70~80℃、50~60℃及冷水各水洗 5min,然后固色。

2. 对羊毛的染色

纯毛织物一般不用直接染料染色,羊毛与纤维素纤维混纺织物有时可用直接染料染色。染色时应选用结构比较简单、在弱酸性条件下能较好上染羊毛的染料。

二、活性染料染色

(一)对羊毛的染色

羊毛纤维中除了含有—NH_2外,还含有羟基(—OH)和巯基(—SH),这些基团都能和活性染料发生反应,其中以羊毛中所含胱氨酸中的二硫键水解所生成的—SH 和染料的反应性最强,—NH_2次之,—OH 最弱。由于—OH 仅能在碱性介质中形成—O^-离子后才具有较强的反应性,而羊毛纤维不耐碱,一般需在弱酸性或中性介质中进行染色,而且于羊毛纤维中的—NH_2含量较多,故染料主要是与羊毛中的氨基发生反应。

羊毛纤维上存在鳞片层,阻碍了染料向纤维内的扩散,因此染色需要用较高的染色温度,通常采用沸染染色。在这种情况下,一般活性染料很容易发生水解,同时羊毛纤维之间存在染色性的差异,以及同一根纤维毛梢与根部的染色性能也存在差异,因此选用的活性染料的反应性不宜过高,否则在移染之前已在相当程度上与纤维发生了键合反应,容易产生染色不匀的现象。但是如果染料的反应性太低,为了使键合的染料增加,势必要延长沸染时间,羊毛纤维也容易受到损伤,所以染料的扩散性应好,反应性要适当。用于羊毛纤维染色的活性染料可以分成两种,一种是用于纤维素纤维染色的活性染料(以下简称棉用活性染料),另一种是专用于羊毛染色的活性染料(以下简称毛用活性染料)。棉用活性染料可以在弱酸性条件下上染羊毛,在此条件下活性染料被羊毛吸附主要是依赖于染料与纤维之间的范德华力和氢键,染料与纤维的反应以二氯均三嗪型活性染料为例表示如下:

$$\text{D—NH} \diagdown \text{Cl} + \text{W} - \text{NH}_2 \longrightarrow \left[\text{D—NH} \diagdown \text{NH—W—W} \right] \longrightarrow \text{D—NH} \diagdown \text{NHW} + \text{HCl}$$

这类活性染料中扩散性差、反应性高的染料易造成染色不匀,在弱酸性、高温条件下易水解的染料则湿处理牢度较低。

KN 型活性染料能与蛋白质纤维迅速反应,并能在较强的酸性中使用,此时其染色性能与匀染性酸性染料相似,仅有部分染料与羊毛纤维键合,随着 pH 的降低,离子键结合的染料增多。当 pH=6 时,染料以活泼的乙烯砜形式存在,其反应性高,所以固色率也较高。

采用棉用活性染料染羊毛,配制染液时 pH 用醋酸调节为 4~5,染浅色时可为 6~6.5。染液 pH 太低,染料迅速上染,容易造成不匀,有些染料会沉淀析出,沾污染物及设备。pH 在中性时染料的上染率很低,若为碱性,上染甚少。染色后期染液的 pH 可用氨水调节至 6.5~7,促使染料与纤维反应,以提高湿处理牢度。染浅、中色时,可加适量的非离子型表面活性剂作缓染剂,在 40~50℃开始染色(溶解度受酸影响的染料可在 70~80℃开始染色),然后逐步升温(1~1.5℃/min)至沸腾,沸染 30~90min,染后水洗和用合成洗涤剂中性洗涤。水洗后若用 2%醋酸处理,再冷水洗净,有利于防止羊毛损伤。

　　毛用活性染料是近年来发展的一批专门用于羊毛染色的活性染料,可染制具有超级耐洗牢度的毛纺织品。这类染料鲜艳度高,反应性好,染浅色时牢度较优,但匀染性稍差,染色时升温速度不能太快,吸尽率可达 95% 左右。这类染料通常在 pH = 4.0 ~ 5.5 时固色,酸性不宜太强,否则会造成羊毛和染料中的酰氨基的水解。染色温度应高,否则染料很难通过羊毛的鳞片层。

　　对活性基是 β–乙烯砜硫酸酯的毛用活性染料,染液的 pH 不同,染料存在的形式也不同。在 pH = 5.5 左右时主要的生成物是乙烯砜形式,但此时生成乙烯砜的速度仍相当缓慢,要 100℃、1h 左右完成,所以这类染料只能在高温染浴中逐渐与羊毛生成共价键结合,具有较好的匀染性,因此适用于浸染染色。而对活性基是二氟一氯嘧啶型的毛用活性染料,如 DrimalanF 和 Verofix 均属此类。它们与酸性染料母体相连接,固色率可达 90%,并有较好的耐晒牢度和湿处理牢度。这类染料在染色过程中水解倾向较低,故活性基团上的两个氟原子都能与羊毛纤维上的—NH₂生成稳定的共价键结合。

　　羊毛活性染料(以 Lanasol 活性染料为例)染色工艺举例如下:

　　(1)工艺流程:

　　配制染液→升温染色→保温染色→氨水中和→水洗

　　(2)染液处方(owf):

活性染料	x
硫酸铵	4%
醋酸	0.5% ~ 2.5%
匀染剂	1%
元明粉	0 ~ 10%
pH	4.5 ~ 7
浴比	1 : (20 ~ 40)

　　(3)升温染色:以 1 ~ 2℃/min 升温至沸点。

　　(4)保温染色:在 100℃ 下保温染 30 ~ 90min。

　　染色浓度在 1% 以上时,染毕降温至 80℃,换清水加 25% 氨水 2% ~ 6%,调节 pH 至 8.5,保温 80℃,处理 15min,以洗净未固着的染料。

(二) 对蚕丝的染色

　　蚕丝用活性染料染色目前应用还不广。活性染料颜色鲜艳,染色牢度高,能适应蚕丝产品对鲜艳度的要求。由于蚕丝染色温度高时,容易造成纤维擦伤,所以用活性染料染蚕丝一般宜选用反应性较高的活性染料。在蚕丝染色中能获得较好的效果的活性染料有二氯均三嗪型、二氟一氯嘧啶型、喹噁啉型、N–甲基牛磺酸乙砜型等。

　　活性染料染蚕丝可以在弱酸性、中性或弱碱性条件下进行。在弱酸性条件下染色时,上染速度较快,染料可与丝分子中的氨基等发生反应生成共价键结合而固着。此外,部分活性染料阴离子也可以与丝中的–NH₃⁺成离子键而固着。以二氯均三嗪染料为例,反应如下:

$$D-NH\triangledown Cl + S-NH_2 \longrightarrow \left[D-NH\triangledown \overset{Cl}{\underset{Cl}{NH-S}} \right] \longrightarrow D-NH\triangledown \overset{Cl}{NHS} + HCl$$

$$D-SO_3^- + S-\overset{+}{N}H_3 \longrightarrow D-SO_3^-\cdot H_3\overset{+}{N}-S$$

在弱酸性条件下染色时,得色量高,颜色较鲜艳,有部分染料以离子键形式固着,染物的湿处理牢度较低,染后要充分洗净。在中性条件下染色,染料不易被纤维吸附,纤维与染料的反应不完全,得色量低,染物的湿处理牢度亦不高。在碱性条件下染色,纤维表面带的负电荷多,活性染料不易被纤维吸附,上染百分率和固色率都较低,染料以共价键形式固着在纤维上,湿处理牢度较高。但蚕丝的耐碱性较差,染液的 pH 不宜太高,一般为 8~9,以免影响蚕丝的光泽和手感。

在酸性条件下,染色的方法是:在 30℃ 的中性染液中开始染色,染 20~30min,逐渐升温至 98~100℃,分两次加入所需醋酸(总量为冰醋酸 4~5mL/L),再染 30~40min,然后水洗、合成洗涤剂洗、水洗。在碱性条件下染色的方法与染纤维素纤维相似,可用一浴二步法染色,用中性电解质促染,用纯碱作碱剂,用量为 4g/L 左右。

(三) 对大豆蛋白纤维的染色

大豆蛋白纤维是一种由大豆分离蛋白和聚乙烯组成,在纺丝过程中经过交联处理形成的化学纤维。大豆蛋白纤维的染色性能比棉、羊毛和蚕丝差,这是因为一方面大豆蛋白纤维在制造过程中,原来无定形区中的大量羟基经缩醛化处理,与甲醛生成了亚甲醚键,降低了对染料的吸附量;另一方面大豆蛋白纤维的结晶度、取向度较高,使得纤维对染料的吸附能力进一步降低。

可用于大豆蛋白纤维针织物染色的染料主要有酸性染料、中性染料和活性染料。酸性染料和中性染料水洗牢度较差,活性染料不但能染得较浓的深色,而且具有较好的湿处理牢度。不同的活性染料,其母体结构、活性基和桥基不同,用于大豆蛋白纤维染色时表现出的染色性能差别较大,因此必须选用合适的活性染料对大豆蛋白纤维织物进行染色。一氯均三嗪和乙烯砜型双活性基活性染料对大豆蛋白纤维具有较高的直接性和较高的反应性,较适于大豆蛋白纤维针织物的染色,这类染料包括 B 型活性染料和 M 型活性染料。

活性染料应用于大豆蛋白纤维针织物染色的工艺流程为:

染色→固色→水洗→皂洗→水洗

以 Megafix B 活性染料为例,染色处方和工艺举例如下:

染色:

Megafix B 活性染料	x(owf)
元明粉	20~50 g/L
平平加 O	0.5 g/L
温度	65~70℃
浴比	1:40
时间	20~40 min

固色:

| 纯碱 | 2~5 g/L |
| 时间 | 20~40 min |

皂煮：

净洗剂	0.5g/L
温度	90℃
浴比	1∶40
时间	10~20 min

　　自 30℃ 缓慢升温至规定温度进行染色,染色至规定时间后加碱固色,最后进行皂煮和水洗。

☞ 复习指导

　　1. 强酸性染料主要用于羊毛的染色,用硫酸促染,染料负离子与纤维中的—NH$_3^+$以离子键结合,初染温度一般在 30~40℃,加入中性电解质起缓染作用。

　　2. 弱酸性染料可用于羊毛、蚕丝、锦纶、大豆等纤维的染色,用醋酸调节染浴为弱酸性,可通过分次加酸来避免染色不匀,初染温度为 50~60℃,加入中性电解质起促染作用,纤维与染料主要以范德华力和氢键结合,同时染料负离子与纤维中的–NH$_3^+$以离子键结合。

　　3. 中性染色的弱酸性染料用醋酸铵或硫酸铵调节染浴为近中性,纤维与染料主要以范德华力和氢键结合。初染温度为 60~70℃,可适当加入阴离子或非离子表面活性剂(如平平加 O 等)起缓染和匀染作用。为提高酸性染料的染色牢度,可采用固色剂固色。

　　4. 1∶2 型酸性含媒染料宜在中性或弱酸性下染色(又称为中性染料),染料与纤维主要以范德华力和氢键结合,染色工艺与中性染色的弱酸性染料类似,可用于羊毛、蚕丝、锦纶、维纶等纤维的染色。

　　5. 具有相似染色性能的纤维组成的混纺织物(如丝/毛、毛/锦等织物)可选用相同类型的染料染两种纤维,选择合适的染料和助剂并采用适当的工艺条件控制两种纤维的上染速率和上染率可获得同色。

　　6. 染色性能相差较大的两种纤维组成的织物(如毛/黏、毛/腈、毛/涤等织物)可选用不同类型的染料分别上染两种纤维,产生同色或双色。此时的染色工艺有一浴法、一浴两步法和二浴法等。也可只用一种类型的染料染其中一种纤维获得淡色或闪白效果。

☞ 思考题

　　1. 酸性染料主要有哪几种结构类型? 在应用性能上有何差别?

　　2. 比较强酸性、弱酸性和中性浴染色的酸性染料的染色性能特点和染色条件的主要差别。为什么要根据不同类别控制合适的 pH,强酸性染料染色 pH 过高或弱酸性染料染色 pH 过低对染色质量有何影响?

　　3. 简述酸性染料上染羊毛的基本原理。并说明元明粉在不同 pH 条件下分别起什么作用?

　　4. 强酸性染料和弱酸性染料的始染温度有何不同要求? 升温速率和沸染时间与染匀染透

有何关系？

5. 分别写出羊毛在强酸性、弱酸性和中性浴染色的一般染色工艺（包括染色处方和工艺条件）。

6. 酸性络合染料染色时对染液 pH 有何要求？为什么？在染色过程中如何调节？

7. 比较酸性络合染料和中性染料的染色原理，并说明两者在染色条件和性能方面的主要区别。

8. 蚕丝织物为什么常用弱酸性染料和中性染料染色？常用的染色设备和工艺有哪几种？各有何优缺点？

9. 酸性染料、酸性含媒染料的染色质量主要应从哪几方面加以控制？分别说明控制不良的后果。

学习情境 6　合成纤维及其制品染色

合成纤维是由小分子的有机化合物为原料经聚合形成的高分子化合物。纺织品常用的合成纤维有聚酯纤维、聚丙烯腈纤维、聚酰胺纤维等,它们各有特点,染色性能差异较为明显,如聚酯纤维一般用分散染料染色,聚丙烯腈纤维一般用阳离子染料染色,聚酰胺纤维可用活性染料、酸性染料等染色。

学习任务 6-1　涤纶制品分散染料染色

分散染料相对分子质量小,结构较简单,不含水溶性基团,是疏水性较强的非离子型染料,染色时依靠分散剂的作用以微小颗粒状均匀地分散在染液中,因而称为分散染料(Disperse Dyes)。分散染料染色的特点是色泽艳丽,耐洗牢度优良,用途广泛。

分散染料最早应用于二醋酸纤维(Diacetate Fiber)的染色,由于该纤维上部分羟基乙酰化后,纤维成为疏水性的(Hydrophobic),没有离子结合的能力,于是出现了能染这类纤维的分散染料。随着涤纶等合成纤维的高速发展,分散染料也随之迅猛发展,目前已成为合成纤维,特别是涤纶染色和印花的主要染料。由于各种合成纤维的物理结构和疏水程度各不相同,故对分散染料的要求也不相同。一般来说,疏水性较强的纤维(吸湿性低)适宜选用疏水性较强(在水中溶解度小)的分散染料,即染料极性的强弱、分子结构大小和形态必须与纤维的极性、物理结构相适应。

分散染料本身是非离子型的,而它的商品染料多半含有阴离子型分散剂,所以呈阴离子性,不能在同一染浴中使用阳离子型助剂和阳离子染料。目前有二十多种分散染料受到禁用,其中绝大多数为低温型分散染料,如分散灰 N、分散黑 TW、分散红 3B、分散蓝 2BLN、分散黄 RGFL 等。

一、涤纶的结构特点和染色性能

(一) 涤纶的染色性能

涤纶由聚对苯二甲酸乙二醇酯经熔融纺丝而成,属于聚酯纤维(Polyester Fiber)。涤纶分子中没有羟基、氨基等亲水性基团和强的极性基团,只有极性很小的酯基(除端基外),吸湿中心很少,回潮率为 0.4%~0.5%,不到棉纤维回潮率的 1/15,故吸湿性很差,疏水性很强。

涤纶的线性状态较好,分子链上没有大的侧链,分子排列整齐,结晶度高,无定形区的结构比较紧密,纤维分子间的微隙(Hole)小。涤纶属于热塑性纤维,其玻璃化温度 T_g 随纤维结晶度的增加而提高,在水中由于少量水分子进入纤维发生增塑作用,使得纤维的 T_g 降低。纤维经过热处理,使其微结构发生变化, T_g 也随之改变。当涤纶加热到 T_g 以上时,纤维无定形区的分子链段发生运动,纤维分子间的微隙增多并增大。当染色达到一定温度时,因纤维分子链段运动而形成的瞬时孔隙增大,染料分子才能进入纤维内部,此时上染速率明显提高。

由于涤纶的高疏水性,要求染料具有与纤维相对应的疏水性能。故不能采用含有—SO_3^-,—COO^- 等水溶性基团的水溶性染料染色,而应采用疏水性强的非离子型分散染料染色。而且涤纶分子结构紧密,故所用染料还必须分子结构简单、相对分子质量小。

分散染料正是符合涤纶染色要求的一类染料。它的相对分子质量小,结构较简单,不含水溶性基团,是疏水性较强的非离子型染料,染色时依靠分散剂的作用以微小颗粒状均匀地分散在染液中,因而称为分散染料(Disperse Dyes)。分散染料染色的特点是色泽艳丽,耐洗牢度优良,用途广泛。

(二)涤纶的染色性能和方法

由于涤纶的高疏水性,要求染料具有与纤维相对应的疏水性能。故不能采用含有—SO_3^-,—COO^- 等水溶性基团的水溶性染料染色,而应采用疏水性强的非离子型分散染料染色。染料分子往往引入以下极性基团:—OH、—NH_2、—NHR、—NR_2、—NHCOR、—CN、—F、—Cl、—Br、—NO_2 等。

涤纶分子结构紧密,故采用分子结构简单、相对分子质量小的分散染料,通常至多含有两个苯环的单偶氮染料,或者分子结构比较简单的蒽醌衍生物,杂环结构的分散染料一般很少。

由于涤纶的结构紧密, T_g 较高,故需要在较高的温度染色时,以增大染料分子的动能,改进纤维的扩散性。若采用高温高压染色法及热溶染色法(Thermosol Process),考虑到聚酯纤维的软化点为 230~240℃,熔点为 260℃,一般染色温度在 100~220℃,这就要求使用的染料在此染色条件下较稳定,不分解,不变色,有较高的耐升华牢度;若在染液中加入能促使涤纶增塑、溶胀和降低 T_g 的助剂——载体,则在较低温度时,染料也能很好地上染纤维并扩散进入纤维内部,这种方法叫载体(Carrier)染色法。

二、分散染料的主要性能及其分类

(一)溶解性

分散染料是分子型染料,即在分子结构中不含有如磺酸基(—SO_3Na)、羧酸基(—COONa)等水溶性基团,只含有如—OH、—NH_2、—NHR、—N =N— 等一些极性基团,因此,在水中只有微小的溶解度(溶解度一般为 0.1~10mg/L),绝大多数的染料是借助于分散剂的作用,以小晶体颗粒分散在水中。分散染料的低水溶性是一个十分重要的性质,因为只有溶解了的染料分子才能进入涤纶微隙,在纤维内部进行扩散而染着。分散剂可以提高染料的溶解度,但是分散染料在水中的溶解度不能过大,否则不易染着涤纶,所以在染浴中添加一些助剂以增加染料的溶解度,可以起到缓染甚至剥色作用。分散染料的溶解度随温度升高而提高,在超过 100℃ 时作用更明显。但在配制染液(俗称化料)时,分散染料中分散剂会因温度过高而析出,造成染料聚集,所以分散染料化料温度不宜超过 45℃。

(二) 稳定性

在高温碱性的条件下,分散染料分子中的某些基团会发生水解或还原,致使染料分子结构破坏,造成色浅、色萎。

1. 水解

当染料分子中含有酯基、酰氨基、氰基等时,高温碱性条件下易水解。

$$—CH_2CH_2OCOCH_3+H_2O \xrightarrow[\triangle]{OH^-} —CH_2CH_2OH+CH_3COOH$$

$$—NHCONH_3+H_2O \xrightarrow[\triangle]{OH^-} —NH_2+CH_3COOH$$

$$—CN+H_2O \xrightarrow[\triangle]{OH^-} —COOH+NH_3$$

如分散蓝 HGL、福隆深蓝 S-2GL 等,所以当分散/活性染料同浴染色时应尽量减少活性染料中碱剂的用量。

2. 还原分解

因为纤维素分子中含有半缩醛基,具有一定还原性,染料分子中的硝基、偶氮基容易被还原。

$$—NO_2+4[H] \longrightarrow —NH_2+H_2O$$

$$—N\!=\!N—+4[H] \longrightarrow —NH_2+—NH_2$$

如果在高温碱性条件下用分散染料染涤/棉或涤/黏织物,就可能发生这些反应,所以常在染液中添加一定量温和的氧化剂,如间硝基苯磺酸钠来防止这种现象发生。

3. 羟基、氨基的离子化。

在高温碱性条件下,染料分子中的羟基能发生离子化反应,使染料的水溶性增加,上染百分率降低,所以分散染料染液的 pH 不宜太高。

$$—OH+OH^- \longrightarrow —O^-+H_2O$$

而 pH 较低时,染料分子中的氨基也会发生离子化反应。

$$—NH_2+H^+ \longrightarrow —N^+H_3$$

使得染料的上染率降低和色光的变化。所以,分散染料染色时,pH 宜控制在 4.5~6 的弱酸性范围,此 pH 范围内染物颜色鲜艳,上染百分率也较高。

(三) 染色牢度

1. 升华牢度

升华牢度(Sublimation Fastness)是表示染色织物经一定条件的高温热处理后的褪色情况。涤纶及其混纺织物在染整加工以及使用过程中,由于要受到高温热处理,如热定形、热溶染色、熨烫整理等,所以对分散染料的升华牢度有一定的要求。

分散染料的升华牢度与染料分子的大小、分子中极性基团的数目以及极性大小有关。一般来说,染料分子结构越大、分子中极性基团的数目越多、染料分子的极性越大,则染料的升华牢度越好。

2. 耐晒牢度

分散染料在涤纶上的耐晒牢度一般比较高。偶氮类分散染料在涤纶上受日晒变褪色一般属于光氧化反应,染料分子中引入供电子基,使—N=N—上氮原子的电子云密度增大,易光氧化,染料易褪色,耐晒牢度降低。相反,染料分子中引入吸电子基,使—N=N—上氮原子的电子云密度降低,阻止光氧化,耐晒牢度提高。

蒽醌类分散染料的日晒褪色较复杂,通常对 α—氨基蒽醌的衍生物来说,α—NH_2 上的电子云密度越高,就容易受到氧原子的攻击,耐晒牢度差;相反,α—NH_2 上的电子云密度越低,耐晒牢度越好。

染料分子上引入极性基团,升华牢度提高,但耐日晒牢度降低,所以应综合考虑,合理地选择分散染料。

3. 烟褪色牢度

主要发生在氨基蒽醌结构的蓝、紫色的分散染料中,遇到空气中的 NO、NO_2 等气体,容易发生亚硝化或重氮化反应,使染料发生变色、褪色。

染料分子中有吸电子基,反应慢,牢度提高;染料分子中有供电子基,因为硝化反应是亲电反应,供电子基使电子云密度提高,易发生硝化反应,牢度降低。在醋酯纤维中,NO 气体溶解多,易褪色;在涤纶上,NO 气体溶解少,不易褪色。

(四)分散染料应用分类

分散染料按应用性能分类,各厂一般有自己的分类标准,通常以染料尾注字母来表示。常见按升华牢度分类,可分为如表 6-1 的三类。

表 6-1　分散染料分类

染色特性 ＼ 染料	高温型 S	中温型 SE	低温型 E
分子大小	大	中	小
升华牢度	好	中	低
移染性	较差	中	好
扩散性能	慢	中	快
热溶染色(℃)	200~220	190~205	180~195
高温染色(℃)	130	120~130	120~125
色泽选用范围	浓色	中浓色	淡中色

三、分散染料的染色方法及其原理

分散染料的染色方法目前主要有高温高压法、热溶法和载体法三种,其中前两种应用最为广泛。

(一)高温高压染色法

高温高压染色法是指将涤纶置于盛有染液的密闭容器中,并在 120~130℃,197~295kPa

（2~3kgf/cm²）压力的染色条件下进行染色的一种方法。它是通过高温、高湿效应提高了涤纶的染色性能，即在高温条件下，纤维分子链段运动加剧，分子间微隙增大，同时，染料分子溶解度提高，染料运动动能增加，利于染料的上染纤维；另外在高湿条件下，水的增塑作用，也能使纤维分子间微隙增大，这也有利于染料的上染。在高温高压染色法中，分散染料上染的具体过程是：分散染料的悬浮液中有少量分散染料溶解成单分子，因此在染料的悬浮体中存在着大小不同的染料颗粒和染料单分子，染料呈溶解饱和状态。染色时已溶解的染料分子到达纤维表面，被纤维表面吸附，并在高温下向纤维内部扩散，随着染液中染料单分子被吸附，染料中的染料颗粒不断溶解，分散剂胶束中的染料不断释放出来，不断提供单分子染料，再吸附、扩散，染色后，随着温度的降低，纤维分子链段运动停止，自由体积缩小，染料由于与纤维分子间的范德华力、氢键以及由于机械作用等而固着纤维。

显然，高温高压染色法，染色的温度越高，则纤维分子链段运动越剧烈，产生瞬时孔隙越多越大，染料扩散越快，染色所需的时间越短，但容器内的压力也越大，对设备的要求也越高。

高温高压染色法具有染色产品手感好，匀透性好，色泽鲜艳，色光纯正，染料利用率高（80%~90%），生产效果稳定（正品率80%~90%），生产灵活性大等特点，但对所选用的染料要求有良好的分散性能、移染性和遮盖性。

（二）热溶染色法

热溶染色法是指涤纶织物在热溶染色机上通过干加热（即焙烘），在高温（170~220℃）的染色条件下进行染料上染的一种染色方法。染色时，织物先通过浸轧槽将染料浸轧在纤维表面，烘干后经焙烘，在干热（170~220℃）条件下，纤维无定形区的分子链段运动加剧，形成较多、较大的瞬时孔隙；同时染料颗粒升华形成单分子形式，动能增大而被纤维吸附，并能迅速向纤维内部扩散，完成上染。

热溶染色法为连续化生产，效率高，但染料利用率低，设备投入大，染品手感较粗糙，色泽鲜艳度一般，染料选用受到限制（E型染料不宜）。

（三）载体染色法

载体染色法是指将涤纶置于含有载体的染液中，在高温下进行染色的一种染色方法。由于载体能增塑纤维，降低纤维的 T_g，并能使涤纶分子链之间的引力减弱，使纤维形成较大的空隙，从而使染料易于进入纤维内部。作为载体，必须与纤维分子有亲和力，也因为载体具有较强的吸湿能力，渗入纤维后，引起纤维的膨润，使纤维的微隙增大。同时载体对染料的溶解能力增强，使染料在纤维表面的浓度增大，提高了纤维内外染料的浓度差，加速了染料的扩散。由于载体的加入，染色速率和染料吸附量都大大提高，在100℃以下也有较快的上染速度，可染得深浓色。

常见载体有水杨酸甲酯、邻苯基苯酚、苯甲酸、一氯苯、二氯苯等苯的衍生物。

载体染色法设备简单，染色条件低，但染色手续麻烦，成本高，最主要的是载体对染色牢度和色泽有影响，高温易分解、挥发，其气体有毒，对人体有害，造成环境污染，因而目前很少使用。

四、分散染料的染色工艺

（一）分散染料高温高压染色法（卷染）工艺

1. 工艺流程及主要条件

冷水进缸→温水（60~65℃，2道）→60℃起染色2道→升温至100℃1道→升温至110℃1道→升温至120℃1道→升温至130℃1道→130℃保温染色6道→冷水2道→还原清洗（38% NaOH 3mL/L、85%保险粉2.5g/L，表面活性剂3g/L，70~80℃，2道）→水洗（40~50℃，1道）→冷水洗→出缸

2. 工艺处方

分散染料（owf）	x
分散剂NNO（或胰加漂T）	0~0.5g/L
冰醋酸	0.5mL/L
（或磷酸二氢铵）	1~2g/L（调节pH=5~6）

3. 工艺说明

分散染料以选择相对分子质量较小的低温型染料为宜。分散剂起扩散、匀染作用，以提高得色量。冰醋酸或磷酸二氢铵调节染浴的pH=5~6。因为pH<5，影响色光和上染率；pH>6，染料分解，色光发暗，涤纶受损。

染色最适合温度为130℃，此时上染率高，色光鲜艳，匀染性好，浮色少，染料上染率差别小，起染温度应低于涤纶玻璃化温度，一般为60~70℃，升温不宜过快，否则匀染性差。

4. 生产实例

分散染料染涤纶（浅红色）

分散红F3BS（owf）	2%
阴离子分散剂	0.5~1g/L
pH（醋酸调节）	5~6

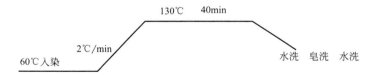

（二）分散染料热溶染色法工艺

1. 工艺流程及主要条件

浸轧染液（二浸二轧，轧液率65%，20~40℃）→预烘（80~120℃）→焙烘（180~210℃，1~2min）→后处理（或套染棉）

2. 工艺处方

分散染料	x
渗透剂JFC	1g/L
磷酸二氢铵	2g/L
扩散剂NNO	1g/L

抗泳移剂(3%海藻酸钠糊)　　　　　　　　　　　　　　　　　　5g/L

3. 工艺说明

(1)分散染料的用量根据色泽的浓淡而定,热溶拼色时所用染料的升华牢度应接近,使色光一致。

(2)染液中加入的抗泳移剂一般要求固含量要低,不妨碍染料向纤维内的扩散,受热不分解,对色光无影响且不粘辊筒,一般为 3%海藻酸钠糊。

(3)染液中加少量渗透剂,可改善色光鲜艳度和得色量;扩散剂可增加染液的稳定性。

(4)用磷酸二氢铵调节 pH 在 5~6,此时色光鲜艳,上染率高。如 pH 过高或过低均会影响色泽的鲜艳度和上染率。

(5)轧槽宜小,以便染液更新;温度要低,染液稳定;轧液率宜小,以防烘干时染料泳移。

(6)预烘阶段宜采用红外线(Infrared)—热风(heating wind)—烘筒(Cylinder)烘干方式,且温度应由低到高,以防止染料泳移(Migration)。

(7)热溶染色宜选择耐热性好的染料,一般 S 型、SE 型为好。焙烘温度:S 型为 220℃;SE 型为 190~210℃;E 型为 180~190℃。焙烘时间一般为 1~2min。焙烘时间与温度的关系一般为温度越高,时间越短;温度越低,时间越长。在温度一定的情况下,时间过长,织物手感越硬,强力降低,热能浪费,染料升华影响色光;时间过短,染料扩散不充分,色泽浓度下降。

4. 生产实例

(1)织物:65/35 涤/棉　22tex×22tex 378 根/10cm×342 根/10cm(96 根/英寸×87 根/英寸)(淡蓝色)。

(2)染液处方:

分散蓝 BBLS　　　　　　　　　　　　　　　　　　　　1.5g/L

浸湿剂 JFC　　　　　　　　　　　　　　　　　　　　　1mL/L

扩散剂　　　　　　　　　　　　　　　　　　　　　　　1g/L

海藻酸钠糊(3%)　　　　　　　　　　　　　　　　　　5g/L

(3)工艺流程及主要条件:

浸轧染液(二浸二轧,轧液率 65%,20~40℃)→预烘(80~120℃)→焙烘(190~210℃,1~2min)→后处理

(三)分散染料载体染色法(卷染)工艺

1. 工艺流程及主要条件

浸渍载体(60℃,2 道)→浸渍载体(80℃,2 道)→染色(加入染料和磷酸二氢铵,95~98℃,8~12 道)→冷水洗(2~4 道)→皂煮(4~6 道)→热水洗(80℃~90℃,2~4 道)→冷水洗(2 道)

2. 工艺处方

分散染料(owf)　　　　　　　　　　　　　　　　　　　*x*

磷酸二氢铵　　　　　　　　　　　　　　　　　　　　　1g/L

载体　　　　　　　　　　　　　　　　　　　　　　　　3~4g/L

3. 工艺说明

载体的用量要适当,随着载体用量的增加,涤纶的玻璃化温度下降,上染量增加,但增加到一定程度后,上染量反而下降。所以有时将染物用一定浓度的载体溶液处理,可获得剥色效果。磷酸二氢铵使染液呈酸性(pH=4.5~5.5),有利于载体发挥作用。

4. 生产实例

(1)织物:14.76tex×14.76tex,涤/棉65/35细纺布,600m。

(2)设备:有罩卷染机。

色泽:灰色

染浴组成:

5%水杨酸甲酯乳液	70L
分散红 F3BS	198g
分散黄 E-3G	220g
分散蓝 BBLS	185g
磷酸二氢铵	150g
加水至	150L

操作:先将水杨酸甲酯乳液倒入卷染机中,配好液量120L,在60℃时织物下卷,往复两道,然后升温至80℃,再走两道。加入染料及磷酸二氢铵,调节液量为150L,升温至95~98℃,染12道。冷流水洗4道,皂煮6道,80~90℃热水洗4道,冷流水洗2道,出机。

五、分散染料在超细纤维染色中的应用

分散染料最早应用于二醋酯纤维(Diacetate Fiber)的染色,由于该纤维上部分羟基乙酰化后,纤维成为疏水性的(Hydrophobic),没有离子结合的能力,于是出现了能染这类纤维的分散染料。随着涤纶等合成纤维的高速发展,分散染料也随之迅猛发展,目前已成为合成纤维,特别是涤纶染色和印花的主要染料。由于各种合成纤维的物理结构和疏水程度各不相同,故对分散染料的要求也不相同。一般来说,疏水性较强的纤维(吸湿性低)适宜选用疏水性较强(在水中溶解度小)的分散染料,即染料极性的强弱、分子结构大小、形态必须与纤维的极性、物理结构相适应。

分散染料本身是非离子型的,而它的商品染料多半是含有阴离子型分散剂,所以呈阴离子性,不能在同一染浴中使用阳离子性助剂和阳离子染料。目前有二十多种分散染料受到禁用,其中绝大多数的为低温型分散染料,如分散灰 N、分散黑 TW、分散红 3B、分散黄 RGFL 等。染料分子往往引入—OH,—NH_2,—NHR,—NR_2,—NHCOR,—CN,—F,—Cl,—Br,—NO_2 等极性基团。通常至多含有两个苯环的单偶氮染料,或者分子结构比较简单的蒽醌衍生物,杂环结构的分散染料一般很少。

分散染料属于疏水性染料,因而按照染料与纤维相适应的原则,分散染料除了用于染涤纶外,也可染其他合成纤维,如锦纶、氨纶、超细纤维等。

(一) 分散染料染超细纤维

1. 超细纤维特点

超细纤维通常具有显色性低、染色牢度低、提升性较高和上染速率快的特点,故染色不易均匀。一般常规涤纶所用的分散染料对超细纤维的染色不完全适用。所以要加以正确选择或积极开发一类适用于超细纤维的分散染料。

(1) 具有高的颜色强度。因为涤纶超细纤维的表面积是常规涤纶的数倍,甚至数十倍,为使超细纤维染色时染成与常规涤纶同样色泽浓度,需要数倍染料用量,否则染不浓。因此超细纤维必须采用高强度、高力份的染料。以便用较少的染料染得较浓的颜色。

(2) 具有高的染色牢度。超细纤维的线密度小,表面积较大,染料浓度较高。在热定形时,染着在纤维上的分散染料易发生再扩散,高温时向纤维表面泳移、积聚,使湿处理牢度和摩擦牢度明显下降。一般比常规涤纶低 0.5~1 级。同时,表面积增大,与光、热的接触机会增大,可吸收较多的光能和热量,染料在光、热的作用下发生光分解和热升华作用。所以超细纤维应使用高耐光、耐升华、耐洗、耐摩擦牢度的分散染料。

(3) 具有较好的移染性。超细纤维初染上染率较快,容易吸附不匀,所以染色温度要比常规涤纶低,因而要加强移染来达到匀染的目的。

(4) 具有良好的提升性。超细纤维不易染浓,需要很高的染料浓度,因此染料应具有良好的提升性,以便染得浓色。

另外所选用的染料还应具有好的匀染性、相容性和较好的后洗涤性。因为超细纤维线密度小,表面积大,染料的上染速率快,再加上染色前受热和张力的不均匀,故要求染料的匀染性好。而且拼混染色时,获得良好的重现性,应选用相容性好的染料。由于超细纤维使用的染料浓度较高,染色后难以完全除去未固着的染料,所以要选用在后处理中容易通过还原清洗(Reduction Clearing)或化学分解方法去除浮色的染料。

2. 酸性浴染色工艺

选用设备为适合于超细纤维织物染色的喷射溢流染色机。

染浴组成:

分散染料(owf)	x
高温匀染剂	1%~5%
润滑剂	1%
金属螯合剂	0.5%
醋酸钠	2%
醋酸	调 pH 至 4.5~5
浴比	1:(20~25)

起始温度为 60℃,染浴中加入助剂并调节 pH,再加入已调匀的分散染料,运行 10min,然后以 0.5~1℃/min 的升温速率升温至 96℃ 左右,保温 20min,再继续以 0.5~1℃/min 的速率升温至 130℃,淡色保温 30min,浓色保温 60min,染毕以 1℃/min 速率降温至 65℃,排残液,65℃ 热水洗 10min,然后升温至 70~80℃,加入烧碱 3~4g/L、保险粉 2~3g/L、净洗剂 0.5g/L,还原清洗,然后热水洗、冷水洗至无碱性,必要时醋酸中和。

3. 碱性浴染色工艺

选用设备为适合于超细纤维织物染色的喷射溢流染色机。

染浴组成：

分散染料（owf）	x
分散剂	1g/L
染色碱	2g/L
pH	8～10
浴比	1∶（20～25）
染色温度	130℃
时间	30min

此工艺应选择耐碱性的分散染料，同一种分散染料碱性浴染色得色比酸性浴略淡。染色的pH应维持在8～10，不可超过11。作为碱性浴的碱剂，应兼顾如下效果：对染色浴的pH起缓冲作用，能溶解低聚物以提高产品质量，起到螯合物效果兼顾染浴中的染料性能稳定等。染色碱一般选择有机碱剂。碱性染色的坚牢度略低于酸性浴染色，但碱性染色省略了还原清洗过程，无论从经济效益和社会效益方面，都是可取的一种染色工艺。

六、分散染料染色常见疵病及染色质量控制

在分散染料染色过程中，经常会出现色差、色点以及由于泳移而产生的色差、深边、浅边、白芯等一系列染色疵点，由于这些疵点给染色织物尤其涤纶比例较大的织物的染色带来困难。所以了解疵病产生的原因及控制方法尤为重要。

（一）色花产生的原因及控制方法

涤纶是热塑性纤维，在不同的温度条件下，分子热运动状态的不同引起结构和性能的变化。当染浴的温度高于涤纶玻璃化温度（67℃）时，涤纶无定形区分子链段运动加剧，此时染料上染纤维，若升温速度控制不当，极易产生色花。所以在染浴温度小于涤纶玻璃化温度以下时，升温速率可略快些，而当温度高于70℃时，应严格控制升温速率，缓缓升温至所需温度，对于超细纤维织物，更应该严格控制温度。有时，还需在某一温度段进行保温，以减少色花现象。降温时同样也需要缓缓降温，以减缓涤纶中无定形区分子的热运动。排液时也要将温度降到70℃以下再进冷水洗涤，否则也容易产生难以消除的折皱。所以严格控制升温速率是防止涤纶色花的关键。其次染料的配伍性能不一致也容易引起色花。所以，在涤纶染色时，筛选拼色的分散染料也是非常重要的。另外，缸内的容布量不当也容易引起色花，容布量太多，循环时间长，易产生色花，容布量太少，容易翻锅，造成色花，而且对于轻薄织物容易缠绕，产生色花；另外，操作不正确，化料不当，前、后处理不彻底也是引起色花的原因。

（二）色点产生的原因及控制方法

色点产生原因也很多，主要是由于化料不当和染料分散性不好引起高温凝聚以及前处理过程中浆料去除不尽造成的。分散染料中含有很多的分散剂（Dispersing Agent），化料温度太高，超过60℃，就会产生染料凝聚，所以化料温度一般不宜超过50℃，另外化料时间不宜过长，否则

也容易引起染料的凝聚;染料的分散性不好,在高温下也易造成凝聚。水洗不尽,布面存在的低聚物也是造成色点的一个因素。

(三)色差产生的原因及控制方法

色差主要在轧染过程中产生,尤其是涤棉混纺织物的染色,由于工艺流程长、染色过程复杂,各工序条件控制不当,极易造成色差。

(1)在前处理过程中,织物煮练后的毛效、白度、丝光的效果、定形程度和布面含碱量等指标,如果不均匀一致都会在染色时反映出来。所以,在前处理过程中,严格控制各机台的工艺操作,确保半制品各项理化指标的均匀一致,是克服轧染色差的基础和前提。

(2)染料选用不当,在拼色染料的筛选时,应尽可能选择配伍性好的染料拼色,以免因配伍不良,色光难以控制而造成色差。

(3)轧染机轧染压力控制不当,一般分散染料对纤维无亲和力,所以初开车时染料浓度要增加10%,以防初开车造成色淡现象。加料槽加料要用淋喷管,以避免单边加料造成左、中、右色差。使用均匀轧车,检查左、中、右轧液率,做好检查和维护保养工作。

(4)预焙烘控制不当。主要是急烘或两边烘燥不一时造成染料泳移,应严格控制焙烘温度和时间,以保证温度均匀一致,一般温差控制在3~5℃以内,以防因温度高低不一产生的色差现象。另外,涤纶织物在拉幅定形时,要经常检查风嘴,以免因风嘴风速不均匀而造成左、中、右色差。

(5)后处理不当,涤棉织物经热溶染色后门幅要收缩很多,所以要经过高温拉幅。高温拉幅时应经常检查定形机的温度和风嘴,以免造成色光的变化和左、中、右色差。

(6)坯布选用不当。因为虽然是同一规格的坯布,但不同厂家生产的纤维种类、质量有差异,所以,即使在相同染色工艺条件下,加工所得色泽往往浓淡不一,这种情况最明显的特征是在织物的某匹缝头处,两边颜色明显不同。所以染同一颜色时,尽量选择同一厂家的坯布。

(四)分散染料的泳移现象

由于分散染料的疏水性,使它在水介质中能产生移动,这种现象称为泳移。泳移现象在有些情况是有利于染色的,但在较多的情况下却容易造成染色不匀和牢度下降。泳移现象主要表现在三种情况:热溶轧染染色法浸轧染液后的烘干过程;高温高压等的浸染染色过程中;染后定形等热处理过程中。

轧染后的泳移容易导致色差、浓边、淡边、白芯等一系列染色疵病。这些疵点在固色前难以发现,因此很难避免。

泳移现象与以下因素有关:分散染料的泳移现象是在水蒸发的区域发生的。染料对纤维的亲和力越小,泳移现象越明显;织物带液越多,泳移现象越严重。分散染料的泳移现象还与烘燥时的空气流速有关,风速小于3m/s时,泳移较少,因此要调整风速;分散染料的泳移现象随烘燥温度的升高而增加;染料的泳移与烘燥的速度成正比,急速的烘燥会造成大量的泳移现象。另外还与染料颗粒的细度、结晶形状、聚集趋势和分散剂的类型和数量有关。

为防止烘干过程中染料的泳移,通常在染液中加入防泳移剂,同时要求织物有良好的渗透性,浸轧均匀一致,轧液率要低,浸轧后注意烘燥速度要低,烘干温度也必须由高到低。

染后泳移是发生在高温后处理过程中（如热定形），由于助剂的影响，分散染料产生的一种热迁移现象。热迁移的原因是由于纤维外层的助剂在高温时对染料产生的溶解作用。分散染料的热迁移会导致色光的改变，在熨烫时易沾污其他织物，摩擦牢度降低，水洗及汗渍牢度、干洗和耐晒牢度的下降等。热迁移现象与升华牢度无直接关系。

为防止热迁移现象，在染色前和染色中使用的助剂都必须洗除干净。在染色后处理及整理时，应精心选择将要留在织物上的化学品，如柔软剂、抗静电剂、防污剂等。只有对热迁移不造成影响的产品才可使用。使用树脂整理时，不仅要考虑分散染料的升华性还要考虑热迁移程度。

学习任务 6-2　腈纶制品阳离子染料染色

阳离子染料是一种水溶性染料，在水溶液中电离，能生成色素阳离子，因而叫做阳离子染料。阳离子染料是在碱性染料的基础上发展起来的，目前主要用于含酸性基团的聚丙烯腈纤维及其混纺织物，以及阳离子染料可染的改性涤纶、锦纶、丙纶等的染色，其色谱齐全、色泽浓艳、给色量高，耐晒牢度及耐洗牢度高，但匀染性较差。

一、腈纶的结构特点和染色性能

腈纶是聚丙烯腈纤维的商品名称，它是以丙烯腈为主要成分的共聚物。丙烯腈的均聚物由于物理结构紧密，分子链间作用力大，纺丝困难，加之脆性大，延伸性差，手感差，极难染色。为此，常加入第二、第三单体共聚，降低大分子结构紧密性，提高纤维的柔韧性，改善手感及染色性能等。

（一）腈纶的化学组成

1. 第一单体

第一单体为丙烯腈，含量 85% 以上，是纤维的主体，对纤维的许多化学、物理和机械性能起着主要的作用。丙烯腈含量若在 35%~85% 之间，则称为变性或改性聚丙烯腈纤维。

2. 第二单体

第二单体为含有酯基的乙烯基系单体，含量在 3%~12%。可松弛纤维结构，改进纤维弹性，减少脆性，增加热塑性和纤维的热收缩性，改善纤维手感，提高纤维柔韧性，利于染色。常用丙烯酸甲酯、甲基丙烯酸甲酯、醋酸乙烯酯等。

3. 第三单体

第三单体为可离子化的乙烯系单体，据所含官能团的性质，又可分为含酸性基团单体和含碱性基团单体，含量在 1%~3% 之间。它是能与染料结合的亲染料基团，可改进纤维的亲水性，进一步提高染料的染色性。常用衣康酸钠、丙烯磺酸钠、甲基丙烯磺酸钠、乙烯吡啶、丙烯酰胺等。有些纤维不含第三单体，只含第二单体。

据第三单体所含基团的不同,腈纶可分为以下三类:

(1)含酸性基团的腈纶:如羧基、磺酸基等,染色时,纤维在溶液中带负电荷,可用阳离子染料染色。

(2)含碱性基团的腈纶:如吡啶、氨基、乙烯基丁内酰胺、丙烯酰胺等,染色时,纤维在溶液中带正电荷,可用阴离子染料染色。如酸性染料、直接染料、还原染料。

(3)不含第三单体的腈纶。国产腈纶第二单体多为丙烯酸甲酯,含量为 5% ~ 10%,第三单体多为衣康酸钠或丙烯磺酸钠,含量为 1% ~ 3%,因此是含酸性基团的腈纶。阳离子染料染色是以含酸性基团的腈纶为讨论对象。

(二)腈纶的性质

1. 力学性能

腈纶的断裂强度和断裂延伸度都比较小,强度一般在 22 ~ 44cN/tex,延伸度 25% ~ 55%,湿强度变化不大,为干强度的 80% ~ 100%。硬挺度介于涤纶和锦纶之间。

腈纶对较小的变形抵抗力较大,在低延伸度范围内(3%)的弹性回复率(即弹性度)与羊毛接近。其卷曲弹性和稳定性在低负荷时较好,高负荷时,特别是在热的影响下,卷曲度基本消失。

2. 热性能

腈纶也是热塑性纤维,其尺寸热稳定性与涤纶、锦纶相似。由于蕴晶结构的存在,对热敏感,具有较大的热塑性。其玻璃化温度随品种不同而差异很大。一般为 85 ~ 95℃。在含有较多水分和膨化剂的情况下,会降到 70 ~ 85℃之间。

腈纶的弹性模量随着温度的升高而降低,由于亲水基团的存在,在热水中尤其明显。如腈纶膨体纱在玻璃化温度以上进行热加工时,在不均匀液流冲击下,很容易产生纱线的捻度转移;如果织物所受的张力过大或不均匀,还容易造成变形和纬斜等问题。

腈纶耐热性能较好,在 125℃热空气下放置 32 天,强力不下降,在 150℃热空气下放置 2 天,强力下降不到 5%。但如果温度更高,如 200℃,即使接触时间很短,也会引起泛黄。因此腈纶染色应尽量避免高温处理。

3. 染色饱和值

阳离子染料染色时,腈纶上的酸性基团与染料阳离子之间以离子键结合。由于第三单体酸性基团的含量是有限的,因此在不同的温度条件下,其结合也是有限的。纤维上所能吸附的染料最大值称为纤维饱和值(Fibre Saturation Value, S_f)。

腈纶的饱和值是指某腈纶用指定的标准染料(一般用相对分子质量为 400 的纯孔雀绿),在 100℃,pH = 4.5±0.2,浴比 1:100,回流染色 4h 或平衡上染百分率达到 95% 时,100g 腈纶上吸附的染料量[(染料重/纤维重)×100%]。腈纶共聚组分不同,则纤维品种不同,纤维饱和值也就不同,但对某一特定的腈纶,其饱和值是一常数。

纤维饱和值是评价腈纶可染性的重要参数之一。纤维饱和值越大,表示对染料的吸收量越大。使用时,根据纤维的饱和值计算染料和助剂的最大用量;饱和值小的(1.2 ~ 1.7)纤维宜染浅淡色,饱和值大的(2.1~2.7)纤维宜染深浓色和黑色。

二、阳离子染料的结构分类及性能

阳离子染料是一种水溶性染料,在水溶液中电离,能生成色素阳离子,因而叫做阳离子染料。阳离子染料是在碱性染料的基础上发展起来的,目前主要用于含酸性基团的聚丙烯腈纤维及其混纺织物以及阳离子染料可染的改性涤纶、锦纶、丙纶等的染色,其色谱齐全、色泽浓艳、给色量高,耐晒牢度及耐洗牢度高,但匀染性较差。

阳离子染料根据染料分子结构特点可分为共轭型阳离子染料、非共轭型阳离子染料、迁移型阳离子染料和分散型阳离子染料。

(一)共轭型阳离子染料(非定域阳离子染料)

染料分子中的阳离子基团在染料的母体结构中,并与染料发色体的共轭体系贯通,所带阳电荷分散在共轭体系中,但位置并不固定,所以又叫非定域阳离子染料(Cationic Dyes in Conjugated Structure)。

此类染料品种多、色泽鲜艳、得色量高,上染率、匀染性好,耐晒、耐热性能较好,是目前染腈纶的主要品种。

(二)非共轭型阳离子染料(定域型或隔离型阳离子染料)

染料分子中的阳离子基团与染料发色体的共轭体系不贯通,不参与共轭体系,由隔离基隔开。阳离子多为季铵离子,并固着在某一原子上,所以又叫定域型或隔离型阳离子染料。(Cationic Dyes in Seperated Structure)

此类染料阳电荷集中,容易与纤维结合,上染率高、匀染性差,日晒牢度很好,耐热性能较好。

(三)迁移型阳离子染料

由于一般阳离子染料的阳离子基团较大,扩散速率小,亲和力高,在常规的染色温度和时间范围内染色时易造成染色不匀,所以常需延长升温时间或加入缓染剂。而这种操作方法往往导致染色成本增加,且染色条件不易控制,影响染色质量。为此,近年来研究开发出了迁移型阳离子染料(Cationic Dyes in Migrated Form),初步解决了腈纶染色不匀的问题。

迁移型阳离子染料阳离子基团小,亲和力低,扩散速率高,在沸染过程中有优良的迁移性,适用于腈纶膨体纱染色和腈纶织物匹染,染中、淡色时匀染性极佳。染色时,从80℃升温到100℃,染色时间可从原来的45~90min缩短到10~25min,缓染剂的用量可从原来的2%~3%减少到0.1%~1.5%。不同的纤维可用同一染色方法。这类染料在名称后面标以"M"或"BM",如阳离子红M-RL。

(四)分散型阳离子染料

为了降低阳离子染料的亲和力,提高其迁移性,同时解决腈纶混纺织物一浴法染色时,阳离子染料与阴离子染料不相容的问题,将阳离子染料与芳香族磺酸盐形成复合体(即将阳离子染料的阴离子等量换成芳香族磺酸根阴离子,封闭了染料的阳离子基团,使阳离子染料的溶解度大大降低到几乎不溶的程度），经研磨成细粉或超细粉，便可得到分散型阳离子染料（Cationic Dyes in Dispersed Form）。

分散型阳离子染料在80℃以下，呈非离子分散状态，对纤维的亲和力较低，但可以与分散染料一样，吸附在纤维表面，并能均匀地吸附、扩散和渗透。当温度升高到80℃以上时，复合体缓慢解离，放出染料阳离子，被纤维吸附，扩散进入纤维，并与纤维上的酸性基团以离子键结合，完成染色的过程。实际生产中，不仅可以不用缓染剂上染纯腈纶，还能用于腈纶混纺织物的一浴法染色，并可用于阳离子染料可染的涤纶、锦纶。染色工艺简单，匀染性优良，耐热性优异，最终热定形后不易变色，重现性好。与其他染料同浴染色时，不会形成沉淀。国产的这类染料在名称后面标以"SD"，如阳离子黄 SD-5GL。

另外，还有用于拔染的拔染型阳离子染料，国内统称为 D 型。如阳离子拔染蓝 D-2BL。

三、阳离子染料的染色原理和染色性能

（一）阳离子染料的染色原理

腈纶中的主要品种是含酸性基团的纤维。由于酸性基团的存在和氰基的电子结构特征，染色时，腈纶上的酸性基团在染浴中电离，使纤维表面带负电荷：

$$腈纶—COOH \longrightarrow 腈纶—COO^- + H^+$$

$$腈纶—SO_3H \longrightarrow 腈纶—SO_3^- + H^+$$

阳离子染料溶于水，在染浴中电离后带正电荷。

染浴中带负电荷的腈纶与带正电的染料阳离子之间产生静电引力，使染浴中的染料阳离子向纤维表面迁移并吸附在纤维表面，从而在纤维表面和纤维内部形成染料的浓度差。由于腈纶的结构紧密，染料很难从纤维表面向纤维内部渗透，只有在温度超过玻璃化温度以后，染料才能由纤维表面向纤维内部扩散和渗透；最后纤维上的酸性基团与染料阳离子之间以离子键结合在一起：

$$腈纶—COO^- + D^+ \longrightarrow 腈纶—COOD$$

$$腈纶—SO_3^- + D^+ \longrightarrow 腈纶—SO_3D$$

纤维与染料之间除了以离子键结合外，还以氢键和范德华力结合。

与染料阳离子之间以离子键结合的酸性基团通常称作"染座"（Specific Site）。染料在纤维内的扩散可以看成是由一个染座转移到另一个染座。染料在纤维上的吸附属于定位吸附（化学吸附）。纤维上酸性基团的强弱不同，对染料的吸附能力、染色速度及始染温度不同。染料在纤维上的上染情况见图 6-1。

（二）阳离子染料的染色性能

1. 溶解性

阳离子染料可溶于水，更易溶于乙醇或醋酸。若水的温度升高或加入尿素，则染料的溶解度增加。溶解度良好的染料有利于匀染，并能提高色泽鲜艳度。

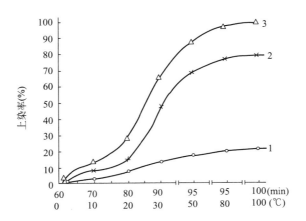

图6-1　不同类型的腈纶同浴染色时染料的上染情况

[染浴配方:阳离子艳蓝(300%) 0.5%,醋酸4.0%,醋酸钠1.0%]

1—仅含弱酸性基团的腈纶　2—仅含强酸性基团的腈纶　3—两种纤维的综合上染

2. 配伍性(相容性)

配伍性(Compatibility)是指两个或两个以上染料拼色时,上染速率相等,则随着染色时间的延长,色泽深浅(色调)始终保持不变的性能(只有浓淡变化)。

阳离子染料上染腈纶,是与纤维上的酸性基团成离子键结合。由于酸性基团的数目是有限的,因而染色时会出现饱和现象。拼色时,由于染料的上染速率不同会产生竞染现象。一种染料上染后会影响其他染料的上染速率和上染百分率。因此,实际染色时要求所用染料是配伍的。即每只染料在时间 t 时上染纤维的染料量 M_t 与平衡时上染纤维的染料量 M_∞ 的比值相等。应满足下式:

$$\frac{M_{1t}}{M_{1\infty}} = \frac{M_{2t}}{M_{2\infty}} = \frac{M_{3t}}{M_{3\infty}} = \cdots\cdots$$

如果上式比值不相等,则这些染料不配伍(或不相容)。

配伍性能对于不同染料拼色非常重要。如果拼色染料不配伍,则被染物的色光会随染色时间的长短而改变。因此,只有选择配伍的染料染色,才能获得均匀、正常的染色效果。

配伍性能的大小可以用配伍值 K 来表示。它是阳离子染料的亲和力和扩散性能的综合效果。

两种或两种以上的染料拼染时,染料为争夺染座而发生竞染。亲和力大的染料争得的染座多,亲和力小的染料争得的染座少。争得染座少的染料,若扩散速度快,则单位时间内以染座为起点扩散到纤维内的染料量增多。反之争得染座多的染料,若扩散速度慢,则单位时间内以染座为起点扩散到纤维内的染料量较少。因此拼色时各染料的上染性能由阳离子染料的亲和力和扩散速度共同决定。

阳离子染料配伍值的测定:采用黄、蓝两组标准染料,每组染料由5只染料组成,其配伍值分别为1、2、3、4、5(表6-2)。待测的阳离子染料样品选定一组标准染料,按规定分别配成5个拼色染浴。在相同条件下,各染浴用6份同重的纤维试样依次用前份纤维染后的残浴染色,这样,在每一个染浴中都可得到一组染色系列试样,共有 5 组。如果在某一个配伍值的染浴中所得到的系列试样只有浓淡的变化而无色光变化,则被测染料的配伍值就是该标准染料的配伍值(表 6-3)。

表 6-2　标准染料名称

染料用量(owf,%)	黄色标准染料	配伍值	染料用量(owf,%)	蓝色标准染料	配伍值
0.76	Astrazon　RR	1.0	0.55	Astrazon　FRR	1.0
0.5	Cathilon　GLH	2.0	2.7	Astrazon5　GL	2.0
0.3	Maxilon4　RL	3.0	1.2	Astrazon3　RL	3.0
0.76	Cathilon　K-3RLH	4.0	0.6	Cathilon　K-2GLH	4.0
0.65	Synacril　R	5.0	2.4	Astrazon　FGL	5.0

表 6-3　标准染料与样品染料的配伍值

黄色染料的配伍值	1.0	2.0	3.0	4.0	5.0
蓝色染料样品拼染后的色光	较黄	稍黄	恰好	稍蓝	较蓝

注　蓝色染料样品的配伍值应评定为 3.0。

配伍值大的染料,亲和力低,上染速率慢,匀染性好。因此对于某些比较难染的淡色,例如米色、豆沙、淡棕、驼色、灰色等,可以选用配伍值均为 5.0 的一组染料相互拼染。配伍值小的染料,亲和力高,上染速率快,匀染性差,但得色量高,可用于染浓色或中浓色。

实际生产时,单一染料染色,淡色选用 K 值大($K=5$)的染料比 K 值小($K=1\sim2$)的更易获得匀染;浓色选用 K 值小的染料对上染有利。拼色时,选用配伍值相同或相近的(各染料的配伍值之差不大于 0.5)配成一组,使拼色染料上染速度一致,这样,染液中各染料之间的比例关系始终如一,有利于生产上控制成品色光和分批染色的重现性(缩小色差)。某些阳离子染料的配伍值列于表 6-4。

如果这样仍解决不了某些难染色号的匀染问题,则可考虑选用迁移型阳离子染料。

表 6-4　某些阳离子染料的配伍值

染料名称	配伍值	染料名称	配伍值
阳离子金黄 7GL	1.0	阳离子黄 7GLL	2.5
阳离子黄 RR	1.0	阳离子红 BBL	2.5
阳离子橙 R	1.0	阳离子紫红 3R	2.5
阳离子橙 3R	1.0	阳离子黄 X—6G	3.0
阳离子橙 FL	1.0	阳离子金黄 GL	3.0
阳离子嫩黄 7GL	1.5	阳离子橙 FRL	3.0
阳离子深黄 GL	1.5	阳离子红 RL	3.0
阳离子橙 G	1.5	阳离子棕 G	4.0
阳离子红 2GL	1.5	阳离子艳红 RTL	4.0

续表

染料名称	配伍值	染料名称	配伍值
阳离子深蓝 R	1.5	阳离子桃红 FG	4.0
阳离子黄 GRL	2.0	阳离子黄 R	5.0
阳离子蓝 5GLA	2.0	阳离子黄 5G	5.0
阳离子蓝 TGL	2.0	阳离子蓝 FGL	5.0
阳离子绿 F3B	2.0	阳离子绿 BH	5.0

3. 染色饱和值

对于一定品种的腈纶，其分子结构中酸性基团的含量是有限的。染色时，当染料阳离子与腈纶上的酸性基团全部作用完后，纤维即失去染色反应能力。此时染浴中的染料浓度即使再增加，纤维上的染料浓度也不再相应增加，染浴中染料浓度与纤维上的染料含量关系曲线有一明显转折点。此转折点就是一定染料对一定纤维的染色饱和值。阳离子染料在腈纶上的吸附等温线符合朗格缪尔吸附等温线，见图6-2。

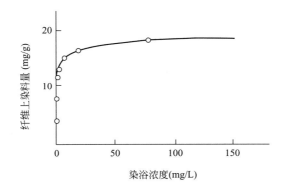

图6-2 特利纶上染等温曲线

（浴比 1∶60，温度100℃，时间8~12h）

不同的染料在同一纤维上的上染限度是不同的。它们有各自的染色饱和值（S_D）。纤维的染色饱和值 S_f 与某一染料的染色饱和值 S_D 的比值称为该染料的饱和系数 f，也称"饱和因数"或"相对饱和值"。

$$f = \frac{S_f}{S_D}$$

饱和系数 f 对某一阳离子染料是一常数。用它可以判断某阳离子染料上染腈纶的能力。f 值越小，染料上染量越高，越易染得浓色。据染料的饱和系数和纤维的饱和值，通过公式可算出该染料在该纤维上的染色饱和值。单一染料染色时，该染料的饱和值即为染色处方中染料用量的上限。在实际生产中，往往用几种染料拼色，所用各染料的量［D_i］（包括阳离子助剂用量）与各自的饱和系数 f_i 的乘积之和不能超过腈纶的染色饱和值，用这样的配方进行染色是合理的，染料的利用率高，而且不产生浮色。否则染料上染不完全，不但会造成染料的浪费，而且易造成

浮色,影响染色牢度。各染料和助剂之间的关系可用下式表示:

$$[D_1]f_1+[D_2]f_2+[D_3]f_3+[D_4]f_4+\cdots+[D_i]f_i=S_f\times D.C.$$

D. C. 为染色系数。D. C. 越高,染色速度越慢,易得到匀染。D. C. 若超过100,则有染料残留在染浴中。其数值要综合生产实践经验、纤维和染料特性、染色设备、加工方式等因素而定。

例如:

深咖啡色	染料用量(%)			f 值		
阳离子嫩黄 7GL(500%)	1.0	×	0.45	=	0.45	
阳离子红 2GL(250%)	1.2	×	0.61	=	0.73	
阳离子艳蓝 RL(500%)	0.21	×	0.38	=	0.08	
醋酸	3.5					
醋酸钠	1.0					
元明粉	10					
阳离子匀染剂 TAN	0.8	×	0.58	=	0.464	
			合计:		1.724	

计算结果为1.724,小于国产腈纶的饱和值常数(2.3),所以此配方合理。实际生产时其上染率可达98.5%。

不同的腈纶由于其共聚成分不同,其饱和值是不一样的。纤维的饱和值在2.2以上的,染浓色比较容易;饱和值在1.4以下,则适宜于染中、淡色。部分国产阳离子染料的 f 值和 K 值见表6-5。

表6-5　国产阳离子染料的 f 值和 K 值

染料名称	饱和系数	配伍值	染料名称	饱和系数	配伍值
阳离子青莲 2RL	0.26	1.0	阳离子红 BL	0.35	3.0
阳离子黄 7GL	0.54	1.5	阳离子蓝 GL	0.37	3.0
阳离子深黄 GL	0.41	1.5	阳离子红 6B	0.41	3.5
阳离子红 2GL	0.45	1.5	阳离子红 X—GRL	0.25	3.5
阳离子青莲 3BL	0.47	1.5	阳离子黄 X—6G	0.55	3.5
阳离子艳蓝 RL	0.70	1.5	阳离子蓝 X—GRL	0.54	3.5
阳离子黄 2RL	0.25	2	阳离子翠蓝 GB	0.56	4.0

现配套使用的阳离子染料有:

(1) $K=1.5$,可染浓色,所得色泽牢度高:

阳离子黄 7G

阳离子红 2GL

阳离子艳蓝 RL

(2) $K=3.5$,可染中、浓色,匀染性好:

阳离子黄 X—6G

阳离子红 X—GR

阳离子蓝 X—GR

4. 匀染性

阳离子染料对腈纶的亲和力一般比较大,初染率较高,不少染料甚至在染浓色时,其上染率可达到97%~100%。但由于腈纶与其他合成纤维一样,结构紧密,染料扩散性能差,移染性差,因此常常有染色不匀现象。在腈纶的玻璃化温度以下染色时,染料的上染速率很慢;达到玻璃化温度以上时,由于纤维结构变得松弛,产生许多微隙,染色速率突然增加,大量的染料在较短的时间内迅速上染纤维,也会造成染色不匀。而高亲和力也使阳离子染料在腈纶上移染性差,扩散性能差,所以一旦出现染色不匀,很难在以后的染色过程中纠正。所以必须在染色时采取必要措施,减缓上染速度,以获得匀染效果。

阳离子染料染腈纶时的匀染性(Leveling Property)与染色时染料的浓度有很大的关系。染色浓度低时,更容易产生染色不匀,其原因是上染速率快,完成上染所需的时间短,见图6-3,因而初染率过高时对上染不匀影响较大。再者染色浓度低时,染液浓度局部不匀,也会造成染色不匀。

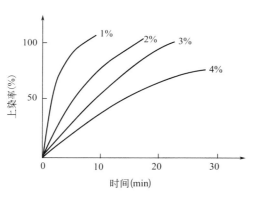

图 6-3　染色浓度对上染速率的影响

（阳离子红 GL）

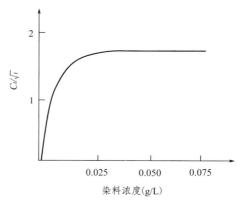

图 6-4　染浴浓度对上染速率的影响

（C_f:染料 g/100g 纤维;t:s）

从图6-4可看出,在染浴浓度较低时,浓度变化引起上染速率的变化很大,染浴中染料浓度略有不同就会造成染色不匀。在染料浓度较高时,浓度变化对上染速率的影响很小,染浴中即使染料浓度有所差异,也不一定会造成明显的色差。染色越接近饱和,就越容易获得匀染。

除上述因素外,最后的染色温度高,染色时间长也有利于获得匀染。

要获得均匀的染色,必须注意控制染色速率。控制染色速率的方法有温度控制、pH 控制和在染液中加入中性电解质、缓染剂等。

（1）**温度控制。**腈纶染色最敏感(易上染突变)的温度在玻璃化温度附近。此范围内温度每升高1℃,上染速率都会增加很多,所以在玻璃化温度附近,必须严格控制升温。具体控制方法有升温控制法、分段升温法和恒温染色法。

①升温控制法:在75℃以下时,上染速率很慢,上染量很少,染料仅吸附在纤维的表面,此时可升温快些(1~3min 升高 1℃);当染色温度达到纤维的玻璃化温度(75~85℃)时,纤维大分

子链段开始运动,纤维的物理结构变得松弛,产生许多微隙,纤维的自由体积增加,染料进入纤维内部比较容易,上染速率开始增加,但由于纤维结构的不均匀性和染液温度分布的不均匀性,会使染料在纤维上的吸附不均匀,从而导致染花,此时升温要缓慢(2~4min 升高 1℃);在 90~100℃时,上染速率几乎呈直线上升,因此升温更慢(3~6min 升高 1℃),并在 100℃时保温一段时间。图 6-5 为染色温度与染色速率的关系。

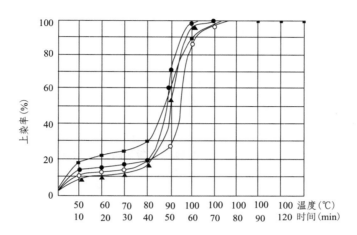

图 6-5　染色温度与染色速率的关系

——●——阳离子嫩黄7GL　——○——阳离子艳红5GN
——■——阳离子红2GL　——▲——阳离子艳蓝RL

　　②分段升温法:在上述每个升温阶段之间,即上染速率变化较快的温度,可以保温一段时间,然后再升温至 100℃染色,这样利于匀染。一般第一个保温选择在 85℃或 90℃,保温 10~15min;第二个保温可选择在 95℃或 97℃,此时上染最快,保温要长,一般 20~30min。保温时间的长短,可以从测定保温前后的上染率的变化来确定。如果保温后上染率增加很多,保温时间宜增加,反之可以缩短。如果保温后上染率没有增加,则这一保温可以取消,另找一个上染较快的温度保温。

　　③恒温染色法:此法是在玻璃化温度以上沸点以下,选择一个适当的温度,作为固定的恒温染色温度,在此温度下,染料在染浴中无急剧上染现象,一般选 85~95℃,恒温染色 45~90min,待大部分染料上染后再升温至 100℃做短时间处理,使染料完全固着,达到正常的染色牢度。

　　图 6-6 和图 6-7 分别是缓慢升温法和恒温染色法的升温速率曲线和上染速率曲线。

　　生产实践证明,用阳离子染料染腈纶最高的适宜温度为 97~105℃,高温下的延续时间为45~90min。在这样的温度和范围内,染浅色温度可低,时间可短;染深色温度可提高,并延长染色时间。需注意的是如果温度过高,会使腈纶产生过度收缩,手感变硬,织物变形。另外染后织物不宜骤然降温,否则影响成品的手感。

　　(2)**pH 控制**。染浴 pH 会影响腈纶上酸性基团的离解,进而影响染料的上染百分率及上染速率。当 pH 较低时,染浴中[H⁺]较大,抑制了染料分子和纤维上酸性基团的离解,减少了染

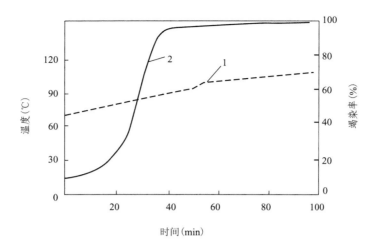

图6-6　缓慢升温染色时3%莱克敏耐晒蓝的上染曲线

1—升温速率曲线　2—上染速率曲线

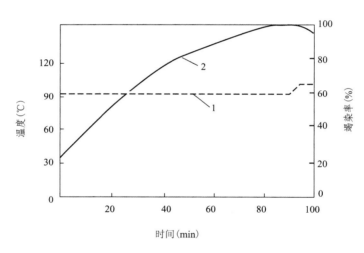

图6-7　恒温染色时3%莱克敏耐晒蓝的上染曲线

1—升温速率曲线　2—上染速率曲线

液中游离的染料阳离子的浓度和纤维上阴离子基团的数量,上染速率下降,上染量减少,所以上染速率随染浴 pH 的下降而变得缓慢,因此染色时加酸起缓染作用。

$$HX \rightleftharpoons H^+ + X^-$$

$$\text{腈纶—COOH} \underset{+H^+}{\overset{-H^+}{\rightleftharpoons}} \text{腈纶—COO}^- + H^+$$

$$\text{腈纶—SO}_3\text{H} \underset{+H^+}{\overset{-H^+}{\rightleftharpoons}} \text{腈纶—SO}_3^- + H^+$$

$$DX \rightleftharpoons D^+ + X^-$$

腈纶所含的酸性基团的类型及数量不一样,则对 pH 的变化的敏感程度不同。仅含弱酸性基团(羧基)的腈纶对 pH 变化的敏感程度较大,染色时用酸量要少,而含强酸性基团(磺酸基)的腈纶受 pH 的影响较小,用酸要多。图 6-8 为含不同酸性基团的腈纶,染浴 pH 对其上染的影响。

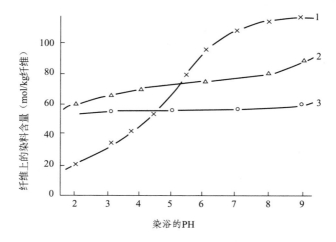

图 6-8 腈纶染色速度与染浴 pH 的关系
1—考特尔(仅含弱酸性基团) 2—贝丝纶(含强酸性基团 0.070mol/kg 纤维
弱酸性基团 0.044mol/kg 纤维) 3—奥纶(含强酸性基团 0.046mol/kg 纤维
弱酸性基团 0.017mol/kg 纤维)

通常染淡色时用酸量要比染浓色时多,使 pH 低些,可以获得较好的匀染,一般 pH 控制在 3~4.5;染浓色时,用酸量要少,使 pH 高些,腈纶离解程度高,染浴中残留染料少,可以获得较高的上染百分率。如果染浴的 pH 过低,纤维中电离的酸性基团少,会引起上染百分率的降低,所以一般 pH 控制在 4~5.5。pH 过高(高于 6),会引起染料的变色、沉淀和破坏。pH 过低(小于 2.5),染料会发生水解或结构改变,导致消色或变色。因此,一般阳离子染料染色时控制染浴的 pH 在 2.5~5.5,以获得较好的色泽、色光和稳定性。

染色用酸一般以加醋酸为最好。因为醋酸除了用以要求的酸性浴外,还是阳离子染料的优良溶剂。染料用醋酸调浆,再以沸水或沸热的尿素水溶液冲稀,可以制备溶解度良好的染液。为了调节和稳定染浴的 pH,使用时可加醋酸钠组成缓冲液以维持染浴的 pH。用量一般为纤维的 1%~3%。

(3)**中性电解质的应用**。在染浴中加入食盐、硫酸钠、硫酸钾等中性电解质,能缓和染料的上染,增加染料的迁移性。用量大时会降低染料的上染百分率。

电解质在染浴中,可以电离出金属阳离子和酸根负离子。金属离子能与染料阳离子竞染。由于金属离子在染浴中的扩散性和在纤维中的扩散性高于染料阳离子,因此移动速度快,优先被纤维吸附,占据染座,降低纤维表面的负电性,减弱染料阳离子与纤维间的静电引力,延缓染料的上染。而金属离子对纤维的亲和力小于染料阳离子,所以在染色过程中又逐渐被染料阳离子所替代。同时电解质的阴离子与染料阳离子结合,降低了染浴中染料阳离子的浓度,从而延缓上染过程,起一定的匀染作用。

电解质的缓染作用随染色温度的升高而降低,电解质对含弱酸性基团的腈纶的缓染作用大于含强酸性基团的腈纶。

电解质中金属离子的缓染作用与其离子体积的大小及其他物理性质有关。

电解质的用量一般为 5%~15%,不能过多,特别是染浴中染料浓度高时,往往会使染料分子聚集甚至沉淀,降低得色量或形成色斑,有时还会造成浮色。因此电解质的用量,一般淡色可以多加,中、浓色少加,浓色则可以不加。

阳离子染料遇阴离子化学用剂会生成不溶性物质,在中性或碱性浴中煮沸要发生分解、变色等现象,需加以注意。

(4)**缓染剂的作用**。用阳离子染料染腈纶,容易染花,为获得匀染应使用缓染剂。缓染剂主要分阳离子缓染剂和阴离子缓染剂两大类。

①阳离子缓染剂:阳离子缓染剂是腈纶染色的重要匀染剂,它包括具有阳离子基团的表面活性剂(普通阳离子缓染剂)及季铵型高分子聚合物(聚合型阳离子缓染剂)。

a. **普通阳离子缓染剂**:它们是带正电荷的无色有机物,也可看成是无色的阳离子染料,在溶液中可电离成带正电荷的缓染剂离子,对腈纶有亲和力,染色时与阳离子染料产生竞染作用。由于其分子比染料小,扩散速率较阳离子染料快,并具有表面活性,所以比染料更容易渗透到纤维内部,降低纤维表面的负电性,阻碍染料的上染。缓染剂与纤维的亲和力小于染料与纤维的亲和力,因此,当沸染时,染料阳离子会逐步取代缓染剂而与纤维结合,从而达到匀染的目的。这种缓染剂大多是具有长链烷基的季铵盐或烷芳基的季铵盐化合物,在染浴中可以电离生成缓染剂阳离子。由于其占据染座,所以染色时其用量要通过其饱和因子进行计算后才能确定,并要准确称量。目前常用的有表面活性剂 1227(又称匀染剂 TAN),是烷芳基的季铵盐型的阳离子缓染剂,分子式如下:

$$(R-\overset{\displaystyle CH_3}{\underset{\displaystyle CH_3}{N}}-CH_2-\bigcirc)\ ^+Cl^-\quad (R=C_{12}\sim C_{16})$$

此类阳离子助剂主要以缓染作用为主,兼有一定的移染作用。还有缓染效果较好的如匀染盐 AN,为三丁烷基苄基季铵盐,主要起移染作用,缓染作用较弱。其分子式为:

$$(C_4H_9-\overset{\displaystyle C_4H_9}{\underset{\displaystyle C_4H_9}{N}}-CH_2-\bigcirc)\ ^+Cl^-$$

普通阳离子缓染剂是通过与阳离子染料竞染而起缓染作用的。因此,缓染剂与染料之间也存在着配伍问题,若缓染剂相对分子质量过大或过小都不能达到匀染的目的,使用时要进行筛选。

普通阳离子缓染剂在染浴中一般起三种作用:

第一种,缓染作用。缓染剂阳离子和染料阳离子都含有阳离子基团,对纤维具有同样的作用,染色时缓染剂与染料产生竞染。由于其体积小,移动速度快,优先占据纤维表面的酸性基团,阻碍染料的上染,从而达到匀染的目的。阳离子缓染剂对腈纶的亲和力小于阳离子染料,所以在沸染过程中,缓染剂所占据的染座能逐渐被染料的阳离子取代,直至染色完成。

由于缓染剂与纤维结合也要占据纤维染座,因此同样具有染色饱和值和饱和系数。实际使用时,染料和缓染剂的总用量乘以它们的 f 值之和不能超过纤维的饱和值,否则,染料上染率将会明显下降,致使得色量显著变小。阳离子缓染剂的结构和相对分子质量大小不同,对最终的上染百分率的影响不同。相对分子质量大的缓染剂,进入纤维结构中并与酸性基团结合后,一般不易被染料阳离子全部取代,故用量增加,对上染率会显著下降;相对分子质量小的缓染剂,容易被染料阳离子取代,故用量增加,对上染率的影响不显著。故普通阳离子缓染剂用量要得当。

不同品种的腈纶因为染色速率不同,对缓染剂的需求量不同。含强酸性基的腈纶上染较快,缓染剂可多加;含弱酸性基的腈纶本身上染速率慢,可以少加,用量过多,反而不易匀染。

缓染剂的用量应随染料用量的增加而减少。染淡色时缓染剂可多加,染中等色泽宜少加,染浓色则可以不加。

普通阳离子缓染剂对上染速率的影响见图 6-9。不加缓染剂时上染速率很快,加缓染剂后上染速率降低,达到相同上染率的时间比不加缓染剂的要长得多。缓染剂用量越高,缓染作用越明显。

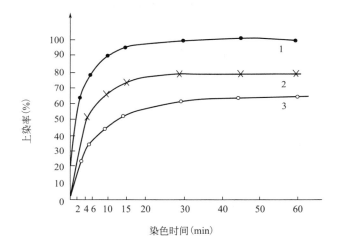

图 6-9　普通阳离子缓染剂对上染速率的影响

(阳离子嫩黄 7GL 1.0%,醋酸 1.0%,醋酸钠 3.0%,浴比 1:100,温度 98℃)

1—不加缓染剂　2—加 2% 匀染剂 TAN　3—加 4% 匀染剂 TAN

第二种,移染作用。有些阳离子表面活性剂如匀染剂 AN,在腈纶染色时,主要起移染作用。即染色时能帮助染料从织物上上染量较高的部位迁移到上染量较少的部位,从而达到匀染效果。此类助剂一般适用于亲和力较小的阳离子染料,可以修正染斑,达到匀染。其用量一般为 1.5%~5.0%,可使染色物上 30%~50% 的染料转移到未染色的织物上去。超过此用量,移染率不但不增加,反而有剥色作用。

第三种,扩散渗透和净洗作用。普通阳离子缓染剂在腈纶染色中具有扩散渗透和净洗作用。一些阳离子染料染色时,并不需要加入助剂延缓上染,也不会出现一般的色花现象,但有时会容易出现浮色性局部深斑。此时可加入匀染剂 TAN,利用其扩散渗透和净洗作用,解决深斑问题。

b. **聚合型阳离子缓染剂**:聚合型阳离子缓染剂是季铵型高聚物,每一链节都有一个季铵基。此类缓染剂相对分子质量高,结构庞大,不易渗入纤维。染色时,在纤维表面形成一个巨大的阳离子界面,使染料与纤维间的吸引力显著下降,从而导致上染速率明显降低。由于其不占据染座,所以,使用时,不用考虑其用量对纤维饱和值的影响。对各种配伍值的阳离子染料都能起缓染作用,如缓染剂 A。

②阴离子缓染剂:阳离子染料染腈纶,可以选择适当的阴离子助剂达到匀染目的。

阴离子缓染剂大多是芳香烃磺酸盐,其作用机理与阳离子缓染剂不同。在染浴中阴离子缓染剂离解成带有阴电荷的离子,和染料阳离子结合,形成溶解度很低的胶态络合物,降低了染浴中游离的染料阳离子的浓度,也降低了纤维吸附染料的速度,使上染速率下降。随着温度的升高,络合物逐渐分解,慢慢释放出染料阳离子,与纤维上的酸性基团结合,使染色速率逐渐加快,直至染色完成。此络合物在一定温度阶段类似分散染料,对纤维没有亲和力,也不能进入纤维,处于悬浮状态,因此,在使用阴离子缓染剂的同时,还要在染浴中加入非离子型的分散剂(如扩散剂 NNO)作抗沉淀剂,以保证络合物在染浴中呈良好的稳定分散状态。络合物稳定性的大小直接影响缓染作用的效果。稳定性过低,缓染作用小,达不到匀染目的;稳定性过高,释放染料阳离子的速度太慢,使上染速率过低。使用时,缓染剂的用量不能过多,否则会引起剥色,影响染色残液吸净。

由于阴离子缓染剂的匀染机理是通过与阳离子染料形成络合物而达到的,因此在确定其用量时,与阳离子缓染剂相反。即淡色时,染浴中染料量少,与之形成络合物所需的阴离子缓染剂相应的少了,所以可以少加;中、浓色时染浴中染料量多,与之形成络合物所需的阴离子缓染剂相应的多,故要多加。

使用阴离子缓染剂后,阳离子染料可以和阴离子染料同浴染色。但由于阴离子缓染剂的染色品手感不如阳离子缓染剂柔软;用量大时影响最终的上染率;有些溶解性不好的染料,会造成浮色和浮色性色斑。所以一般较少使用。实际生产时,阴离子缓染剂可以在下列两种情况下使用:

第一种,亲和力较大、匀染性较差的染料染单色时,如果阳离子缓染剂达不到要求,可以改用阴离子缓染剂。

第二种,亲和力相差较大、相容性不好的几只染料拼色时,可以用阴离子缓染剂,以改进染料间的相容性,利于匀染。

图 6-10 表示不同缓染剂对上染速率的影响。

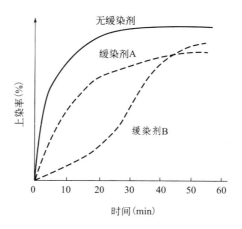

图 6-10　不同缓染剂对上染速率的影响

四、阳离子染料的染色方法及其工艺

(一)染色方法

1. 决定染料被纤维吸收程度的因素

(1)已定因素。纤维型号[S值和V值(染色速率)]、所用染料(K值和f值)、染料浓度(染色浓度)。

(2)不定因素。温度、染浴pH、电解质用量、缓染剂。

纤维型号不同,最适宜的染色温度不同。不同型号的腈纶最适宜的染色温度举例如表6-6所示。

表6-6　不同型号的腈纶最适宜的染色温度

S_t值	V值	纤维型号	染色温度控制范围(℃)		
			淡色	中色	浓色
2.1	1.7	Dralon	72~84	84~92	92~98
2.1	3.6	Cashmilon F	66~78	78~86	86~94
2.1	6.4	Exlan DK	62~74	72~80	80~88

染色时间根据纤维型号和染色设备而定。染纱线或织物时,一般需要60~90min,染丝束、散纤维、毛条为20~45min。当染浴中染料接近吸净时,再将染液在15~30min内升温至100℃固色20~30min。若固色不充分,会在以后的汽蒸或干热处理时发生色变,影响摩擦牢度。

2. 染色方法

染色方法的确定取决于纤维形态、产品性质、染色的机械。在确保染色产品质量的前提下,要兼顾到经济效果、生产成本、节水、节汽等因素。通常阳离子染料染色有以下几种方法。

(1)不加缓染剂控制温度的染色法。不用缓染剂,仅靠适当延长升温时间来达到匀染的目的,因此染色时要严格控制温度。这种方法适宜于浴比较大的散纤维染色和绳状匹染以及毛腈混纺绒线的染色。随着温度的升高,染浴中的染料逐渐吸净,利于毛腈混纺制品套染酸性染料和同浴施加阳离子柔软剂。染料可选用M型或亲和力中等的X型阳离子染料,设备应有温度自动控制程序。

(2)加缓染剂的染色法。利用阳离子缓染剂对腈纶上酸性基团的封闭作用,使纤维达到适当的染色饱和值,延缓纤维对染料的吸收,对上染快、移染性差的染料能达到匀染的效果。这种方法适宜于各种腈纶制品。注意阳离子缓染剂应与所用的染料相配伍。

(3)加缓染剂同时控制温度的染色法。据纤维的型号,选择合适的缓染剂并控制温度,使染浴在85~90℃或90~95℃吸净。此法对腈纶膨体纱的同时收缩和染色较为有利。

(4)阴离子助剂染色法。染浴中加适量的阴离子助剂,如扩散剂N和匀染剂O,使染料的电离状态改变,暂时失去对纤维的电荷引力,或直接使用分散型阳离子染料。这种方法适宜于和酸性染料同浴对毛腈混纺制品染色,或与分散染料同浴对涤腈混纺制品染色。

(5)定温快速染色法。染浴中加阳离子缓染剂,腈纶于90℃入染,染料的吸附和扩散在短时间内同时完成,生产周期缩短。理想的染色工艺是尽可能高的入染温度、较快的升温速度、最短的染色时间。若能严格控制工艺条件,就可保证染色效果。

在实际生产中,常用的是加缓染剂同时控制温度的染色法。

(二)染色工艺

在制订染色工艺时,根据染色的最高温度和对工艺过程中温度的控制方式不同,其染色工艺可分为控制升温沸染法、恒温染色法、高温染色法和低温染色法等。

1. 控温法染色工艺

控温法是最常用的染色方法。从始染温度到沸点,要严格按工艺要求控制升温速度。适用的设备有常压不连续浸染机,如散纤维、丝束、精梳条、筒子纱、绞纱染色机以及液流染色机、平幅无张力卷染机等。染色时,腈纶散纤维、长丝束、精梳条的染色升温速度可以快些;膨体纱、筒子纱、经轴、织物的染色升温速度要慢些。

①普通染色工艺。染色始染温度接近于纤维的玻璃化温度(60~80℃)。投入各种助剂、染料及织物后,可缓慢升温,或在升温过程中选择某一温度保温一定时间再升温,或加入一定的缓染剂控制染色速度,最后升温至沸点,保持足够时间,完成染色。以下举例说明。

例1:阳离子染料,阳离子缓染剂。

处方(owf)

阳离子染料	x
醋酸(98%)	2.5%
醋酸钠	1.0%
元明粉	8.0%
匀染剂 TAN	0.5%
浴比	1∶40
始染温度	75℃

升温控制曲线:

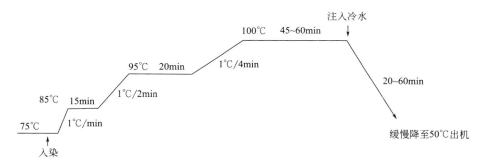

例2:迁移型阳离子染料。

处方(owf):

迁移型阳离子染料	x
醋酸(98%)	2.5%
醋酸钠	2.0%
元明粉	10%
匀染剂 MR	0.3%

浴比	1：40
pH	4~4.5
始染温度	80℃

升温控制曲线：

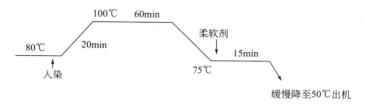

匀染剂不能用普通的缓染剂,如匀染剂 TAN 等,要用与迁移型阳离子染料配伍的阳离子缓染剂,否则容易染花。

例3：分散型阳离子染料。

处方(owf)：

分散型阳离子染料	x
醋酸	2.5%
醋酸钠	1.0%
无水硫酸钠	10%
平平加 O	1.0%
浴比	1：(20~40)
pH	3~5
始染温度	40℃

分散型阳离子染料是浆状产品,配液时染料用 60℃ 热水调稀。不宜加入醋酸,否则影响染料的分散度。

升温控制：

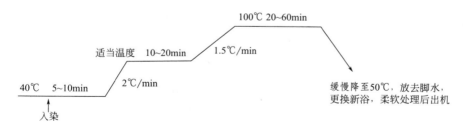

普通染色工艺,保温的温度及沸染时间应根据染色要求来选择：一般淡色,60~80℃ 保温,100℃ 染 20~30min;中等色泽,75~85℃ 保温,100℃ 染 30~45min;浓色,可以不保温,控制升温至沸,沸染 45~60min。

②快速染色工艺。

根据腈纶的上染性能、饱和值和染料的配伍值及染料的用量,合理计算出缓染剂的用量,使染料集中在沸点上染,从而提高始染温度,缩短染色时间。

升温控制曲线：

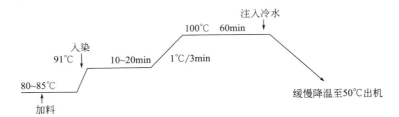

2. 恒温法染色工艺

由于控制升温法要准确地控制升温速度，才能获得好的产品。若升温速度控制不当，会造成染缸各部位温度不均一，影响染料的均匀上染。为弥补这一方法的缺陷，可采用恒温染色法。

恒温染色法是在玻璃化温度以上、沸点以下的温度范围内选择一个适宜的温度，作为固定的恒温染色温度，在此温度下染色 45～90min，使上染率达到 80% 以上，再快速升温至 100℃ 做短时间处理即可。

恒温染色法是由升温（温度小于 80℃ 时，上染率很低）→恒温（80～90℃，上染率随温度升高急剧增加）→升温（90℃ 以上，上染率趋于稳定）三个阶段组成。此法上染均匀，不易染花，操作容易掌握，染色总时间比控温法染色缩短 20%～30%。

缓染剂可用阳离子缓染剂 1227，pH 用醋酸和醋酸钠组成的缓冲溶液来控制。pH 为 3～5 时，颜色纯正，残液较清。

例：阳离子染料，阳离子缓染剂。

处方（owf）：

阳离子染料	x
醋酸	3.0%
醋酸钠	1.0%
匀染剂 TAN	0.8%
恒温温度	85℃
浴比	1∶20

升温控制曲线：

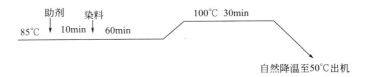

3. 高温染色工艺

高温染色法是在加压的条件下，用超过 100℃ 的温度染色，如 105℃、120℃。它可以增加染料的迁移性和渗透性，基本上不存在环染问题，能缩短染色时间，提高染色牢度和得色量，并能解决夹花现象。实际染色时，采用高温加压染色机，特别适宜于染浓色。

例:阳离子染料染黑色

处方(owf):

阳离子嫩黄7GL	1.4%
阳离子红2GL	0.9%
阳离子艳蓝RL	1.1%
醋酸	3.5%
尿素	2.0%
pH	4.5~5.0
浴比	1:40

染料的溶解:染料用醋酸打浆,再用尿素沸水溶液冲稀。

升温控制曲线:

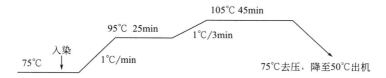

4. 低温染色工艺

低温染色是指腈纶染色的最高温度不超过90℃。可选用二级转变温度以下(60~80℃)染色,此温度下染色,需加入膨化剂。

(三)生产实例

1. 散纤维、长丝束、毛条(腈纶正规条)的染色

(1)处方(owf):

阳离子染料	x
醋酸(98%)	2%~3%
醋酸钠	1%
缓染剂1227	0~2%(最浓色可不加)
元明粉	0~10%
浴比	1:(20~30)

(2)加料顺序:元明粉、醋酸、醋酸钠、缓染剂1227、已溶解好的染料。

(3)升温控制曲线:

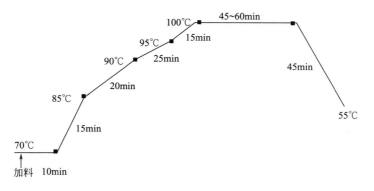

玻璃化温度以下,升温速度可快些;接近玻璃化温度时,升温速度开始缓慢,升温速度由纤维的性能和上染速率决定。升温工艺按小样试验结果制订。

染色完毕,以1℃/min降至55℃,柔软处理30min,出机。

柔软处理:0.5%~3%的柔软剂中缓缓滴入冷软水,搅拌、稀释至30倍溶液。过滤至55℃染液,循环处理30min,出机。

2. 腈纶绒线、膨体针织绒的染色

(1)处方(owf):

阳离子染料	x
分散剂IW	0~1.5%
醋酸(98%)	2%~3%
醋酸钠	1%
缓染剂1227	0~2.5%
元明粉	5%~10%
浴比	1:(40~50)

加料顺序:元明粉、醋酸、醋酸钠、缓染剂1227、已溶解好的染料。

(2)升温控制曲线:

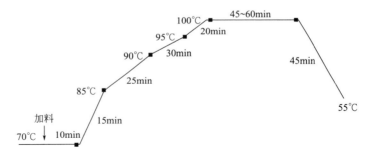

(3)注意事项:

①腈纶绒线,染色前须经汽蒸膨化,然后染色。

②升温速度和保温时间据纤维品种和染色深度而定。淡色,升温速度慢,保温时间短;浓色,升温速度快,保温时间延长。

③染色后需经柔软处理。

④染黑色时,不加缓染剂或分散剂。

3. 腈纶绒毯染色

(1)处方(owf):

阳离子染料	x
醋酸(98%)	2%
醋酸钠	1%
元明粉	10%

分散剂 WA	0.5%
抗静电剂	1%
浴比	1：(40~50)

（2）升温控制曲线：

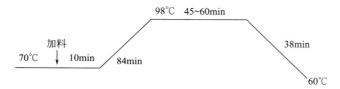

阳离子染料用醋酸打浆,沸水溶解。加清水至规定量,70℃入染,开车走匀,控制 1℃/3min,升温至 98℃,保温染 60 min,再以 1℃/min 降至 60℃,清洗。

4. 腈纶针织物染色

腈纶针织物大多采用绳状浸染。

（1）处方(owf)：

阳离子染料	x
醋酸(98%)	1%~3%
醋酸钠	1
缓染剂 1227	0.2%~1%
浴比	1：20

（2）升温控制曲线：

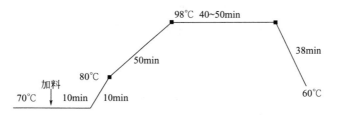

（3）操作过程：阳离子染料用醋酸调匀,沸水溶解,稀释后加入染浴,再加缓染剂 1227,控制染浴 pH 为 4~5。70℃入染,按工艺条件逐渐升温,染毕,以 1℃/min 降至 60℃,放水,清洗。需要时再经柔软剂处理。

5. 腈纶长丝束、腈纶条、腈纶混纺织物染色

腈纶正规条和长丝束通常采用汽蒸轧染。染色时需加促染剂,如碳酸乙烯酯、碳酸丙烯酯、腈乙基胺类等。染料选用溶解性好,K 值小、上色快、给色量高的品种。为防止染料的泳移需在浸轧液中加少量抗泳移剂,如非离子型糊料。

工艺流程：

浸轧染液→烘干→汽蒸(100~103℃,10~45min)→水洗→皂洗→水洗→烘干

120℃高温汽蒸时,时间可缩短至 8min,并省去促染剂,改为一般渗透剂。

腈纶混纺织物通常采用热溶轧染法。染色时需加促染剂,如碳酸乙烯酯、尿素等。热溶温度 190~200℃,时间 1~2 min。

五、阳离子染料染色常见疵病及染色质量控制

(一)染疵产生的原因及处理方法

腈纶染色,一般比其他纤维染色容易产生各种染疵。

1. 色花

造成色花的原因主要有:

(1)染料的相容性不好。

(2)温度控制不当(如升温迅速或不均匀)。

(3)助剂用量不当(如酸剂、缓染剂)。

(4)车速或泵速不当。

2. 色斑

色斑的形成原因主要是染料溶解不良、配方不合理以及染色机械不清洁等。

(1)染料溶解时用与染料等量的醋酸充分打浆,然后用沸水溶解(必要时加尿素助溶),过筛入染缸,有些难溶的染料,可提前 30~60min 化料。

(2)若染料的上染速率不快,一般可以不加阳离子缓染剂,但若在生产过程中时而出现色斑,则可加入少量(0.3%~0.5%,owf)的阳离子缓染匀染剂或非离子净洗剂。利用它的渗透、扩散和净洗作用,防止色斑的产生。

(3)染缸的清洁可用保险粉 2g/L、纯碱 1g/L、净洗剂 LS 1g/L 煮沸处理 3~4h,放液,更换清水,用少量硫酸中和。如仍不干净,则可再用阳离子助剂 2g/L 煮沸 2~3h。污染特别严重的设备,可以偶尔用亚氯酸钠或次氯酸钠 2g/L 于 pH=3~4 煮沸清洗。

3. 磨白

磨白主要发生在条染和散纤维染色的色纺织物上。造成的原因主要是染色不透,由于腈纶不耐摩擦,在织造和整理过程中,局部过分摩擦,便出现磨白的疵点。

解决的方法是减少缓染剂和醋酸的用量,延长沸染时间,最好采用 105℃的高温染色,从根本上消除环染现象。

此外,有些磨白疵点并非环染现象造成的,而是纱线在织造过程中局部受磨后产生较强的反光现象。这样的问题应从加强纱线在织造前的柔软处理,减少织造过程中纱线的摩擦加以解决。

4. 膨体纱的捻度转移

腈纶膨体纱的染色很容易出现纱线的捻度转移,造成大量段松紧的疵纱。造成此现象的原因主要有:液流过快和不均匀;纱线在染缸中分布不匀,过稀的部位液流冲击大;染缸的间接气管漏气,气流在液下冲击纱线;沸染阶段大开锅;液位太低等。

解决的方法是在不造成色花的前提下,尽量降低流速;染液冲击大的部位可用布包覆,保护纱线;装线要分布均匀;染前要检查间接汽管是否漏汽;沸染时要特别注意防止大开锅,最好都

采用加压染色,即使不超过100℃的染色工艺,加压也有好处,可使染液稳、静,从根本上解决染液在沸点时的翻腾现象;液位要适当高一些,纱线之上最好能保持20~30cm厚的水层,对于密闭的高温染色机,可采用使染液完全充满的方法,这样可减轻纱线受液流的冲击。用丙纶纱取代捻度转移的位置,效果显著。丙纶纱可重复使用。

5. 织物的变形和纬斜

织物的变形和纬斜主要是由于织物的张力过大而又不均匀造成的,特别是稀薄织物或疏松织物更加突出。染色时染整设备要调整好,注意防止染浴温度高于玻璃化温度时张力过大和不均匀。腈纶织物染色一般用液流染色机较好。

6. 手感不良

手感不良的主要原因是染色助剂选择不当,几乎所有的非离子和阴离子助剂用于腈纶染色,手感都差,而以烷基季铵盐的阳离子助剂染后手感较好。由于助剂的原因造成的手感不良,可以经过水洗,再用阳离子柔软剂处理解决。造成手感不良的另一个原因是染后降温太快。一般来说,玻璃化温度以上的区域,降温要慢,最好用间接冷水降温,从105℃降温至75℃,用20~30min。降温至75℃后,可改用直接冷水溢流快速降温至50℃出机。

要避免从高温的染浴中取出染物,因为这样不但使染物手感硬而且产品会严重变形。

由于染物降温太快而造成的手感不良,可将染物放回高温的水浴中,处理10~15min后,再缓慢降温,以恢复手感。

(二)染色产品质量控制

腈纶染色的半制品有丝束、散纤维、纱线、毛条等不同的形式,染色时可在相应的染色机械上进行加工。加工时除了选择合适的染色方法外,还要注意以下事项:

1. 水质

(1)钙、镁离子。水中的钙、镁、铁等离子带正电荷,能被腈纶吸附并与纤维中的阴离子酸性基团结合,从而与染料竞染,影响染料的上染率和色泽鲜艳度。水的硬度高,往往会造成染花,特别是染极淡色时,很容易产生黄斑和色斑等疵病,因此生产中一般使用软水。同时还要注意水中的总碱度和氯含量不宜过高。

(2)游离氯。某些阳离子染料遇到水中游离氯,会产生变色、褪色、沉淀、破坏等现象。为了避免水中游离氯对染料的破坏和对染色的影响,在加入染料前可先加入少量除氯剂,如硫代硫酸钠或亚硫酸氢钠,用量为0.01g/L;或加热,即染色前,先将染浴中水加热至90℃(此时游离氯基本挥发殆尽),然后停止升温(关汽),开车循环,让其降温至85℃左右,再将准备好的染化料加入,循环10min,这时染浴温度进一步自然下降,实际温度仅有80℃,加入被染物循环10min,按工艺程序升温、保温、后处理,降温出机。染得的腈纶色光鲜艳、质量稳定。

2. 染色工艺

(1)染料的溶解。染料溶解时,先用半量的醋酸将其调成浆状,再加40~50倍的沸水使其溶解。有些阳离子染料溶解度比较小,可以加入与染料同量的醋酸,充分搅匀后,加入10倍量于染料的沸水搅拌至染料完全溶解。

(2)染浴的pH。阳离子染料碱性条件下不稳定,所以染浴中加入醋酸、醋酸钠作为缓冲剂,调节和稳定染浴的 pH。pH 一般控制在 4~4.5。

(3)染色浴比。染色时的浴比对上染率和得色量有一定的影响。浴比大,上染慢,得色淡,反之亦然。浸染浴比一般为 1:(20~60)。实际生产时根据腈纶的形式来确定。如散毛、毛条浴比可小些,为 1:(20~30);腈纶膨体纱染色,浴比要大些,一般用 1:50 左右,否则容易造成色花、色斑。

(4)染色温度。腈纶染色时,其最高染色温度,一般控制在 97~100℃。超过 100℃ 的高温染色,可有效缩短染色时间、提高得色量、增加染液的渗透性、迁移性和提高染色牢度。

腈纶适宜的最高染色温度和在高温下染色的延续时间,应综合考虑纤维的结构类型和所用的染料的阳离子量、亲和力大小以及具体的染色浓度等。

(5)染色时间。主要指达到最高染色温度的延续时间。生产实践表明,腈纶用阳离子染料染色,最高温度宜在 97~105℃,时间应保持在 45~90min,在这样的温度和时间范围内,一般染浅色,温度可以低些,时间可以短些;染深色则应相应提高温度并适当延长时间。高温染色则可缩短为 20~45min。

3. 染色牢度

腈纶用阳离子染料染色,影响染色牢度的因素有很多,主要有以下几个方面:

(1)腈纶的品种。不同品种的腈纶,对同一染料或配方的染色牢度可能出现大的差别,实际生产中,对不同批次、不同品种的纤维,要先经小样染色试验后,方可大样生产。

(2)染料和拼色配方。合理选择染料可以在很大程度上解决因纤维因素造成的染色牢度问题。一般隔离型的染料比共轭型的染料日晒牢度好。

(3)染色工艺条件。

①染色温度:染色温度高,染料的透染性好,牢度高。一般浸染染色的最高温度控制在 98~100℃,如果采用 105℃ 高温染色,则各项染色牢度均能提高 0.5~1 级。对于浸轧汽蒸连续染色,汽蒸固色的温度在 105~115℃ 最好。

②染色时间:主要指达到最高染色温度的延续时间。一般在沸点(100℃)染色,沸染时间根据染色浓度不同应保持在 45~90min;高温染色则可缩短为 20~45min。染色时间太短,容易造成环染,穿着后易造成磨白。

③染浴 pH:染浴 pH 对染色牢度的影响与纤维类型、染料及染色浓度有关。仅含弱酸性基团的纤维,用亲和力小的染料染浓色,如果染浴酸性过强,会导致湿处理牢度和摩擦牢度下降。

④染色助剂:缓染剂的用量过多,会降低湿处理牢度和摩擦牢度下降。一般弱酸性基团的纤维影响较大,强酸性基团的纤维影响较小;亲和力小的染料影响较大,亲和力大的染料影响较小;染浓色影响较大,染淡色影响较小。

⑤染色浓度:随着染色浓度增加,日晒牢度增加,湿处理牢度和摩擦牢度下降。

学习任务 6-3　锦纶制品染色

锦纶(Polyamide Fiber)是合成纤维 Nylon 的中文名称,又叫"耐纶""尼龙",即聚酰胺纤维。

由于锦州化纤厂是我国首家合成聚酰胺纤维的工厂,因此定名为"锦纶"。它弹性好,强度高,耐磨性高,吸湿性好,故常用于制作袜子、手套及针织运动衣等,但其不耐酸,耐光性也较差,在阳光下暴晒容易泛黄,强力会下降,故锦纶制品洗后不宜晒干。

一、酸性染料锦纶染色工艺

(一) 锦纶的染色性能特点

锦纶分子中也同时含有氨基和羧基,具有两性性质,所以,酸性染料是锦纶染色的常用染料,其得色鲜艳,上染率和染色牢度均较高。但锦纶中氨基含量低,锦纶 6 约为 0.098 mol/kg,约为羊毛的 1/10,锦纶 66 为 0.03~0.05mol/kg,约为羊毛的 1/20,锦纶等电点为 pH=5~6。在 pH< 3 的强酸性条件下,由于锦纶中的亚氨基吸酸产生"染座",上染量会急剧增加,产生超当量吸附,但纤维易水解,强度明显下降。所以,锦纶常用弱酸性染料染色,在 pH=4~6 的条件下,染料以离子键、氢键和范德瓦耳斯力共同作用而与纤维结合,可以染得深浓色。在 60℃ 等温染色吸附量与 pH 的关系曲线如图 6-11 所示。

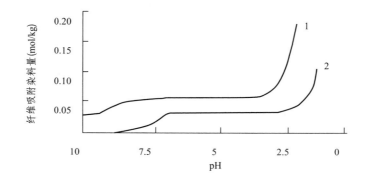

图 6-11　酸性染料对锦纶 66 上染的吸附曲线

1—酸性红 J　2—酸性蓝 B

由于氨基含量低且纤维微结构均匀性差,所以,酸性染料染锦纶的匀染性和遮盖性较差,易产生"经柳"(Warp Streak)"横档"(Filling Bar)等疵病。当用两只或两只以上染料拼色时,易发生竞染现象,因此应选择匀染性、配伍性较好的染料。羊毛和蚕丝常用的弱酸性染料并不都适用于锦纶,宜选用适合锦纶染色的专用染料,也可与分散染料、中性染料拼色。

锦纶虽为合成纤维,但其玻璃化温度较低,锦纶 6 的 T_g 为 35~50℃,锦纶 66 的 T_g 为 50℃ 左右,所以始染温度一般为 40℃,锦纶 6 的始染温度应更低些。应缓慢升温再沸染一段时间,以提高移染性和覆盖性,若采用 110~120℃ 加压染色有助于提高移染性和覆盖性。为了提高匀染性,可采用净洗剂 LS、分散剂 NNO 等阴离子表面活性剂和平平加 O 等非离子表面活性剂进行缓染。对匀染性和覆盖性特别差的情况,可同时加少量阳离子匀染剂,如山德士 NH 等,与染料形成暂时结合物,当温度升高时,逐渐释放出染料离子上染。以改善"经柳"和"横档"疵病。由于阴离子和非离子匀染剂会降低染料吸尽率,阳离子匀染剂易引起色斑和沉淀,所以要严格控制用量。

由于酸性染料的湿处理牢度较差,中、深色产品需经固色处理。常用的固色剂为单宁酸-吐酒石(Tartar Emetic)或锦纶专用固色剂。单宁酸(Tannic Acid)对锦纶有一定的亲和力,在纤维上与吐酒石反应,生成单宁酸锑沉淀,堵塞酸性染料再溶出的孔隙,从而减少褪色,但易使颜色变暗。锦纶专用的固色剂为合成单宁(Syntans),可代替单宁酸-吐酒石,如固色剂 XFG 等。合成单宁的成分大致有三类:一是带磺酸基的甲醛酚类缩合物(深红色,易污染纤维,不符合环保要求),二是硫酚类化合物(由多硫化物和苯酚合成,成本低),三是二羟基苯砜化合物(可与染料同浴使用)。此外,某些无甲醛阳离子树脂类新型环保固色剂对锦纶酸性染料染色也有较好的固色效果,如固色剂 E、酸性固色剂 LAF-280 等。

(二)锦纶织物酸性染料染色工艺

锦纶染色工艺常用浸染和卷染两种。锦纶散纤维、锦纶条、锦纶丝和弹力丝织物常用浸染工艺,锦纶绸为防止产生皱印,常用卷染工艺。

1. 浸染工艺

(1)染液处方:

弱酸性染料	x(owf)
冰醋酸	0.5mL/L
平平加 O	1g/L
浴比	1:(10~12)

先加入平平加 O 和醋酸,升温至 40℃,处理 10~20min,加入染料溶液,在 30~40min 内升温至沸腾,染 40~60min。然后水洗、固色。

(2)固色处方:

单宁酸处理:	
单宁酸	1%~2%
醋酸	1%~2%
吐酒石处理:	
吐酒石	0.75%~1%
浴比	1:(15~40)

50℃加入单宁、醋酸,升温至 65~70℃,保温处理 20min,然后加入吐酒石,升温至 75℃,保温处理 20min,清洗,50℃柔软处理 20~30min。

2. 卷染工艺

(1)染液处方:

弱酸性染料	x(owf)
净洗剂 LS	100g
硫酸铵	150g
液量	150L

(2)工艺流程:

50℃入染 2 道→70℃染 2 道→100℃染 8 道(第 6、第 7 道加入硫酸铵溶液)→70℃、50℃各

水洗 1 道→冷水上卷

染后可进行固色处理,但对需经防水或涂层处理的织物,一般不再进行固色。

（3）固色处方：

固色剂 E	10～30g/L
加少量氨水调至	pH 为 9～9.6
温度	60～70℃
时间	30min

二、活性染料对锦纶的染色

锦纶用活性染料染色得色鲜艳,染色牢度较高,但因纤维所含的反应基团少,染料上染率低,难于染得深色,匀染性也较差。活性染料在纤维中可与离子化的氨基生成离子键结合,也可与纤维中的氨基生成共价键结合。

活性染料染锦纶可采用酸性、中性或先酸性后碱性的染色方法。酸性染色得色量高,但湿处理牢度较差,为了提高湿处理牢度,可采用先在酸性条件下让染料上染纤维,再在碱性条件下使染料与纤维中的氨基生成共价键结合的染色方法,使染料与纤维充分键合。因锦纶的耐碱性比较强,可用较高的 pH 在碱性条件下染色。

中性染色法：染液内含有染料、匀染剂等。60℃ 开始染色,20min 升温至沸腾,续染 60min,染后再通过洗涤剂洗涤处理。中性染色得色量较低,一般仅用于染淡色。

酸性染色法：染液用醋酸调节 pH 为 4 左右,其他与中性染色相同。

先酸性后碱性染色法：染液用醋酸调节 pH 为 4 左右,50～60℃ 开始染色,20min 升温到沸腾,沸染 10min 后加入纯碱,使 pH 为 10～10.5,续染 60min,然后进行后处理。

在酸性及中性染色时,活性染料可与弱酸性染料、中性染料拼色,不同类型的活性染料也可以相互拼色。

国外有专用于锦纶染色的活性染料,如 Procinyl 染料,其分子中含有 $-NHCH_2CH-CH-$
$\diagdown\diagup$
O
基团,这类染料实际上是活性分散染料,水溶性较低,匀染性好,对纤维的不均匀性有较好的遮盖性。

国内试制的专用于锦纶染色的活性染料,含 β-乙烯砜硫酸酯活性基,与棉用 KN 型活性染料的区别是染料母体中无水溶性基,硫酸酯基消去后水溶性降低。染色是在酸性条件下依靠静电引力上染纤维,在碱性条件下与纤维发生反应,并能像分散染料那样上染纤维,获得较浓的颜色。

三、分散染料染锦纶

分散染料可以上染锦纶,匀染性较好,但染色湿处理牢度一般较差。分散染料上染聚酰胺纤维通常是按照 Nernst 分配关系,吸附等温线是一条直线,吸附机理和聚酯纤维类似,不同之处是聚酰胺纤维结构松,吸湿性好,易膨化,玻璃化温度较低,所以染色温度较低,可以在100℃以下染色。分散染料上染聚酰胺纤维的速率较聚酯纤维快，特别是温度较低时更为明显。由于分散染料对聚酰胺纤维的亲和力比聚酯低，所以升高温度后，聚酯上的上染率必定会超过聚酰胺纤维，纯聚酰胺纤维用分散染料染色只能采用常压法，聚酰胺纤维/聚酯复合纤维用分散染料染色方法视聚酰胺含量而定，一般应采用高温高压法或载体染色法染色。只有当聚酰胺含量很高，颜色又不十分浓时才可用常压法染色。实际上，此时采用酸性染料染色更为合适，除非匀染性达不到要求时才选用分散染料染色。

1. 工艺处方（卷染）

分散染料	x(owf)
匀染剂 O	100 g
渗透剂 JFC	50 g
液量	200L

2. 工艺流程

50~60℃染 4 道→逐步升温 2 道（染到 98℃）→98℃染 6 道→80℃水洗 2 道→60℃水洗 1 道→冷水上卷

四、直接染料染锦纶

直接染料可在中性或酸性染浴中上染锦纶织物，染色牢度一般，可以和酸性染料拼色。锦纶属于热塑性的疏水性纤维，在水中的溶胀程度较低，而直接染料的分子较大，因此直接染料在锦纶中扩散性能较差，容易造成环染，匀染性较差，对纤维本身不均匀，没有很好的遮盖性，且上染率低，颜色不鲜艳。因此，直接染料一般不作为主色用于锦纶的染色。仅根据色光的需要与酸性染料或中性染料拼混使用。

锦纶织物直接染料染色处方：

直接染料	x
醋酸(98%)	0.5%~1%
平平加 O	0~2g/L
浴比	1∶(10~15)
pH	5~6

染色时在 40~50℃开始染色，以 1~2℃/min 的升温速度升到 100℃，保温 20~40min。染色后将温度缓慢降至 50℃后水洗出机。

知识拓展

阳离子染料的修色

腈纶用阳离子染料染色，染料和纤维之间以离子键结合，已经上染到纤维上的染料，在沸点及沸点温度以下迁移性较小。一旦产生色花和色斑，很难用煮沸移染的方法达到匀染，所以要以预防为主。由于某些意外原因已造成的色花和色斑，可将色泽剥浅或剥落重染或改染。

一、剥色方法

对于较轻的色花和色斑,可以在酸性浴中,用缓染匀染剂或移染匀染剂加无机盐沸染处理,达到脱色匀染效果。

(一)修色工艺

1. 工艺配方(在底料存在情况下)

匀染剂 AN   1%~3%

元明粉   10~20 g/L

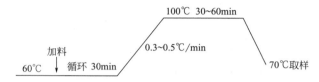

2. 升温控制曲线

对于严重的色花和色斑,要完全脱色,可用剥色剂处理。

(二)剥色工艺

1. 处方(对织物重)

剥色剂 TFD   5%

元明粉   5%~10%

醋酸   调节 pH=4~5

浴比   1:(20~30)

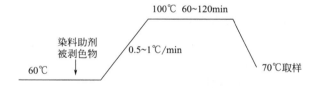

2. 升温控制曲线

另外也可采用氧化剂脱色法:次氯酸钠 2.5g/L,pH=3~4,60~98℃,处理 30min 达到完全脱色。

二、复染方法

对于严重的色花和色斑,也可以不经脱色,直接复染。复染的温度要高于造成色花的染色温度,一般控制在 110~115℃,处理 60min,即可修正色花,并可消除一般沸染已经造成的夹花疵点。

☞复习指导

1. 涤纶由聚对苯二甲酸乙二醇酯经熔融纺丝而成,属于聚酯纤维。该纤维吸湿性差,疏水性强,并且分子排列整齐,结晶度高,无定形区的结构比较紧密,纤维分子间的微隙小,因此该纤维染色困难,需在较高染色条件下完成染色。

2. 分散染料是用于涤纶染色的主要染料,它具有相对分子质量小、扩散能力强、疏水性强、水溶性差等特点。分散染料受热易升华,可根据分散染料升华温度的高低将其分为高温型(S型)、中温型(SE型)和低温型(E型)三类,应用时应根据染色方法及色泽浓度要求的不同合理地选择染料类型。

3. 分散染料染涤纶时常用的方法有高温高压法、热溶法、载体法等。高温高压法是将涤纶置于盛有染液的密闭容器中,并在 $120 \sim 130^{\circ}C$,$196 \sim 294kpa(2 \sim 3kgf/cm^2)$压力的染色条件下进行染色的一种方法。它是通过高温、高压效应提高了涤纶和分散染料的染色性能而完成染料的上染。具有染色产品手感好,匀透性好,色泽鲜艳,色光纯正,染料利用率高,生产效果稳定,生产灵活性大等特点,但对所选用的染料要求有良好的分散性能、移染性和遮盖性。热溶法是将涤纶织物在热溶染色机上通过干加热(即焙烘),在高温($170 \sim 220^{\circ}C$)的染色条件下进行染料上染的一种染色方法。它是利用高温效应提高涤纶和分散染料染色的染色性能而完成染料的上染。具有连续化生产,效率高,但染料利用率低,设备投入大,染品手感较粗糙,色泽鲜艳度一般,染料选用受到限制(E型染料不宜)等特点。载体法是将涤纶置于含有载体的染液中,在常压高温下进行染色的一种染色方法。它是利用载体效应提高涤纶和分散染料的染色性能而完成染料的上染。具有设备简单,染色条件低,但染色手续复杂,成本高,载体对人体有害,并易造成环境污染等特点。

4. 分散染料高温高压法浸染工艺和热溶法连续轧染工艺是目前最常用的工艺。高温高压法浸染工艺包括升温染色、保温染色和染后处理三个步骤,升温速率、保温温度、保温时间等是影响染色效果的主要因素,应根据染料类型及色泽特点进行合理选择。热溶法连续轧染工艺包括浸轧染液、预烘、焙烘和染后处理四个步骤,焙烘温度和时间等是影响染色效果的主要因素,应根据染料类型及色泽特点进行合理选择。

5. 超细纤维通常具有显色性低、染色牢度低、提升性较高和上染速率快、染色不易均匀等特点,因此超细纤维染色时,应选用颜色强度高、染色牢度高、移染性好、提升性好的分散染料。

6. 腈纶通常有丙烯腈、不饱和有机酯及不饱和有机酸(或碱)三单体缩合而成。其中,丙烯腈为主体,其用量约占85%以上,它决定纤维的力学性能;不饱和有机酯用量占 3% ~ 12%,用来改善纤维的手感;不饱和有机酸(或碱)用量占 1% ~ 3%,用来改善纤维的染色性能。

7. 腈纶为蕴晶结构,对热敏感,具有较大的热塑性,在玻璃化温度以上进行热加工时,如果织物所受的张力过大或不均匀,容易造成织物的变形和纬斜。在高温下加工时,易造成强力损伤,并引起泛黄,因此腈纶染色应尽量避免高温处理。

8. 腈纶的染色饱和值是指 100g 某腈纶用指定的标准染料,在特定的染色条件下染色时所能吸附的染料质量。对某一特定的腈纶,其饱和值是一常数,它是染色时染料用量的极限量。

9. 染料的染色饱和值是指某一染料在特定染色条件下在某特定纤维上的最大吸附量。染料的染色饱和值具有加和性,因此,在拼色染色时各染料染色饱和值的代数和不得超过被染纤维的染色饱和值。

10. 配伍性是指两个或两个以上染料拼色时,上染速率相等,则随着染色时间的延长,色泽深浅(色调)始终保持不变的性能(只有浓淡变化)。阳离子染料的配伍性常用配伍值(K值)表示,K 值通常分为 5 级,K 值越大,染料扩散性、匀染性越好,亲和力、上染率越小。拼色染色时,所选用的染料其 K 值相差一般不得超过 0.5 级。

11. 阳离子染料与腈纶间为"盐式键"结合,染料上色时具有上染速率大、上染率高、匀染性差的特点。因此,提高染料染色匀染性是阳离子染料在染色过程中需解决的主要问题,目前主要采用控制温度、控制染浴 pH 和加入各种缓染剂等措施加以解决。

12. 阳离子染料染色的方法可根据染色温度的高低及温度控制方法的不同分为高温法染色、低温法染色、逐步升温法染色和恒温法染色等工艺,应根据染料、被染物、染色设备特点及染色要求等加以选择。

13. 阳离子染料的染色质量除与选择合适的染色方法有关外,还与水质、染料的溶解及染色条件(如染液的 pH、染色的温度、浴比、时间等)的选择与控制密切相关。

☞ 思考题

1. 简述涤纶的结构特点及其染色性能。

2. 分散染料按升华牢度的高低通常可分为哪几类?如何根据不同类型的染料选择不同的染色方法?

3. 分散染料染涤纶时常用的方法有哪些?简述各种方法的机理和特点。

4. 分散染料染涤纶时,染浴的 pH 控制在多少为宜,为什么?

5. 分散染料染色常见疵病有哪些,如何控制?

6. 试设计超细纤维用分散染料染色的染色工艺。

7. 下列情况下,将会出现什么结果,为什么?

(1)阳离子染料与活性染料同浴对腈纶染色。

(2)阳离子染料直接与分散染料同浴染涤/腈织物。

(3)阳离子染料染腈纶的染浴中加平平加 O 后,再加少量扩散剂 NNO。

(4)腈纶直接投入沸腾的阳离子染料染浴中染色。

8. 改善阳离子染料对腈纶染色匀染性可采用哪些方法?并说明其作用原理。

9. 阳离子染料对腈纶染色中,什么是腈纶的染色饱和值?配伍值如何测定?饱和值和配伍值对实际生产具有哪些指导意义?

10. 简述阳离子染料拼色染腈纶时,影响染料上染速率的主要因素。

11. 阳离子染料染腈纶时,阳离子缓染剂是如何产生缓染作用的?

12. 阳离子染料染腈纶时,染浴中加电解质和缓染剂 1227 都可产生匀染作用,其作用原理有何不同?

13. 为了解决阳离子染料染腈纶时的不匀性,通常可以采取哪些措施?为什么?

14. 试述阳离子染料染腈纶时常用的缓染剂及其作用原理。

学习情境 7　混纺及交织物染色

纤维类型不同,纺织品的性能也不同。不同纤维制成的纺织品各具优缺点,因此,为扬长避短、更好地发挥各纤维的优点,常常采用混纺或交织的织物。混纺织物是指构成织物的原料采用两种或两种以上不同种类的纤维,经混纺而成的纱线所织制的织物,常见的有涤黏、涤腈、涤棉等混纺织物。交织织物是指构成织物经、纬向的原料分别采用不同类别的纤维纱线交织而成的织物,比如蚕丝人造丝交织的古香缎,锦纶和人造棉交织的尼富纺等。

当混纺织物是由相似染色性能的纤维组成时,可选用相同类型的染料染两种纤维,获得同色。若混纺织物是由染色性能相差较大的两种纤维组成的,可选用不同类型的染料分别上染两种纤维,染得同色或双色效果。此时的染色方法有一浴法、一浴两步法和二浴法等。也可只用一种类型的染料染其中一种纤维获得淡色或闪白效果。

学习任务 7-1　涤/棉织物染色

一、涤/棉织物的特点

涤/棉织物是各类混纺织物中最重要的一种。纤维素纤维具有良好的透气、透湿以及抗静电性能,使织物具有优良的舒适性;涤纶的加入则可增强织物的强度和耐磨性,提高折皱回复性和褶裥耐久性,从而使服装的保形性大大提高。一般涤棉混纺比为 65:35,这种织物有滑、挺、爽的风格,表面光洁透亮,穿着耐用性比棉布提高 3 倍以上。然而,棉纤维的吸湿性和穿着舒适性是涤纶所不可替代的。目前倒比例的棉/涤织物(简称 CVC)相继涌现,如涤纶占 25%~35%,棉占 65%~75%,这种织物提高了产品的吸湿性、耐热性和抗静电性,但抗皱性和免烫性比涤/棉织物差得多。

二、涤/棉织物染色

涤/棉织物的染色需要兼顾两种纤维。由于涤纶和棉纤维的染色性能相差很大,因此,涤纶和棉往往用不同的染料染色,最常用的是分散染料染涤纶,用牢度好的棉用染料染棉。两种染料的相容性问题是矛盾的统一体。凡是相容性较好的可同浴,甚至同步染色;相容性较差的只能分浴或分步进行染色。选用两种染料染色时,要注意减少相互沾色,加强后处理,有时还需要还原清洗,剥除浮色。分散染料在涤纶上的皂洗牢度、摩擦牢度均较好,故主要考虑棉用染料的染色牢度要好。

涤/棉织物的染色工艺一般有单一染料一浴法染色、两种染料一浴法分别染两种纤维、两种染料两浴法分别染两种纤维。

（一）单一染料一浴法染色

1. 聚酯士林染料染色

聚酯士林染料是经过慎重选择的分子较小的还原染料。因为分散染料中有相当一部分是蒽醌染料,经烧碱、保险粉还原溶解即为还原染料。

聚酯士林染料未经还原时对棉纤维无亲和力,相当于分散染料一样对涤纶进行染色,然后再经还原使棉纤维染色。

（1）染色工艺:

浸轧染液→烘干→热溶→还原汽蒸→水洗→氧化→皂洗→后处理

（2）工艺说明:浸轧染液,染料的直径在 $2.0 \sim 7.5 \mu m$,直径太小将降低在棉上的着色效果,这是因为染料直径太小,热溶时染料基本都上染到涤纶上,因而在棉纤维上得色淡。一般来说,浸轧时染料基本都在棉纤维上,热溶时转移到涤纶上。棉纤维上的染料经还原汽蒸上染棉纤维,再经氧化固着在棉纤维上。

2. 可溶性还原染料染色

可溶性还原染料染涤棉、涤黏织物的染色工艺同染棉,因染料对涤纶无亲和力,由还原染料隐色体的硫酸酯钠盐上染棉纤维后,经水解氧化后只是被吸附在涤纶表面,经高温热溶处理后,染料才进入涤纶内部,这种方法得色较淡。

（1）染色工艺:

卷染→烘干→氧化→焙烘

轧染→烘干→氧化→焙烘

（2）工艺说明:不是所有的可溶性还原染料在涤/棉上都能得到较好的染色效果,需加以筛选。

（二）两种染料一浴法

两种染料和助剂放在同一染浴中,染后分别处理,使两种纤维分别着色。

1. 分散/活性染料一浴法

分散、活性两种染料同浴染色,应减少干扰。分散染料要求升华牢度高、对碱不敏感,分散染料热溶温度应控制在低限;活性染料要求能耐高温,活性染料的固色碱剂一般要选择碱性较弱的小苏打,并严格控制其用量,汽蒸时小苏打分解成碳酸钠,使碱性提高,促使活性染料固色。

（1）工艺流程

浸轧染液→预烘→烘干→热溶→汽蒸→水洗→皂洗→水洗→烘干

（2）工艺处方

分散染料	x
活性染料	y
尿素	10g/L
NaHCO$_3$	30g/L
海藻酸钠糊(5%)	$30 \sim 40$ g/L

| 渗透剂 JFC | 0.5~1 mL/L |

（3）工艺说明：应选择升华牢度高，对碱不敏感的分散染料。活性染料选择 K 型，能耐较高温度。也可选用在弱酸性条件下固色的含磷酸酯基的活性染料。尿素起吸湿膨化作用。$NaHCO_3$ 为活性染料固色剂，高温下分解成碱性较强的 Na_2CO_3。海藻酸钠糊为抗泳移剂。

2. 分散/还原染料一浴法

织物浸轧分散/还原染料溶液后，按分散染料、还原染料不同的工艺要求分别进行处理，完成两染料的染色。

（1）工艺流程：

浸轧染液→预烘→热溶→浸轧还原剂→汽蒸→水洗→氧化→皂洗→水洗→烘干

（2）工艺处方：

分散染料	x
还原染料	y
海藻酸钠糊(5%)	10g/L
非离子表面活性剂	1~2g/L

（3）工艺说明：染料颗粒要求在 $2\mu m$ 以下，由于分散染料和还原染料中已含大量分散剂，所以在染浴中可不再加。还原染料要选择对涤纶沾色少的。热溶温度应略高些，有利于棉上的分散染料向涤纶转移。还原浴中烧碱和保险粉浓度略高，这不仅能使还原染料充分还原溶解，同时还可以还原清洗沾在涤纶上的还原染料和沾在棉上的分散染料。

（4）生产举例：分散/还原染料一浴法轧染

①织物：14tex×2×28tex 精梳，524 根/10cm×275 根/10cm，65/35 涤/棉。

②颜色：蓝色

③轧染液处方：

分散蓝 BBLS	29g/L
还原蓝 VB(50%)	19.2g/L
浸湿剂 JFC	3mL/L
合成龙胶(5%)	20g/L

④工艺流程：

浸轧染液→预烘→热溶→浸轧还原剂→汽蒸→水洗→氧化→皂洗→水洗→烘干

⑤工艺条件：

浸轧染液：二浸二轧，轧液率 65%，温度 20~40℃。

预烘：红外线或热风烘燥，温度 80~100℃。

热溶：温度 180~210℃，时间 1~2min。

浸轧还原液：烧碱(30%)40~60mL/L，保险粉 18~30g/L，还原染液 20~50mL/L，室温，轧液率 70%~80%。

汽蒸：温度 100~105℃，时间 1min。

水洗：室温，1~2 格。

氧化：双氧水（30%）0.6~1g/L，室温，1~2 格。

皂洗：肥皂 4g/L，纯碱 2g/L，95℃以上，2 格。

水洗：60~80℃，1~2 格。

水洗：室温，1~2 格。

烘干：烘筒烘干。

（三）两种染料二浴法

二浴法染色是先用分散染料染涤纶，后用棉用染料染棉，分浴进行，染色具体工艺分别同分散染料染色和棉用染料染色。二浴法染色工艺繁复，但色光易控制，随着清洁化生产和环保的要求，此工艺已逐渐被一浴法所取代。

学习任务 7-2　锦/棉织物染色

锦与棉的交织物有锦棉布，也有棉锦布。锦棉布是指经纱为锦纶、纬纱为棉纤维的织物，棉锦布是指经纱为棉纤维、纬纱为锦纶的织物。该类织物既具有棉织物吸湿透气的特点，又具有锦纶耐磨、强力高的优点，同时还有光亮、滑爽的风格，是当前市场上流行的服装面料之一。

一、两种染料一浴法染色

用直接染料染棉，酸性染料染锦纶可实现锦棉织物的一浴染色。但一般的直接染料具有匀染性差、色牢度低、色光萎暗的特点，所以应合理选用。

1. 工艺流程

染色→（固色）→水洗→皂洗→后处理

2. 染色处方

直接染料	x（owf）
弱酸性染料	y（owf）
匀染剂 SET	1%
醋酸钠	2%
醋酸	0.3%
浴比	1∶25

一浴法染色缩短了染色时间，降低能耗，也解决了由于染色时间过长造成的布身变形、手感硬等缺点。

二、两种染料两浴法染色

（一）先染棉后染锦纶

此种工艺为传统的锦/棉染色工艺，即先用活性染料染棉后，再用分散染料、中性染料或酸性染料之一来套染锦。

1. 工艺流程

染棉→水洗→皂洗→水洗→染锦纶→水洗→锦纶固色处理→后处理

2. 染色处方

(1)棉染处方:

活性染料	x(owf)
Na_2SO_4	x
Na_2CO_3	y
皂洗剂	2%
浴比	1:(15~20)

(2)锦纶染色处方:

弱酸性染料	x(owf)
匀染剂 SET	1%
醋酸钠	2%
醋酸	0.3%
锦纶固色剂	x
醋酸	y
浴比	1:20

此种工艺耗时长,耗能大,且切易产生经纬异色、闪光、色花等问题。

(二)先染锦后染棉

1. 工艺流程

染锦纶→水洗→染棉→水洗→皂洗→后处理

2. 染色处方

(1)锦纶染色处方:

弱酸性染料	x(owf)
匀染剂 SET	1%
醋酸钠	2%
醋酸	0.3%
浴比	1:25

(2)棉染色处方:

活性染料	x(owf)
Na_2SO_4	20g/L
Na_2CO_3	10g/L
浴比	1:(15~20)

此工艺一般无须对锦纶进行固色处理,较传统工艺可缩短生产周期。先锦后棉染色工艺适合较深的颜色。

学习任务 7-3　羊毛混纺织物染色

羊毛等纤维常与黏胶、腈纶、涤纶、锦纶等纤维组成混纺织物或交织物,其中有些织物中的不同纤维具有相似的染色性能(如丝/毛、毛/锦等织物),也有些织物中的几种纤维的染色性能相差较大(如毛/黏、毛/腈、毛/涤等织物)。

一、毛/黏织物的染色

对毛/黏织物可选择某些品种的直接染料染两种纤维,也可以选用适当的直接染料和酸性染料或中性染料同浴染色,分别染黏胶纤维和羊毛。

直接染料与中性染色的酸性染料相似,对羊毛和黏胶纤维两种纤维都具有上染能力,且色调、上染率、饱和值、牢度等均相接近,可像纯纺织物一样进行染色。有些直接染料在两种纤维的上染稍有差异,可调节染液 pH,pH 接近中性时,对黏胶纤维的上染量增加,当 pH 小于 4 时,上染羊毛的染料增多。用弱酸性染料和直接染料同浴染毛/黏织物时,在弱酸性染浴中,若将温度降低至 70~80℃,则染料在羊毛组分上的上染量降低,在黏纤上的上染量增加。

以酸性染料、直接染料一浴法绳状染色为例:

1. 染色处方(owf)

弱酸性染料	x
直接染料	y
拉开粉	0.3%~0.5%
硫酸铵	1%~3%
结晶元明粉	10%~40%

2. 染色过程

温水处理→40~50℃时加入染料溶液和半量的元明粉溶液以及其他助剂溶液→40~60min内升温至 85~95℃,续染 40~70min→加入余下的元明粉溶液→在约 30min 内自然降温到 75℃左右,续染 20min→水洗→用环保固色剂 2%~4%,冰醋酸 0.5%~1%的固色液固色

对于散纤维染色后再将有色的纤维混纺的产品,由于要经过缩呢、洗练等全部湿整理过程,所以对散纤维染色必须选用染色牢度(尤其是耐水洗及缩绒牢度)较好的染料。黏胶纤维组分的染色应选用铜盐直接染料、硫化染料、活性染料或还原染料等,羊毛组分的染色则宜用耐缩绒的弱酸性染料、酸性络合染料、中性染料等。

二、毛/腈织物的染色

由于羊毛和腈纶染色性能不同,可分别用弱酸性染料、中性染料或酸性媒染染料染羊毛,用阳离子染料染腈纶。这两类染料带电荷性不同,所以防止阴、阳离子相遇产生沉淀和减少两种纤维互相沾色是染色的关键。可采用的染色方法如下。

(一)二浴法染色

先用阳离子染料染腈纶,再用酸性染料等染羊毛。或者先用弱酸性染料、中性染料或酸性媒染染料染羊毛,然后用阳离子染料染腈纶。这种工艺可避免染料之间的相互作用,但处理时间长,能耗大,目前使用不多。

(二)一浴两步法染色

先用酸性染料染羊毛,再在该浴中加入阳离子染料染腈纶。酸性染料对腈纶基本上不沾色,阳离子染料对羊毛的沾色随品种而异,应选择沾色较轻的染料。染色方法:先用酸性染料染羊毛,在染料基本吸尽后降温至80℃,再加入缓染剂和阳离子染料染腈纶,在染液中补充适量醋酸,然后逐渐升温至沸腾,沸染60min,降温清洗。如果在加入阳离子染料之前染色残液中残留酸性染料还较多,则需在加入阳离子染料之前先加入少量分散剂,防止形成沉淀。也可先用阳离子染料染色,在染色后降温至70℃,加入分散剂及弱酸性染料溶液后,再缓慢升温至沸腾,沸染60min,降温清洗。

(三)一浴法染色

一般是用阳离子染料和弱酸性染料,要特别注意防止产生染料沉淀。首先要选择合适的染料,最好选择含羟基和氨基的弱酸性染料,这样一旦与阳离子染料结合失去离子性时仍能有一定的亲水性和分散性。其次要采用适当的分散剂和合理的加料次序。一浴法不宜用于染深浓色,否则染料易发生沉淀。

1. 染色处方(owf)

阳离子染料	x
弱酸性染料	y
分散剂 WA	1%~3%
冰醋酸	1%~3%(调 pH 为 4.5~5)
醋酸钠	0.5%~1%
元明粉	10%~15%

2. 染色过程

始染温度过低,弱酸性染料易产生沉淀,过高易造成染色不匀,宜采用40~50℃开始染色,在染液中依次加入醋酸、醋酸钠、元明粉、阳离子染料溶液和分散剂,运转10~15min,混合均匀后再加入酸性染料溶液,分散剂必须在酸性染料加入之前加。以1℃/2min的速度升温至沸腾,沸染60min,降温清洗。也可采用先加弱酸性染料和助剂,并与分散剂充分混合后再加阳离子染料。

三、毛/涤织物的染色

羊毛与涤纶混纺织物的混纺比通常是45%羊毛和55%涤纶。由于涤纶在常温下需用载体染色法,毛/涤产品较少采用织物染色,一般是用散毛或毛条形式分别染色后再混纺,或采用染色的涤纶与本色毛条混纺织造后,再用匹染的方式套染羊毛组分。在进行套染时一般采用弱酸性染料或酸性媒染染料。

毛/涤织物用弱酸性染料、分散染料一浴法染色时应选用低温型分散染料加载体染涤纶，染色工艺举例如下：

1. 染液处方

弱酸性染料	x(owf)
分散染料	y(owf)
水杨酸甲酯(冬青油)	2～8g/L(随染料用量增减)
平平加 O	0.2～0.8g/L(对应于水杨酸酯用量的 1/10)
醋酸(98%)	0.5%～1%（owf）
硫酸铵	1%～2.5%（owf）

2. 染色过程

织物先于 50～60℃的醋酸、硫酸铵和水杨酸甲酯乳液中均匀润湿，然后加入分散染料和酸性染料溶液，在 90min 内升温至沸，沸染 90min，再降温清洗。可加入适量净洗剂以增强羊毛上分散染料的洗除效果，避免对气候和皂洗等牢度的影响。冬青油为分散染料染色载体，也可用导染剂 NP 等新型染色载体。如采用封闭加压的染色设备，可将染色温度升高至 105～110℃，可减少分散染料和载体的用量而达到同样色深。

如采用 120℃高温一浴染色法，需先用高温羊毛保护剂进行处理(如用 4%～6%羊毛纤维保护剂 WRP 处理)，以避免羊毛纤维在高温下发生损伤和黄变。

四、毛/锦织物的染色

羊毛与锦纶的染色性能相似，都可用弱酸性和中性染料染色。但弱酸性和中性染料对锦纶上染比羊毛快，而在锦纶上的饱和值较羊毛低，所以如果染液中染料足够，锦纶达到上染平衡后，染液中剩余的染料继续上染羊毛，使两种纤维上的得色逐渐趋于接近，也可能使羊毛上的最终得色量超过锦纶。一般染淡色或中色时，用上染速率较低的弱酸性染料，并加入适量的阴离子表面活性剂(如锦纶防染剂 NFY)或非离子表面活性剂(如平平加 O)作缓染剂，防止锦纶上染过快。染浓色时，可选用中性染料，它们在锦纶上具有较高的饱和值。

1. 浅中色处方

弱酸性染料	x
醋酸	3%～4%
元明粉	10%～20%
缓染剂	1%～2%

2. 深色处方

中性染料	x
硫酸铵	5%～10%
缓染剂	1%～2%

3. 染色过程

40℃左右依次加入除醋酸外的助剂和染料，以 1℃/min 的速率升温至 80～85℃，再以

0.5℃/min 的速率升温至沸腾,沸染 30~60min,染色后期加入醋酸,染色结束后降温清洗。

知识拓展

涂料染色

涂料染色(Dyeing with Pigments)是将涂料(Coating)、黏合剂(Binder)等制成分散体系,通过浸轧,使织物均匀带液,经预烘水分挥发,涂料与黏合剂附着在纤维表面,再经高温焙烘后,黏合剂大分子交联成网状结构,在织物上形成一层透明而坚韧的树脂薄膜,从而使涂料机械地固着于纤维制品。也可以采用适当的化学助剂,对纤维材料进行化学改性,使化学接枝后的纤维带有正电性,从而较容易地吸附颜料粒子,达到均匀上染的效果。

涂料对纤维没有亲和力和反应性,不能直接染着纤维制品,长期以来涂料主要应用于织物印花。近年来,随着黏合剂的开发与应用,扩展了涂料的应用领域。涂料染色技术越来越受到印染界的重视,并凸显其优越性。

(1)品种适应性较强,适用于棉、麻、黏胶纤维、丝、毛、涤纶、锦纶等各种纤维制品的染色。

(2)流程短,能耗低,设备简单,工艺简便,有利于降低生产成本。

(3)污水排放量小,符合清洁生产、节能减排要求。

(4)染色时不存在发色过程,配色直观,仿色容易。

(5)涂料色光稳定,遮盖力强,不易产生染色疵病。

(6)涂料色谱齐全,各项染色牢度较好,尤其适用于中浅色。

(7)能生产一般染料无法生产的特殊品种,有利于提高产品的附加值。

涂料染色技术目前已成为全球公认的、具有最佳生态环保型、最主要和最需要发展的染色技术,它有着诱人的社会效益和经济效益。

但涂料染色也存在不足之处,如常规黏合剂染色产品摩擦牢度和搓洗牢度不高,尤其是中深色产品;染后织物手感发硬,吸水性会受到一定程度的影响等,且有粘辊筒现象。所以尽管近年来新型黏合剂不断涌现,牢度、手感及质量稳定性得到了一定的改善,但涂料染色目前还不能完全替代传统的染料染色,仅为染料染色的一种补充,主要用于棉、涤/棉等织物的中、浅色产品染色,并不断开发应用于成衣、纱线等染色。

涂料实为颜料(Pigment),它为非水溶性色素,印染用商品涂料一般以浆状形式供应。其组成包括涂料、扩散剂、润湿剂(如甘油等)、匀染剂、渗透剂、乳化剂(如平平加 O 等)、保护胶体及少量水。

一、染色用涂料的基本要求

1. 良好的耐光、耐热稳定性

与染料一样,涂料的结构是影响其染品染色牢度的主要因素。为保证涂料染色制品具有良好的日晒牢度,涂料应具备良好的耐光性能。其次,涂料染色通常在高温条件下焙烘固色,而且染后还有可能经过热风拉幅、定形、树脂整理(Resin Finishing)等高温处理,所以要求涂料在高温条件下稳定,不发生分解而影响染色织物的色光。

2. 良好的耐化学药剂及有机溶剂稳定性

涂料染色制品根据其风格及用途要求,需经不同的后整理加工,而且在穿着过程中不可避免地要经洗涤,因此要求涂料在接触这些化学试验及有机溶剂时,不易褪色与变色。

3. 较高的着色力

若用少量的颜料就能获得较浓艳的色泽效果,除能降低染色成本外,还有利于改善涂料染色制品的牢度与手感。

4. 较小的颗粒细度

涂料的颗粒细度一般要求 $0.2 \sim 2\mu m$,过大会影响染色制品的摩擦牢度和刷洗牢度,并且着色力降低。如意大利伦勃蒂公司推出的 Neopat 涂料色浆品种,据介绍细度为 $0.3\mu m$ 左右。

5. 适宜的相对密度

相对密度是保证涂料色浆分散体系稳定性的重要因素之一。相对密度太大,颜料色素易沉淀;相对密度过小,颜料色素易悬浮,均不同程度地影响染液的润湿分散性,从而产生染色疵病。

对染色用涂料色浆一般除上述要求外,还要求其在快速运行过程中不起泡,有良好的渗透性、匀染性,同时还要求其与后整理剂,如树脂整理剂等配伍,达到一浴法染色、整理的效果。如上海油墨厂生产的 D 型涂料色浆就属此类。

二、涂料的分类与性能

(一)无机颜料

无机颜料主要有:白涂料(钛白粉)、黑涂料(炭黑)、金粉(铜锌合金)、银粉(铝粉)等。它们主要用于印花,其特点是耐碱、耐光、耐热,着色力、遮盖力强,与黏合剂混溶性好。

(二)有机颜料

1. 偶氮类

主要品种有黄、红、酱、深蓝等色。如涂料嫩黄 F7G、黄 FG、大红 FFG 等。这类涂料色泽鲜艳,着色力较高,价格低廉,但升华牢度较低。

2. 还原类

常用品种有青莲、金黄等色。这类涂料日晒牢度高,且耐热、耐溶剂,但着色力较低。

3. 酞菁类

主要品种是蓝、绿色。如涂料蓝 FFG(6401 涂料)、绿 FB(8601 涂料)等。这类涂料色泽鲜艳,热稳定性好,耐晒和耐气候牢度优良。

4. 荧光涂料

这类涂料品种不多,如将罗达明 6GDN 与碱性玫瑰精 B 按 1:5 混合,则得到蓝光荧光红,若按 1:1 混合可得到黄光荧光红。此类涂料一般耐晒牢度较低。

三、黏合剂和交联剂

黏合剂是影响涂料染色品质至关重要的因素。

（一）染色用黏合剂的基本要求

理想的黏合剂应该能综合解决染色牢度、手感及粘辊等问题。作为涂料染色用黏合剂最基本的要求有：

1. 良好的成膜性和稳定性

理想的染色用黏合剂应在室温条件下稳定，不易成膜，在高温条件下迅速成膜，从而降低固色温度与时间。若黏合剂成膜速度太快，成膜温度太低，染液稳定性差，极易沾污辊筒而产生染色疵病。一般可加入适量防粘剂及有机硅型柔软剂等来降低成膜速率，提高染液稳定性。

2. 适宜的黏着力

黏着力是影响涂料染色牢度的主要因素之一。若黏着力太低，染色牢度没有保障；若黏着力太高，易出现粘辊筒现象。

3. 较高的耐化学药剂稳定性

染色用黏合剂若不耐化学药剂，在染色后续加工及服用洗涤过程中将会导致皮膜软化或溶解，从而影响染色牢度。

4. 皮膜无色透明、不泛黄

涂料染色后，黏合剂将成为染色织物上的一部分，不会因水洗后处理而去除。所以黏合剂皮膜若不透明，或使用过程中发生泛黄等，将使染色织物色泽鲜艳度降低。

5. 皮膜富有弹性和韧性、不易老化

黏合剂皮膜若弹性和韧性差，在外力作用下易龟裂，从而导致黏合剂包覆性能差，牢度下降。

（二）黏合剂的分类与性能

涂料染色用黏合剂经历了甲壳质、丁苯、丁腈乳液及丙烯酸等合成路线，根据对涂料染印产品牢度、手感、色泽鲜艳度等的分析，一般认为聚丙烯酸酯类黏合剂较适用于涂料染色。根据单体种类、配比及合成方法不同，所获得的黏合剂品种性能各异。此类黏合剂一般由下列组分构成：

（1）软单体：如丙烯酸丁酯、甲酯、乙酯、异辛酯等；

（2）硬单体：如甲基丙烯酸甲酯、丙烯腈、苯乙烯、醋酸乙烯酯等；

（3）交联单体：分普通交联单体（如丙烯酸、甲基烯酸、丙烯酰胺、甲基丙烯酰胺等）和自交联单体（如 N-羟甲基丙烯酰胺、N-丁氧基丙烯酰胺、N-甲氧基丙烯酰胺等）；

（4）保护胶体：如聚乙烯醇、海藻酸钠、羧甲基纤维素等；

（5）乳化剂：常用的是阴离子或非离子表面活性剂；

（6）引发剂：如过硫酸铵、过硫酸钾等。

涂料染色用黏合剂大多数采用乳液聚合的方法。因为它具有皮膜透明度高、柔韧性好、耐磨性好、不易老化等优点。国内常用的涂料染色用黏合剂有 BPD（常州助剂厂）、PD（上海纺织科学研究所）、NF-1（上海新型纺纱技术开发中心染化室）、LPD（常州化工研究所）等。NF 系列涂料染色黏合剂是丙烯酸、丙烯酸甲酯、丙烯酸丁酯及丁二烯等多元单体的共聚物。该产品系外交联型黏合剂，大大提高了储存稳定性，同时避免了自交联型由羟甲基丙烯酰胺引起的织物上残留游离甲醛的问题。国外进口的涂料染色用黏合剂品种有 Helizarin 黏合剂 FWT（德国巴斯夫）、Neopat 黏合剂 PM/S（意大利伦勃蒂）、Imperon 黏合剂 CF（德国赫司托）等。近年来，用于涂料染色的新型水性聚氨酯黏合剂引起了人们的关注,它具有黏着力强,皮膜弹性好,手感柔软,耐低温和耐磨性优异等优点。但易泛黄,如 Y505 等。

(三) 交联剂的种类与性能

当采用非交联型黏合剂染色时,为了增强黏合剂的皮膜牢度,提高染色制品的耐洗牢度,一般在涂料染色浆中加入少量交联剂(Reactant)。交联剂按其应用性能可分为两大类,一类是低温交联的多胺类交联剂,如交联剂 FH、EH 等。这类交联剂使用量低,一般加入 2~5g/L,牢度可提高半级以上,但轧染烘燥过程中易粘辊筒,并且高温会泛黄。这类黏合剂阳离子性都很强,会降低涂料轧染液的稳定性,发生破乳或凝聚,导致粘轧辊。但黏合剂 BPD 与这类交联剂的相容性较好。另一类是高温交联型,即用于棉织物化学整理的树脂初缩体 N-羟甲基化合物,如甲醚化羟甲基三聚氰胺(改性六羟树脂,即交联剂 M-90)等,用量一般为 20g/L。六羟树脂反应性强,对提高摩擦牢度较明显,但会引起手感发硬,也易粘轧辊。若将六羟树脂的甲醚化改为乙二醇醚化,可提高交联温度 20℃左右,有利于减轻粘轧辊现象。

四、涂料染色方法与工艺

涂料染色技术早先多应用于连续轧染,浸染仅限于成衣染色。近年来该技术的研究与应用有了新的突破,各种染色方法、染色工艺不断涌现,如"涂料纱线染色技术""织物变性涂料连续染色新技术"等。

(一) 浸染

涂料浸染可应用于成衣、织物及纱线染色,在棉布成衣染色中,结合仿牛仔布的新潮工艺,涂料浸染方法应用较为广泛。

1. 基本原理

涂料对纤维没有亲和力,浸染时,涂料不能像轧染那样均匀轧压分布于纤维制品。涂料浸染是利用颜料分子中所含—NO_2、—N=N—、—$COOC_2H_5$、—OCH_3、—$CONH$—、—NH—等基团的负电性,通过对纤维材料的化学改性,使纤维带上正电荷(即阳离子改性处理),在浸渍染液时,织物就能很容易地吸附颜料颗粒。由于吸附的结合力比较弱,因此,还需借助于黏合剂的作用,以保证涂料在织物上的牢度。

纤维的阳离子改性剂一般都含有阳离子性的氨基,特别是季铵盐。它们一方面与纤维牢固结合,另一方面使纤维呈阳电荷性,实际上与活性染料的反应很相似。阳离子改性剂可分为低分子与高分子化合物两种,低分子化合物主要是反应型,又分为单官能团(Single-functional Group)和多官能团(Multi-functionl Group)两种。高分子化合物分为反应型与吸附型两种。目前,我国已研制出的阳离子化改性剂 CF 系列(上海色织研究所),其中吸附剂 CF-3 为双活性叔胺盐结构,在碱剂存在的条件下,可与纤维素纤维反应,使其带上阳电荷,然后用涂料吸附染色。它实现了同时对纤维和一定细度的涂料粒子进行架桥吸附,通过固色处理,大大提高了染色牢度。

由于纤维素纤维含—OH,表面呈负电性,阳离子改性处理较容易。对于涤纶、锦纶等合成纤维,可在一定的温度条件下热处理,使部分带正电荷的化学助剂进入纤维,从而改变表面电性,同样也可以进行涂料的浸染染色。

所以，涂料浸染实际上分两步进行，即织物预处理（化学接枝）、涂料上染（化学吸附）。

2. 工艺举例（牛仔服装）

（1）工艺流程及主要工艺条件：

服装润湿处理（渗透剂 JFC2～3mL/L,70℃,10min）→预处理（70～80℃,15～20min）→染色（70～80℃,20～30min）→固色（80℃,15～20min）→皂洗后处理→柔软处理→脱水→烘干

（2）处方

预处理：

阳离子化改性剂	2%～8%（owf）
纯碱	适量（视改性剂要求）

染液：

涂料色浆（owf）	x
尿素	5～20g/L
平平加 O	1～2g/L

固色液：

黏合剂 BH（owf）	5%～8%
交联剂 SE	适量（视牢度要求）

纯碱用于调节预处理液 pH，一般控制在 7～9，其用量视改性剂的性能而异。尿素具有助溶和膨化作用，还可以吸收涂料中含有的甲醛（Formaldehyde）。平平加 O 起乳化分散作用，可防止黏合剂等黏附于染色机转鼓机壁，导致清洁困难。

（二）轧染

1. 工艺处方及助剂作用

	浅色	中色
涂料色浆	5～10g/L	10～30g/L
黏合剂	10～15g/L	20～30g/L
交联剂 EH	2～5g/L	5～10g/L
防泳移剂	10g/L	20g/L
柔软剂	2～8g/L	8～15g/L

影响涂料染色最重要的因素是黏合剂，但其他相关因素也不能忽略。如涂料色浆中除颜料外，制造商还加入了扩散剂、润湿剂、匀染剂、渗透剂、乳化剂和保护胶体等添加剂，这些助剂若与黏合剂的配伍性能不好，可能影响涂料染色的效果。

此外，交联剂的使用虽能明显增加黏合剂的三维网状交联程度，加快结膜速度，有利于染色牢度的提高，但用量过多易引起粘辊及手感问题。

为了防止涂料在烘燥过程中发生泳移而造成染色不匀，除了从烘燥工艺与设备方面进行改进外，在轧染液中可加入适量防泳移剂。但由于它的加入，会使染液黏度增加，加重粘搭辊筒的现象。常用的涂料染色防泳移剂有丙烯酸与丙烯酰胺二元共聚物、丙烯酸多元共聚物等，前者

常见产品有德国的 Primasol AMK、英国的 Thermacol AM、国产的 SFH 等。后者常见产品有上海染料研究所研制的防泳移剂 W。这两类产品化学结构比较接近,都具有良好的防泳移效果,但后者水溶性基团多,相对分子质量低,所以溶解性能好,不易粘辊筒,但该产品呈深棕色,对染色织物的色光有影响。故应慎重选用。

为了改进涂料染色产品的手感,一般需加入柔软剂(Softener)。选用的柔软剂要注意能与染液中各种助剂配伍。非硅柔软剂手感较差,阳离子柔软剂同浴性差,所以现在多倾向于应用亲水性聚醚型有机硅柔软剂,如 CGF、CGEM 或氨基有机硅柔软剂,这种有机硅柔软剂不仅有较好的柔软效果,与其他助剂的同浴性也好,而且还因具有亲水性而增加了其吸湿性,缓解了粘轧辊现象,但价格较高。

尿素或多元醇类亲水性化合物的使用,因其具有较强的吸湿性,所以能延缓黏合剂的结膜速度,增强涂料色浆的渗透,但会影响织物的摩擦牢度和刷洗牢度。

可见,助剂的选用应慎重,要考虑对染色效果的综合影响,如牢度、手感、匀染性等,还应保证工艺的顺利进行及辅助配套助剂的成本因素等。

2. 工艺流程及工艺条件分析

(1)常规染色法:

浸轧染液→烘干→焙烘→(后处理)

(2)二次染色法:

浸轧染液→烘干→浸轧染液→烘干→焙烘→(后处理)

此法可使染色深度明显提高。

(3)两相法:

浸轧涂料→烘干→浸轧黏合剂、交联剂、柔软剂→烘干→焙烘

浸轧涂料、交联剂→烘干→浸轧黏合剂、柔软剂→烘干→焙烘

浸轧涂料、黏合剂→烘干→浸轧交联剂、柔软剂→烘干→焙烘

此法有助于改善手感,提高染色牢度,并明显消除粘辊筒现象。

涂料轧染时,浸轧温度一般不宜过高,以室温为宜,防止黏合剂过早反应,造成严重粘辊现象而使染色不能正常进行。

预烘应采用无接触式烘干,如红外线或热风烘燥,不宜采用烘筒烘燥。如果浸轧后立即采用烘筒在 100℃下烘干,会造成涂料颗粒泳移,产生条花和不匀,并且易粘烘筒。

焙烘温度应根据黏合剂及纤维材料的性能确定。成膜温度低或反应性强的黏合剂,焙烘温度可以低一些,反之,成膜温度高或反应性弱的黏合剂,焙烘温度必须高些,否则影响染色牢度。一般焙烘温度真丝为 140~150℃,麻棉为 160~170℃,涤/棉为 180~195℃。天然纤维尤其是蛋白质纤维制品焙烘温度太高,会导致织物泛黄,并造成不同程度的损伤。

一般无特殊要求,织物经浸轧、烘干、焙烘即可。但有时为了去除残留在织物上的杂质,改善手感等,可用洗涤剂进行适当的皂洗后处理。

3. 工艺举例

选择具有良好相容性的黏合剂与整理剂,可将染色与硬挺整理、树脂整理及其他功能整理

同浴进行,这样大大简化了工艺,缩短了流程,显示出涂料染色的优点。以下为涂料、树脂整理一浴法工艺:

(1)织物:19.5tex×14.5tex,393.5根/10cm×236根/10cm,纯棉府绸。

(2)工艺流程:

浸轧染液(多浸一轧,轧液率65%~70%,室温)→红外线预烘(二组)→热风烘燥(95℃±5℃)→焙烘(165℃±3℃)→水洗

(3)工艺处方:

涂料藏青 8204	3.6g/L
涂料绿 8601	7.3g/L
涂料元	0.95g/L
黏合剂 NF-1	20g/L
柔软剂 CGF	1g/L

4. 涂料轧染新技术

由于涂料对纤维无亲和力,仅靠黏合剂成膜而固色,其色膜色度与面料 K/S 大小相关性差,染色提升率低,故染深浓色较困难。涂料染色用变性增深剂(如 T、PT、PNP 等)的开发与应用,为实现涂料轧染深浓色染色提供了可能性。同时为改善涂料染色牢度与手感,配套的涂料染色湿摩擦牢度提高剂 PG(浸染专用)及 PW(轧染专用)等产品相继出现。

(1)染色原理。与涂料浸染原理相似。首先将纤维素纤维经变性剂处理,通过变性剂的接枝功能,使纤维素纤维在水溶液中由原来的带阴电荷变成带阳电荷。然后选用表面阴离子化的涂料染色,涂料在呈正电荷的纤维上发生定位吸附,并通过变性剂中的活性基团与纤维形成共价键结合,同时,具有一定聚合度的变性剂还能以范德华力与纤维结合。通过控制纤维变性的条件,可以控制涂料染色的深度和均匀程度。

(2)工艺流程。平幅进布→浸轧变性剂→交联接枝→布面温湿度控制→浸轧涂料染液→红外线预烘→锡林烘干→(焙烘→后处理)

(三)常见疵病及质量控制

涂料染色工艺比染料染色工艺简单,但若工艺条件控制不当也会出现疵病。涂料染色常见疵病及解决方法详见表7-1。

表7-1 涂料染色常见疵病及解决方法

疵病名称	性状特征	成因分析	解决方法
色花	布面色泽不匀或有色渍色斑	(1)半制品毛效不均匀 (2)半制品遇水滴、油污等 (3)染液稳定性差导致粘搭辊筒	(1)加强半制品工艺控制及管理 (2)合理选用黏合剂 (3)轧染液温度不宜过高
前后色差	批与批或缸与缸色泽或色光不一	(1)轧槽液面高低不一 (2)车速不稳定 (3)缸与缸之间工艺控制有误差 (4)称料有误差	(1)自动控制液面;保证输液畅通 (2)加强工艺管理 (3)规范操作,最好采用计算机计量、自动控制,减少人为误差

续表

疵病名称	性状特征	成因分析	解决方法
左中右色差	布幅左右深浅不一	(1)轧车左中右压力不均匀 (2)固色温度左中右不均匀	(1)调整轧车压力,采用均匀轧车 (2)保证焙烘箱热风循环畅通
阴阳面	正反面色泽不一	(1)烘干方式不妥 (2)烘干速度过急	(1)先采用红外线或热风烘干 (2)预烘时应由低到高缓慢烘干 (3)加入适量抗泳移剂(慎用)
牢度差	摩擦牢度和刷洗牢度差	(1)黏合剂本身牢度不理想 (2)黏合剂或交联剂未完全成膜或反应 (3)黏合剂或交联剂用量不足 (4)染液渗透性差	(1)合理选用黏合剂和交联剂 (2)固色温度和时间应充分 (3)保证黏合剂和交联剂用量 (4)慎用尿素,它虽有较强的吸湿性,但会延缓黏合剂的结膜速度
手感差	布身板硬粗糙	(1)黏合剂、交联剂本身手感不理想 (2)交联剂用量过多 (3)焙烘温度过高或时间过长	(1)合理选用黏合剂和交联剂 (2)交联剂适量 (3)严格控制焙烘温度和时间 (4)添加适量柔软剂

☞复习指导

1. 混纺织物是指构成织物的原料采用两种或两种以上不同种类的纤维,经混纺而成纱线所制成,如涤/黏、涤/腈、涤/棉等织物;交织织物是指构成织物经、纬向的原料分别采用不同类别的纤维纱线交织而成的织物,如古香缎、尼富纺等。

2. 由于混纺织物或交织物同时存在两种或两种以上纤维,染色时染料选用和染色工艺都较单一纤维复杂。选用一种染料染色,往往只能上染一种纤维,即使有些染料能上染两种纤维,但得色也很淡。所以要想在混纺或交织物上获得理想的色泽,一般需要采用两种或两种以上的染料(或涂料)染色。

3. 涤/棉织物染色时,可采用单一染料染色法和两种染料染色法,单一染料染色法根据选用染料的不同,可上染一种纤维,也可同时上染两种纤维;两种染料染色法,即同时选用棉用染料和涤用染料进行同浴染色或两浴法套染,完成两种纤维的上染,目前应用较多的有分散/还原染料一浴法染色工艺和分散/活性染料两浴法套染工艺。锦/棉交织物一般可采用弱酸性/活性染料两浴法套染,可以先染锦后染棉,也可先染棉后染锦。毛/腈织物一般可采用弱酸性/阳离子染料一浴两步法或两浴法套染。

☞思考题

1. 混纺织物或交织物染色与单一纤维织物染色有何不同,通常可采用的染色方法有哪些?

2. 涤/棉织物分散/活性染料一浴一步法染色时,对活性染料和分散染料各有何要求?目前主要存在的问题是什么?试设计涤/棉织物分散/活性染料一浴一步法染色工艺。

3. 毛/腈织物可采用的染色方法有哪些?试设计毛/腈织物弱酸性/阳离子染料一浴两步法染色工艺。

参考文献

[1]陶乃杰.染整工程(第二册)[M].北京:纺织工业出版社,1990.

[2]吴冠英.染整工艺学(第三册)[M].北京:纺织工业出版社,1985.

[3]《最新染料使用大全》编写组.最新染料使用大全[M].北京:中国纺织出版社,1996.

[4]黑木宣彦.染色理论化学[M].陈水林,译.北京:纺织工业出版社,1981.

[5]王菊生.染整工艺原理(第三册)[M].北京:中国纺织出版社,1984.

[6]罗巨涛.合成纤维及混纺纤维制品的染整[M].北京:中国纺织出版社,2002.

[7]吴立.染整工艺设备[M].北京:中国纺织出版社,2002.

[8]陈立秋.新型染整工艺设备[M].北京:中国纺织出版社,2002.

[9]盛慧英.染整机械[M].北京:中国纺织出版社,2001.

[10]J.帕克.实用纱线染色技术[M].袁雨庭,译.北京:纺织工业出版社,1987.

[11]国家纺织产品基本安全技术规范 GB18401—2010[S].北京:中国标准出版社,2011.

[12]范雪荣.纺织品染整工艺学[M].北京:中国纺织出版社,1999.

[13]范雪荣.针织物染整工艺学[M].北京:中国纺织出版社,2004.

[14]陈荣圻,王建平.禁用染料及其代用[M].北京:中国纺织出版社,1996.

[15]《针织工程手册染整分册》编写组.针织工程手册(染整分册)[M].北京:中国纺织出版社,1995.

[16]郑光洪,冯西宁.染料化学[M].北京:中国纺织出版社,2002.

[17]《印染手册》编写组.印染手册[M].北京:中国纺织出版社,1995.

[18]何瑾馨.染料化学[M].北京:中国纺织出版社,2004.

[19]周庭森.蛋白质纤维制品的染整[M].北京:中国纺织出版社,2002.

[20]孙铠,沈淦清.染整工艺(第二分册)[M].北京:中国纺织出版社,2002.

[21]吕淑霖.毛织物染整[M].北京:中国纺织出版社,1997.

[22]方雪娟.大豆纤维结构与染色性能的关系[J].毛纺科技,2002(6):21-23.

[23]梅士英,王华杰,唐人成,等.大豆纤维针织品染整加工技术研究[J].针织工业,2003(1):64-67.

[24]周宏湘,徐辉.含蚕丝复合纤维的纺织和染整[M].北京:中国纺织出版社,1996.

[25]上海毛麻纺织工业公司.毛染整疵点分析[M].北京:纺织工业出版社,1986.

[26]宋心远.新合纤染整[M].北京:中国纺织出版社,2000.

[27]陈荣圻,王建平.禁用染料及其代用[M].北京:中国纺织出版社,1996.

［28］黄奕秋.腈纶染整工艺［M］.北京:纺织工业出版社,1983.

［29］《染料应用手册》编写组.染料应用手册［M］.北京:纺织工业出版社,1989.

［30］朱世林.纤维素纤维制品的染整［M］.北京:中国纺织出版社,2002.

［31］王益民.新编成衣染整［M］.北京:中国纺织出版社,1997.

［32］吕淑霖.毛织物染整［M］.北京:中国纺织出版社,1997.